La solución está en la sal

La solución está en la sal

Por qué los expertos se equivocan y aumentar su consumo puede salvarte la vida

DR. JAMES DINICOLANTONIO

Traducción de Noelia Reyes

alienta
EDITORIAL

Título original: *The Salt Fix*

Alienta es un sello editorial de Centro de Libros PAPF, SLU.
Av. Diagonal, 662-664
08034 Barcelona
www.planetadelibros.com

Primera edición: febrero de 2026
Depósito legal: B. 167-2026
ISBN: 978-84-1344-492-5
Composición: Realización Planeta
Impresión y encuadernación: Huertas Industrias Gráficas, S. A.
Printed in Spain - Impreso en España

PEFC Certificado
Este libro procede de bosques gestionados de forma sostenible
PEFC
PEFC/14-38-00305
www.pefc.es

A mi mujer, Megan,
y a mis maravillosos hijos,
Alexander y Emmalyn

Esta obra contiene información y consejos generales sobre los posibles beneficios de añadir sal a la dieta. No pretende sustituir el asesoramiento médico personalizado. Como con cualquier nuevo régimen alimentario, las prácticas recomendadas en este libro deben seguirse únicamente después de consultar con tu médico para asegurarte de que son adecuadas para tus circunstancias. Los autores y la editorial renuncian expresamente a cualquier responsabilidad por cualquier efecto adverso que pudiera derivarse del uso o aplicación de la información que contiene este libro.

Sumario

Prólogo

Somos agua salada caminando. En cada latido, cada pensamiento, cada paso que damos, el sodio guía nuestro flujo vital. El sodio es el principal responsable de regular el movimiento del agua en el cuerpo y de permitir la transmisión de señales eléctricas en nuestras células, especialmente en neuronas y músculos, incluido el cardiaco.

El ser humano es aproximadamente un 70 por ciento agua. Pero no agua pura sin más, sino una solución salina con minerales muy parecida en su composición al agua de mar y contiene especialmente sodio y cloruro. Éstos son los mismos componentes principales de la sal común. De hecho, una persona promedio de 70 kilos tiene alrededor de 92 gramos de sodio y 142 gramos de cloruro en su cuerpo, lo que correspondería a unos 234 gramos de sal (NaCl).

El sodio es un nutriente esencial que se encuentra en grandes cantidades en nuestro organismo y que necesitamos procurarnos del exterior. Las principales fuentes dietéticas son la sal y el agua de mar. Sin la sal, viviríamos enfermos. Fatiga, debilidad, cansancio, mareos, calambres musculares, dolor de cabeza, falta de concentración, irritabilidad, náuseas... O incluso desnutrición, ya que el sodio no sólo hidrata, sino que también es clave en la absorción de nutrientes como la glucosa o algunos aminoácidos. Éstos son algunos de los síntomas de no tener suficiente sodio en el organismo, y podrías experimentarlos si sigues las recomendaciones generales actuales de consumo de sal, que proclaman: cuanta menos mejor... Una aberración para nuestra fisiología salada.

Mi abuela siempre decía: «Tómate un poco de sal con agua, y verás cómo se te pasa el dolor de cabeza». Y tenía razón. A veces, lo que creemos que es fatiga o migraña, no es más que un grito silencioso del cuerpo pidiendo sodio. ¿Te ha pasado alguna vez que, cuando llega el verano y empiezas a sudar más, de repente por la noche se te suben los gemelos y acabas dando saltos en la cama? Eso no es mala suerte, ni «falta de potasio», como muchos creen: es otra vez tu cuerpo gritándote que le falta sodio. Porque al sudar, no sólo pierdes agua: también pierdes sal, y si no la repones, los músculos se rebelan... Por eso el agua de mar es una gran aliada para una correcta hidratación en momentos clave.

El cuerpo tiene sabiduría salina, en los animales existe un mecanismo llamado «apetito por la sal». Por ejemplo, al sudar mucho o tener restricciones prolongadas de sal, el deseo de alimentos salados crece. Por otro lado, algo muy curioso es que cuando estamos bajos de sodio, la sal en nuestro paladar puede percibirse menos salada o incluso agradable pero cuando estamos bien de sodio la misma cantidad de sal puede parecer demasiado salada y generar rechazo. Aunque no sea un mecanismo de precisión, nuestro paladar aún guarda esa memoria ancestral que nos ayudaba a buscar sal en la naturaleza cuando la vida dependía de ella.

Sí, has leído bien: cuando la vida dependía de la sal. Hace unos siete mil años, en la región de Hallstatt (Austria), una gran población se formó alrededor de una mina de sal. Hoy en arqueología se conoce como el Reino de la Sal. Las comunidades se asentaban cerca de fuentes de sal, porque era la única manera de asegurar la supervivencia. Sin sal no podían mantener el ganado, conservar alimentos cuando no existía nevera, sostener grandes grupos humanos, hidratarse correctamente, tener fuerza física y energía... La sal era más valiosa que el oro.

En el Imperio romano, a los soldados se les pagaba parte de su sueldo en sal. De ahí viene la palabra *salario*. Para los mayas y aztecas, la sal era tan valiosa que la usaban como moneda de cambio para obtener cacao, maíz y jade. O las rutas de la sal en África; caravanas de camellos transportaban bloques gigantes de sal desde las minas (por ejemplo, en Taghaza, Mali) hacia el interior, a cambio de oro, esclavos y otros bienes. En la antigua China la sal era tan importante que el Estado la monopolizó y se convirtió en una fuente principal de ingresos para los emperadores. Hubo hasta guerras civiles y rebeliones enteras (como la Rebelión de la Sal en el año 760 d. C.) por su control. En la Europa medieval, Venecia se enriqueció monopolizando el comercio de la sal en el Mediterráneo. Los peajes y aranceles de la sal financiaron castillos y ejércitos. Sin embargo, hoy resulta que la sal mata.

Algunas organizaciones como la Organización Mundial de la Salud (OMS) recomiendan a personas sanas no superar los 5 gramos de sal diarios como máximo para prevenir enfermedades cardiovasculares y, en personas con hipertensión, muchas guías aconsejan no superar los 3,75 gramos de sal al día. Esto, como vas a leer en este maravilloso libro del doctor James DiNicolantonio, es en realidad, un atentado contra la salud.

Lo impactante de estas recomendaciones es que ya en el año 2013, el Instituto de Medicina de Estados Unidos (IOM), publicó un estudio donde afirmaba que esta cifra, fijada por la OMS, no proviene de estudios clínicos que demuestren beneficios reales en la salud cardiovascular. El informe concluía que no hay pruebas sólidas para defender un límite tan estricto, y que niveles muy bajos (como los propuestos) pueden ocasionar alteraciones hormonales y metabólicas.

De hecho, cuando el organismo detecta niveles bajos de sodio por una restricción de sal, se activa un sistema ancestral de alarma: el sistema renina-angiotensina-aldosterona. Es un sistema de «supervivencia» que aumenta la noradrenalina, la aldosterona y la renina, y puede inducir resistencia a la insulina y elevar la presión arterial... ¡Precisamente el efecto contrario al que se busca con la restricción de sal! Muchas personas que restringen mucho la sal se sienten siempre tensas, agitadas o estresadas... y no saben que en gran parte es por su dieta baja en sal. Ésta es una de las razones por las que a una persona que es hipertensa le quitas la sal y sigue siendo hipertensa... Es el momento de nuestra historia evolutiva en el que menos sal consumimos y que más enfermedades cardiovasculares sufrimos. Todo esto lo entenderás de forma profunda después de leer este libro.

Hay muchos tipos diferentes de sal en el mundo y sin duda alguna, debes temer a la sal refinada con aditivos, pero, por el contrario, la sal natural con procesos de elaboración sencillos y milenarios es esencial para el organismo. Vuelvo a remarcar: la sal y el agua de mar son las principales fuentes dietéticas de sodio: un nutriente tan ESENCIAL que si no sacias las necesidades que tu organismo tiene de él, enfermarás.

En mi consulta he visto a muchísimas personas llegar con mareos, calambres, fatiga, niebla mental... completamente deshidratadas. ¿El motivo? Han dejado de tomar sal. No por decisión propia, sino por miedo: miedo inculcado por los medios, por titulares alarmistas, por recomendaciones extremas que repiten «cuanta menos sal, mejor». La realidad es otra. Sin sodio, el cuerpo no puede retener agua, los músculos no funcionan, el cerebro se apaga, no se absorben bien los nutrientes. Y cuando a nuestros órganos les devuelves la sal, cuando vuelven a abrazar ese mineral ancestral que forma parte de nuestra naturaleza, sucede algo mágico: recuperan energía, claridad, fuerza. Porque el sodio no es un enemigo, sino uno de los pilares de la vida.

En este libro vas a encontrar todas las claves para reconciliarte con la sal. Vas a perderle el miedo, vas a descubrir por qué no es la enemiga que nos han hecho creer y cómo su ausencia puede estar detrás de problemas como la resistencia a la insulina, las alteraciones en la presión arterial, los desequilibrios hormonales e incluso ese cansancio crónico que no sabes de dónde viene. Aquí entenderás por qué el sodio es un mineral esencial, por qué sin él estamos condenados a la fatiga y la confusión, y cómo reintroducirlo puede devolverte la vitalidad y la claridad mental.

El doctor James DiNicolantonio es uno de los grandes referentes en el mundo de la nutrición y la salud metabólica y un auténtico pionero que se atreve a cuestionar dogmas. Así que te invito a que leas este libro con mente abierta, curiosidad y valentía. Estoy seguro de que, al terminarlo, mirarás el salero de tu mesa con otros ojos.

VIVA LA SAL Y EL AGUA DE MAR.

JUAN BOLA

Introducción

No le temas al salero

Vale la pena recordar la célebre frase de la novelista escandinava Isak Dinesen: «La cura para todo es el agua salada: el sudor, las lágrimas o el mar».

Hay una verdad poética en esto, pero también habla de nuestra realidad biológica como humanos. Nuestro mundo físico interior nació del mar y llevamos la salinidad del océano en el cuerpo. La sal es un nutriente esencial del que depende nuestro cuerpo para vivir. Nuestro organismo se esfuerza por devolvernos a su justo equilibrio una y otra vez.

No obstante, durante el último siglo, nuestra cultura ha desafiado este impulso biológico y ha desprestigiado la necesidad de sal, considerándola una «adicción» autodestructiva. Todos conocemos las recomendaciones. Sabemos que debemos seguir una dieta baja en grasas saturadas, no fumar, salir a correr, aprender a relajarnos y reducir drásticamente el consumo de sal. Esta serie de advertencias acierta, sin lugar a duda, en muchos aspectos. Pero tiene un gran problema: la mayoría de nosotros no necesitamos seguir dietas bajas en sal. De hecho, a la mayoría nos vendría mejor más sal que menos.

Mientras tanto, el cristal blanco que durante años hemos demonizado ha cargado con la culpa de otro, uno dulce al que nos negábamos a reconocer como peligroso. Un cristal blanco que, si se consume en exceso, puede provocar hipertensión, enfermedades cardiovasculares y enfermedades renales crónicas: pero no es la sal, sino el azúcar.

Afortunadamente, los medios están empezando a darse cuenta de que el azúcar es un lobo con piel de cordero, y las dietas bajas en azúcar son cada vez más populares. Incluso la grasa se empieza a ver con otros ojos, ya que ahora se nos invita a encontrar los beneficios de los pescados grasos, los aguacates y las aceitunas.

Entonces, ¿por qué seguimos viendo etiquetas en los alimentos salados que hacen que el salero parezca tóxico? ¿Por qué seguimos leyendo en medios de comunicación prestigiosos titulares alarmistas sobre la sal como éstos?:

«Eating Too Much Salt Is Killing Us by the Millions» [El exceso de sal nos está matando], *Forbes*, 24 de marzo de 2013

«1.6 Million Heart Disease Deaths Every Year Caused by Eating Too Much Salt» [1,6 millones de muertes al año por cardiopatías causadas por comer demasiada sal], *Healthline News*, 14 de agosto de 2014

«U.S. Teens Eat Too Much Sal, Hiking Obesity Risk» [Los adolescentes estadounidenses consumen demasiada sal, lo que aumenta el riesgo de obesidad], *HealthDay*, 3 de febrero de 2014

«For the Good of Your Heart, Keep Holding the Salt» [Por el bien de tu corazón, no tomes sal], *Harvard Health Blog*, 11 de julio de 2016

La verdad es que las instituciones sanitarias más importantes se aferran a teorías anticuadas y desmentidas sobre la sal, y su reticencia a la verdad está poniendo en peligro la salud pública. Hasta que no se cuestione eficazmente este dogma, seguiremos atrapados en el mismo bucle eterno que priva a nuestros cuerpos de sal, los hace adictos al azúcar y, en última instancia, los mantiene faltos de muchos nutrientes esenciales. Muchos de nosotros seguiremos luchando contra un hambre insaciable y reteniendo peso en la zona abdominal, a pesar de seguir las recomendaciones sobre cambios en el estilo de vida.

Si te preocupas por tu salud, es posible que te hayas esforzado por cumplir las directrices sobre el bajo consumo de sal, que limitan a 2.300 miligramos de sodio al día (básicamente una cucharadita de sal), o incluso a 1.500 miligramos (dos tercios de cucharadita de sal) si eres mayor o afroamericano o tienes hipertensión. De hecho, según los Centros para el Control y Prevención de Enfermedades (CDC, por sus siglas en inglés), más del 50 por ciento de la población de Estados Unidos controla o reduce su consumo de sodio, y casi el 25 por ciento ha recibido instrucciones de un profesional sanitario para reducirlo.[1]

Si eres uno de ellos, es posible que hayas estado comprando versiones «bajas en sodio» menos sabrosas de tus comidas favoritas. Es posible que te sientas culpable cuando le coges a escondidas un puñado de palomitas a tu pareja en el cine. Es posible que hayas quitado las olivas de la ensalada y que hayas ignorado el paso de «sal al gusto» de las recetas. Tal vez hace años que no pruebas un *pretzel* calentito y salado o un plato de pasta a la *putanesca*, con sus sabrosas alcaparras, por miedo a esos malditos gramos de sodio.

Es posible que te hayas esforzado mucho por restringirte, sin saber que tus ansias de sal son totalmente normales desde el punto de vista biológico, igual que nuestra sed de agua. Los científicos han descubierto que, en todas las poblaciones, cuando se deja a la gente consumir sal sin restricciones, suelen conformarse con 3.000 o 4.000 miligramos de sodio al día. Esta cantidad es válida para personas de todos los hemisferios, todos los climas, todas las culturas y entornos sociales; cuando se les permite el libre acceso a la sal, todos los seres humanos se mueven en torno al mismo umbral de consumo, un umbral que ahora sabemos que es el rango de consumo óptimo para la salud.

El cuerpo te ha estado hablando y es hora de escucharlo. La buena noticia es que probablemente no tengas que reducir el consumo, seguramente necesites incluso más sal. En lugar de ignorar tus antojos de sal, deberías ceder a ellos; te están guiando hacia una mejor salud.

En estas páginas voy a poner las cosas en su sitio y a acabar con los mitos cotidianos sobre los supuestos efectos negativos de la sal. Contaré la historia de cómo el ser humano evolucionó a partir del mar salado, cómo nuestra biología determina nuestro gusto por la sal y cómo este gusto es en realidad una guía infalible. Contaré la historia de las guerras de la sal del siglo pasado y las diferentes directrices dietéticas que nos han llevado tan lejos. Explicaré también cómo nuestra necesidad fisiológica esencial de sal se ve incrementada por las exigencias de la vida moderna y cómo, en realidad, corremos un mayor riesgo de agotamiento de sal que nunca. (Actualmente, dos tercios de la población mundial padecen tres o más enfermedades crónicas, muchas de las cuales aumentan el riesgo de niveles bajos de sal en el organismo.) Hablaré de cómo muchos medicamentos recetados habitualmente, bebidas con cafeína muy preciadas y estrategias dietéticas muy promocionadas promueven en realidad el agotamiento de la sal. Analizaré cómo muchos de los efectos negativos para la salud que se han achacado a la sal se deben en realidad a un consumo excesivo de azúcar, y cómo comer más sal puede ser decisivo para romper el ciclo de adicción al azúcar.

Asimismo, incluiré recomendaciones sobre cómo utilizar la sal para mejorar el rendimiento del ejercicio y aumentar la ganancia muscular, y cómo no quedarse corto en el aporte de yodo. Daré recomendaciones específicas sobre cómo aumentar estratégicamente tu ingesta de los tipos adecuados de sal, en las cantidades que tu cuerpo necesita (porque algunas personas necesitan más sal que otras). Aprenderás cómo consumir la sal que tu cuerpo desea puede mejorarlo todo, desde el sueño, los niveles de energía y la concentración mental hasta la fertilidad e incluso el rendimiento sexual. Por último, hablaré sobre varios medicamentos, enfermedades y elecciones de estilo de vida que conducen a la pérdida de sal, para que puedas tener una mejor idea de si estás en riesgo de sufrir un déficit de sal.

A medida que comparto estos hallazgos, también conocerás las historias de muchas personas, incluidas las que luchan contra enfermedades crónicas, como la hipertensión, la insuficiencia cardiaca, la obesidad o las enfermedades renales, y atletas de élite que buscan una ventaja competitiva. Verás cómo el consumo de determinados tipos de sal —o simplemente el hecho de ceder a los antojos de sal— ha ayudado a estas personas a sentirse más sanas, tener más energía, mejorar el rendimiento deportivo, resolver dolencias crónicas de larga duración e incluso perder peso. Personas como AJ, un hombre de treinta y pocos años con hipertensión al que le aconsejaron que redujera su consumo de sal, pero que descubrió que su tensión arterial no había cambiado, que sus niveles de energía caían en picado y que sufría dolores de cabeza constantemente.

No fue hasta que AJ reintrodujo la sal —toda la que quiso— y redujo su ingesta de carbohidratos, que desaparecieron los dolores de cabeza, perdió 29 kilos y redujo su presión arterial en ochenta puntos (lee la historia completa de AJ a continuación). Y, finalmente, en el último capítulo del libro, recopilaré todas estas lecciones y detallaré cinco sencillos pasos para aprovechar tu instinto por la sal, obtener más beneficios de los tipos de sal más saludables y revertir años de desequilibrios de sal en tu cuerpo.

Al escuchar la historia sobre el poder de la sal, puede que te encuentres tan desconcertado como yo por la continua resistencia a los claros hallazgos de la búsqueda. Estudiaré las fuerzas que se esconden tras esta obstinada negativa a aceptar la verdad, y demostraré que ha llegado el momento de dejar atrás este dogma obsoleto. Tenemos que reconocer que la ciencia ha avanzado y que nuestras directrices dietéticas también deben hacerlo. En nombre de nuestros corazones, nuestra salud y nuestra felicidad, tenemos que ayudar a la sal a reclamar su lugar merecido y vital en nuestra mesa. En pocas palabras, nuestra vida y felicidad dependen de ello.

Añade sal, pierde peso

Cuando mi amigo, el doctor José Carlos Souto trató por primera vez a AJ, éste era obeso e hipertenso (220/170 mmHg), y sufría dolores de cabeza frecuentemente. AJ había intentado reducir el consumo de sal siguiendo las recomendaciones habituales, pensando que así mejoraría su salud. Poco después, empezó a sentirse cansado todo el rato y a tener escalofríos inexplicables de vez en cuando. Además, su tensión arterial seguía siendo alta. El doctor Souto decidió probar otro enfoque: le aconsejó que siguiera una dieta baja en carbohidratos y que empezara a comer la cantidad de sal que su cuerpo le pidiese. Recuperó la energía y desaparecieron los escalofríos casi de inmediato. Y aunque su tensión arterial se mantuvo alta durante un tiempo, cuando empezó a perder peso, ésta también disminuyó. Un año después, había perdido 29 kilos y, para su sorpresa, su tensión arterial se estabilizó en 140/90 mmHg, sin medicación alguna.

1

Pero... ¿la sal no causa hipertensión?

Durante más de cuarenta años, nuestros médicos, el gobierno y las principales organizaciones sanitarias nos han dicho que el consumo de sal aumenta la presión arterial y, por tanto, provoca hipertensión crónica.

Ésta es la realidad: nunca ha habido pruebas científicas sólidas que apoyen esta idea. Incluso en 1977, cuando el gobierno de Estados Unidos recomendó en sus pautas dietéticas que los estadounidenses restringieran su consumo de sal, un informe del cirujano general —máximo responsable de salud pública— de Estados Unidos admitió que no había pruebas de que una dieta baja en sal evitara los aumentos de la tensión arterial que suelen producirse con la edad.[2] La primera revisión sistemática y metaanálisis de los efectos de la restricción de sodio sobre la presión arterial no se produjo hasta 1991, y se basó casi por completo en datos científicos débiles y no aleatorizados, pero para entonces ya llevábamos casi quince años recomendando a los estadounidenses que redujeran su consumo de sal. Para entonces, esos cristales blancos ya se habían grabado en la mente del público como causa principal de la hipertensión, un mensaje que sigue vigente.

El consejo se basaba en gran medida en la más básica de las explicaciones científicas: la «hipótesis de la sal en la presión arterial». Esta hipótesis sostenía que consumir niveles más elevados de sal conduce a niveles más elevados de presión arterial y fin de la historia. Pero eso no era todo, claro. Como ocurre con tantas viejas teorías médicas, la verdadera historia era un poco más compleja.

La hipótesis era la siguiente: en el cuerpo medimos la tensión arterial de dos formas distintas. La cifra superior de una lectura típica de la tensión es la tensión arterial sistólica, la presión en las arterias durante la contracción del corazón. Y la cifra inferior es la presión arterial diastólica, la presión en las arterias cuando el corazón está relajado. Según la teoría, cuando comemos sal también tenemos sed, por lo que bebemos más agua. En la hipótesis de la hipertensión arterial causada por la sal, ese exceso de sal hace que el cuerpo retenga esa mayor cantidad de agua para diluir la salinidad de la sangre. Entonces, el aumento del volumen sanguíneo resultante conduciría automáticamente a un aumento de la presión arterial.

Ésa es la teoría. Tiene sentido, ¿no?

Todo esto tenía sentido, en teoría, y durante un tiempo hubo algunas pruebas circunstanciales que apoyaban esta afirmación. Se recopilaron datos sobre el consumo de sal y la presión arterial en diferentes poblaciones, y en algunos casos se observaron correlaciones. Pero, aunque esas correlaciones fueran congruentes, todos sabemos que correlación no equivale a causalidad; el hecho de que una cosa (la sal) a veces provoque otra (una mayor presión arterial), que casualmente se correlaciona con otra (los eventos cardiovasculares), no demuestra necesariamente que la primera cosa haya causado la tercera.

Como era de esperar, los datos que contradecían la teoría de la sal y la presión arterial siguieron publicándose junto con los datos que la apoyaban. En la comunidad científica surgió un intenso debate sobre si la sal inducía una elevación crónica de la presión arterial (hipertensión) o un aumento fugaz e intrascendente, con defensores y escépticos en ambos bandos. De hecho, en comparación con cualquier otro nutriente —incluso el colesterol o las grasas saturadas—, la sal es la que ha generado más controversia. Y una vez que nos subimos a ese tren de la sal y la hipertensión, ha sido difícil bajarse. Los gobiernos y las autoridades sanitarias habían adoptado una postura sobre la sal, y admitir que estaban equivocados les haría perder prestigio. Continuaron con el mismo mantra del bajo contenido en sal, y se negaban a cambiar su veredicto prematuro sobre la sal hasta que se les presentaran pruebas contundentes de lo contrario. En lugar de preguntarse «¿alguna vez hemos tenido pruebas para recomendar la restricción de sodio?», nadie estaba dispuesto a bajarse del tren hasta que hubiera pruebas definitivas de que sus presunciones eran erróneas.

Creíamos tanto en la restricción del sodio porque creíamos ciegamente en la presión arterial como medida de la salud. Los defensores del bajo contenido en sal afirman que incluso una reducción de un punto en la presión arterial (si se traslada a millones de personas) equivaldría en realidad a una reducción de los accidentes cerebrovasculares y los infartos de miocardio. Sin embargo, la literatura médica sugiere que aproximadamente el 80 por ciento de las personas con una tensión arterial normal (menos de 120/80 mmHg) no son nada sensibles a los efectos de la sal sobre la tensión arterial. Entre las personas con prehipertensión (precursora de la hipertensión), aproximadamente el 75 por ciento no son sensibles a la sal. E incluso entre los claramente hipertensos, alrededor del 55 por ciento son totalmente inmunes a los efectos de la sal sobre la presión arterial.[3]

Así es: incluso entre las personas con la tensión arterial más alta, aproximadamente la mitad no se ve afectada en absoluto por la sal.

Las estrictas directrices sobre el bajo contenido en sal se basaban en una suposición: se asumió que los pequeños beneficios sobre la presión arterial observados en algunos pacientes se traducirían en grandes beneficios para toda la población. Y al asumir ese riesgo pasamos por alto el punto más importante: por qué la sal puede aumentar la presión arterial en algunas personas, pero en otras no. Si nos hubiéramos centrado en eso, nos habríamos dado cuenta de que corregir el problema subyacente —que no tiene nada que ver con comer demasiada sal— soluciona por completo la «sensibilidad a la sal». También suponíamos que la presión arterial, una medida fugaz que se sabe que fluctúa en función de muchos factores de salud, siempre se veía afectada por la sal. Y debido a esa certeza infundada, dimos por hecho que el consumo excesivo de sal tendría lógicamente consecuencias nefastas para la salud, como accidentes cerebrovasculares e infartos de miocardio.

Nuestro error consistió en tomar una muestra de personas tan pequeña —demasiado pequeña desde el punto de vista ético— y extrapolar alocadamente los beneficios de una alimentación baja en sal, sin mencionar en ningún momento los riesgos. En lugar de ello, nos centramos en esas minúsculas reducciones de la presión arterial, ignorando por completo los numerosos riesgos para la salud derivados del bajo consumo de sal —incluidos varios efectos secundarios que aumentan el riesgo de padecer enfermedades cardiacas—, como el aumento de la frecuencia cardiaca, el compromiso de la función renal y la insuficiencia suprarrenal, el hipotiroidismo, el aumento de los niveles de triglicéridos, colesterol e insulina, y, en última instancia, la resistencia a la insulina, la obesidad y la diabetes de tipo 2.

Quizá el caso más ilustrativo de esta despreocupación voluntaria por el riesgo sea el de la frecuencia cardiaca. Está demostrado que la frecuencia cardiaca aumenta con una dieta baja en sal. Este efecto nocivo se produce en casi todas las personas que restringen su consumo de sal. Aunque este efecto está documentado más exhaustivamente en la literatura médica, ningún anuncio de alimentos o pauta dietética dice: «Una dieta baja en sal puede aumentar el riesgo de frecuencia cardiaca elevada». ¿Y qué tiene un mayor impacto en tu salud? ¿Una reducción de un punto en la presión sanguínea o un aumento de cuatro latidos por minuto en la frecuencia cardiaca? (En el capítulo 4 analizaré más detenidamente lo que significan estas métricas y dejaré que tú lo decidas.)

Si nuestro organismo nos permitiera aislar cada uno de estos riesgos, podríamos decir con certeza cuál es el más importante. Pero cuando se combinan todos los peligros conocidos de la restricción de sal, es fácil ver que los perjuicios superan con creces cualquier posible beneficio. En otras palabras, nos hemos centrado en una sola métrica que podría cambiar con una dieta baja en sal —la presión arterial—, pero hemos ignorado por completo todos los demás efectos nocivos en el proceso.

Ahora que podemos admitir nuestra insensatez, hemos llegado a un punto en la salud pública en el que debemos preguntarnos: ¿hemos sometido a una serie de personas, especialmente a aquellas cuya salud ya estaba comprometida, a un «tratamiento» que puede haber agravado el deterioro de su salud?

Esta pregunta se vuelve cada vez más urgente a medida que las tensiones del mundo moderno imponen una carga añadida a nuestros cuerpos. Además de la sal que perdemos al seguir dietas bajas en carbohidratos, cetogénicas o paleo, cada vez tomamos más medicamentos que provocan pérdida de sal; sufrimos más daños en el intestino que reducen la absorción de sal (incluyendo la enfermedad de Crohn, la colitis ulcerosa, el síndrome del intestino irritable y la permeabilidad intestinal), y estamos causando más daño a los riñones al consumir más carbohidratos refinados y azúcar (lo que disminuye la capacidad de los riñones para retener sal).

Investigaciones recientes sugieren incluso que el déficit crónico de sal puede ser un factor de lo que los endocrinólogos denominan «inanición interna». Cuando se empieza a restringir la ingesta de sal, el cuerpo entra en pánico. Uno de los mecanismos de defensa del cuerpo es aumentar los niveles de insulina, porque la insulina ayuda a los riñones a retener más sodio. Por desgracia, los niveles elevados de insulina también «bloquean» la energía en las células adiposas, por lo que resulta difícil descomponer la grasa almacenada en ácidos grasos o las proteínas almacenadas en aminoácidos para obtener energía. Cuando los niveles de insulina son elevados, el único macronutriente que se puede utilizar eficazmente como fuente de energía son los carbohidratos.[4]

¿Ya vas viendo adónde nos lleva esto?

Empiezas a querer azúcar y carbohidratos desesperadamente, porque tu cuerpo cree que los carbohidratos son tu única fuente de energía viable. Y, como ya sabemos, cuantos más carbohidratos refinados consumimos, más carbohidratos refinados nos apetece tomar. Este consumo excesivo de carbohidratos procesados y alimentos ricos en azúcar prácticamente garantiza la acumulación de células grasas, un aumento de peso, resistencia a la insulina y, con el tiempo, diabetes de tipo 2.

Lo que está claro es que nos hemos centrado en el cristal blanco equivocado todo este tiempo. Hemos demonizado el sodio antes de tener pruebas. Y nuestra salud ha estado sufriendo las consecuencias desde entonces. Si hubiéramos dejado la sal en la mesa, nuestros problemas de salud en general —y especialmente los relacionados con el azúcar— serían un poco menos dramáticos.

Es hora de dejar las cosas claras. Es hora de dejar a un lado la culpa, agarrar el salero y volver a disfrutar de la sal.

1.1. La hora de la verdad

Siempre he sido muy deportista, practicaba campo a través y lucha libre en el instituto, así que sé bastante sobre cómo influye la nutrición (o la falta de ella) en el rendimiento. Todas esas tardes corriendo y luego pasando mis días como luchador en la sauna para perder peso, me hicieron apreciar lo importante que es la sal para los deportistas.

Después del instituto, me licencié en Farmacia por la Universidad de Búfalo y empecé a trabajar en la comunidad como farmacéutico. Me interesé aún más por la sal cuando descubrí que una de mis pacientes se quejaba de fatiga, mareos y letargo. Mientras ataba cabos con ella, recordé que ella estaba tomando un medicamento (un antidepresivo llamado sertralina) que puede aumentar el riesgo de niveles bajos de sodio en la sangre. Cuando relacioné las instrucciones de su médico de reducir su ingesta de sal con la prescripción adicional de un diurético, deduje inmediatamente que estaba deshidratada por falta de sal y que sus niveles de sodio en sangre eran bajos. Le sugerí que tal vez tuviera que empezar a tomar más sal, pero le aconsejé que primero se hiciera un análisis para ver sus niveles de sodio y así confirmar mis sospechas.

Efectivamente, sus niveles de sodio eran extremadamente bajos. Su médico redujo la dosis del diurético a la mitad y le dijo que comiera más sal. Poco después, todos sus síntomas desaparecieron. A la semana siguiente, vino a la farmacia a decirme que tenía razón y que le había ayudado a mejorar drásticamente su calidad de vida —básicamente lo mejor que le pueden decir a una persona del ámbito sanitario—. Me sentí muy aliviado y motivado al ver que la solución a sus síntomas era tan simple, tan barata y tan inmediatamente eficaz.

Esa experiencia me impulsó a profundizar en las directrices sobre el bajo consumo de sal. Cuanto más profundizaba, más me daba cuenta de que tal vez el consejo que habíamos estado dando a la gente de reducir su consumo de sal no era del todo correcto. Más o menos en la misma época, en 2013, acepté un puesto como científico de investigación cardiovascular en el Saint Luke's Mid America Heart Institute. Tras incorporarme al Saint Luke, publiqué casi doscientos artículos médicos en la literatura científica, muchos relacionados con el impacto de la sal y el azúcar en la salud. A raíz de esas publicaciones académicas, ese mismo año me ofrecieron un puesto como editor asociado en *BMJ Open Heart*, revista oficial de la Sociedad Cardiovascular Británica.

En total, he pasado casi una década examinando la investigación sobre la sal y trabajando con médicos para desentrañar la complejidad de nuestro consumo de sal y llegar al meollo del asunto. ¿Deberíamos acabar con estas restricciones obsoletas? ¿Quién necesita menos sal y quién más? ¿Qué cantidad y qué tipos de sal son óptimos? Y quizá lo más interesante: ¿cómo podría ayudarnos el aumento de la ingesta de sal a revertir la marea de la obesidad y frenar la creciente epidemia de diabetes tipo 2 que amenaza con abrumar al mundo entero?

Podemos empezar por decir la verdad:

La falta de sal es horrible.

La falta de sal es peligrosa.

Nuestros cuerpos evolucionaron para necesitar sal.

Las directrices de bajo contenido en sal se basan en la *sabiduría*, no en hechos científicos.

Mientras tanto, el verdadero culpable ha sido el azúcar.

Y, por último: la sal puede ser una solución —y no una causa— a la crisis de enfermedades crónicas de nuestro país.

Tu cuerpo te impulsa a ingerir varios gramos de sal (unos 8-10 gramos, equivalentes a 3.000-4.000 miligramos de sodio) cada día para mantenerse en homeostasis, un estado óptimo en el que se somete al organismo a la menor tensión posible. Sin embargo, podrías vivir literalmente el resto de tu vida —y probablemente una mucho más larga— sin ingerir ni un gramo más de azúcar añadido.

Ahora bien, entiendo que llevará un poco de tiempo desaprender años de adoctrinamiento sobre los males de la sal, y por eso escribí este libro. En estos capítulos, conocerás la historia completa. Al final, en los capítulos 7 y 8, encontrarás recomendaciones específicas sobre cómo puedes encontrar y poner en práctica tu consumo de sal ideal. Pero esa comprensión comienza con la reeducación acerca de las innumerables formas en que nuestras vidas pueden ser más sanas, más fuertes y largas cuando damos la bienvenida de nuevo a la sal.

Si la sal siempre ha desempeñado un papel tan relevante en la salud humana, ¿cómo hemos podido empezar a dudar de ella? Quizá la omnipresencia de la sal fue uno de los factores de su caída; quizá simplemente la dimos por sentada. Para entender cómo hemos podido desviarnos tanto, primero hay que comprender el papel fundamental que la sal ha desempeñado siempre en la salud humana, desde el momento en que la vida salió del mar hasta el nacimiento de la medicina moderna. Si examinamos detenidamente el papel crucial de la sal en nuestro pasado, podremos empezar a restaurar su empañada reputación y honrar su lugar en nuestro futuro.

2

Somos de naturaleza salada

Somos, por naturaleza, seres salados.

Lloramos sal, sudamos sal y nuestras células están bañadas en líquidos salinos. Sin sal no podríamos vivir.

Una pizca de sal puede realzar los sabores de un plato insípido y convertirlo en algo extraordinario. La sal elimina el amargor y dulcifica los alimentos, lo cual reduce la necesidad de azúcar. Y al igual que disfrutamos de la satisfacción y la sabrosura que la sal añade a nuestra comida, la sal desempeña un papel fundamental en numerosas funciones fisiológicas clave de nuestro cuerpo.

La sal es necesaria para mantener la cantidad óptima de sangre en el organismo; incluso la necesita el corazón para bombear sangre por todo el cuerpo. La sal es esencial para la digestión, la comunicación entre células, la formación y el fortalecimiento de los huesos y la prevención de la deshidratación. El sodio también es crucial para la reproducción, el buen funcionamiento de las células y los músculos, y la transmisión óptima de los impulsos nerviosos hacia y desde órganos como el corazón y el cerebro. De hecho, nuestros cuerpos dependen de elementos llamados electrolitos —como el sodio, el potasio, el magnesio y el calcio— en nuestros fluidos corporales para ayudar a llevar a cabo impulsos eléctricos que controlan muchas de las funciones de nuestro cuerpo. Sin una ingesta adecuada de sodio, nuestro volumen sanguíneo disminuye, lo que podría provocar la parada de ciertos órganos, como el cerebro y los riñones.

En pocas palabras, si elimináramos todo el sodio de nuestra dieta, moriríamos.

Nuestro cerebro y nuestro cuerpo determinan automáticamente la cantidad de sodio que comemos, reabsorbemos y excretamos. Se cree que la capacidad de nuestro cuerpo para conservar la sal y el agua está controlada por el hipotálamo, una parte del llamado cerebro reptiliano que recibe y transmite señales que nos hacen desear sal o sentir sed.

Esas señales, si las respetamos, nos llevan a crear de forma natural niveles óptimos de agua y sal en el cuerpo, porque esos poderosos impulsos instintivos son el resultado directo de los hechos evolutivos de la vida. Los primeros seres vivos del planeta se bañaban en agua de mar y, cuando llegaron a la tierra, se llevaron la sal del océano con ellos.[5] Y, hoy, millones de años después, la composición de nuestros fluidos corporales humanos sigue imitando la del antiguo océano.

2.1. Fuera del océano

El océano cubre el 71 por ciento de la superficie terrestre, pero debido a su enorme volumen, también constituye el 99 por ciento del espacio vital total de la Tierra.[6] El cloruro de sodio, también conocido como sal, constituye el 90 por ciento de todo el contenido mineral del océano,[7] el mismo porcentaje de contenido mineral que tenemos en la sangre. La única diferencia entre ambos es la concentración: el océano es entre cuatro y cinco veces más salado que nuestra sangre (alrededor del 3,5 de NaCl frente al 0,82 por ciento de NaCl).[8] Además del océano, la sal también puede encontrarse en mares más pequeños, yacimientos de sal, agua salobre, afloramientos de sal e incluso en el agua de lluvia. La enorme cantidad de sal que encontramos en numerosas zonas del mundo no hace más que corroborar la importancia de la sal para todas las formas de vida.

La similitud, tanto en el contenido mineral como en la concentración de minerales, entre la sangre humana y el agua de mar, se conoce desde hace décadas.[9] Las células no pueden sobrevivir fuera de un margen muy reducido de niveles de electrolitos en el líquido extracelular que las baña. Para que una especie saliera del océano y pudiera vivir en tierra firme, tuvieron que desarrollarse y evolucionar varios sistemas de regulación de la sal. Esos sistemas actúan en todo nuestro organismo, incluyendo la piel, las glándulas suprarrenales y los riñones.

Las precisas proporciones iónicas que permiten la vida celular no han cambiado sustancialmente desde los inicios de la vida.[10] Incluso ahora, nuestro cuerpo retiene sal en épocas de escasez y elimina el exceso cuando no la necesita. Esta capacidad de regular la cantidad de sal en nuestro organismo y de buscarla en momentos de necesidad nos ha permitido sobrevivir y prosperar en casi todo tipo de regiones geográficas del planeta; pero, en el fondo, nuestra sangre sigue reflejando el antiguo océano donde comenzó la vida y del que evolucionó.

En comparación con los drásticos cambios en la forma, la estructura y la función de los órganos que se produjeron durante la evolución de los vertebrados, el hecho de que la composición electrolítica del líquido extracelular haya permanecido casi invariable[11] sugiere que el equilibrio de la sal es una adaptación evolutiva. Esta adaptación sigue estando estrictamente regulada para mantener la vida de todos los vertebrados, incluidos los peces y las tortugas —tanto marinos como de agua dulce—, así como reptiles, aves, anfibios y, por supuesto, mamíferos.[12] Este hecho es fundamental para la teoría que sostiene que todos los animales —incluidos los humanos— evolucionaron a partir de criaturas que se originaron en el océano.[13]

Una vez que los invertebrados marinos desarrollaron un sistema circulatorio cerrado, habrían necesitado desarrollar órganos precursores de los riñones que les permitieran reabsorber y excretar sal y agua (entre otras cosas). Hasta entonces, el océano salado formaba parte del propio invertebrado. Desde una perspectiva evolutiva, es probable que los riñones surgieran por primera vez en el mar y, por lo tanto, considerasen la sal como una aliada, no como una enemiga. Este hecho parece haberse perdido en el debate actual sobre la ingesta óptima de sal.

La capacidad de un organismo para retener y excretar sal es fundamental para el correcto funcionamiento celular y la hidratación que sustentan la vida. El mejor ejemplo son los peces que pueden vivir tanto en agua dulce como salada. La mayoría de estos peces pueden reabsorber o excretar sodio de forma activa a través de sus branquias, lo que permite grandes cambios en la salinidad del entorno.[14] Las branquias de estos peces funcionan de forma muy parecida a los riñones humanos, reabsorbiendo o excretando sodio en función de si tienen demasiada o poca sal en el organismo, lo que contribuye a mantener el equilibrio normal de electrolitos y agua. Otra adaptación evolutiva para mantener la homeostasis de sal y agua es la protección externa que se observa en los reptiles de agua dulce. Esta adaptación permite conservar el equilibrio normal de electrolitos y fluidos, ya que el caparazón contrarresta la drástica diferencia de estrés osmótico que supone vivir en un medio de agua dulce, donde la concentración de sal es mucho menor que en la sangre.[15]

A pesar de los cambios significativos en la salinidad de los entornos de los animales, sus órganos siguieron evolucionando para mantener concentraciones normales de sal y, por tanto, el equilibrio hídrico en la sangre, independientemente de adónde los llevaran sus viajes, incluso cuando hicieron esos primeros y cruciales desplazamientos reptantes hacia tierra firme.

2.2. Arrastrarse hasta la orilla

Se cree que los tetrápodos, los primeros vertebrados con cuatro extremidades, son el último ancestro común de anfibios, reptiles y mamíferos. Estos animales pudieron salir por primera vez del mar tragando aire en el intestino.[16] Una vez que estas criaturas llegaron a tierra firme, sus riñones tuvieron que adaptarse para pasar de vivir en el ambiente salado del mar a otro relativamente escaso en sal.

Aunque hay muchas teorías sobre el origen de los animales terrestres y el surgimiento de los vertebrados a partir de los invertebrados, nuestros riñones y nuestras ansias de sal son grandes indicios de que lo más probable es que evolucionáramos a partir de animales marinos y no de animales de agua dulce.[17] Si procedemos del mar, la capacidad evolutiva de retener sodio habría sido un requisito que habría permitido mantener la presión arterial y la circulación de la sangre por los tejidos una vez en tierra firme.[18] Estos animales, que antes se bañaban en agua salada, ahora se enfrentaban a la relativa escasez de sal del desierto, la selva tropical, las montañas y otros entornos no marinos. Por lo tanto, no sólo era importante retener la sal, sino que en estos animales habría evolucionado un «hambre» de sal para garantizar que sus necesidades se cubrieran. Esta hambre proporcionaría una señal fisiológica —apetito— para buscar sal cuando se avecinara un déficit. Sus nuevos sistemas circulatorios cerrados les darían una mayor capacidad para mantener la homeostasis del sodio y el agua, sobre todo gracias a la evolución de los riñones, la vejiga, la piel, los intestinos y otras glándulas endocrinas que no tenían los antiguos invertebrados marinos.[19]

En el reino animal, obviamente, no existen directrices dietéticas ni directivas médicas que obliguen a restringir el consumo de sal. De hecho, muchos animales (especialmente los que cazan en el mar) ingieren grandes cantidades de sal simplemente como algo natural durante su vida cotidiana. Por ejemplo, los reptiles, las aves y los mamíferos marinos —como el león marino, la nutria marina, la foca, la morsa y el oso polar— cazan presas que viven en el océano. Estos animales ingieren grandes cantidades de sal durante la captura, tanto del propio animal como del agua salada, sobre todo si comen invertebrados marinos, que tienen la misma concentración de sal que el océano.[20] Como resulta que el contenido de sal en sangre de los mamíferos marinos no difiere mucho del de los terrestres,[21] y dado que ingieren agua de mar —que es entre cuatro y cinco veces más salada que su sangre—, esa sal debe eliminarse a través de los riñones.

O, para decirlo sin rodeos: sus riñones deben ser capaces de excretar enormes cantidades de sal.

Esta fisiología básica de los riñones es la misma en los seres humanos. De hecho, las investigaciones han demostrado que los pacientes con presión arterial y función renal normales pueden excretar fácilmente diez veces más sal de la que consumimos normalmente en un día.[22] La razón por la que los humanos no podemos vivir únicamente de agua de mar no es que nuestros riñones no puedan excretar su alto contenido en sal, sino que, para hacerlo, el agua debe salir con ella, lo que acabaría provocando deshidratación (y finalmente la muerte). Pero si tuviéramos suficiente acceso al agua dulce para remplazar la que se pierde durante la excreción de esa sal, los seres humanos podríamos beber agua de mar.

Casi sin excepción, la regulación de la sal y el agua es un mecanismo de supervivencia bien adaptado para casi todos los animales, y esto incluye a todos los primates, seres humanos incluidos.

2.3. Primates prehumanos

Incluso hoy en día, la mayoría de la gente cree que los primates prehumanos (como orangutanes, monos, babuinos y macacos) subsistían principalmente a base de fruta y vegetación terrestre. Por ello, un grupo de científicos ha insistido en que nuestros cuerpos prehumanos evolucionaron con una dieta baja en sal. Pero está claro que no es así.

Se cree que, hace millones de años, los cambios climáticos con estaciones secas intensas obligaron a los primates no humanos a buscar humedales.[23] Su dieta habría consistido en vegetación acuática, con un contenido en sodio quinientas veces superior al de las plantas terrestres.[24] También puede ser el momento en que los primates no humanos empezaron a comer carne, que habrían encontrado por primera vez cuando peces e invertebrados acuáticos quedaban atrapados en la vegetación acuática, lo que les proporcionó a los primates la primera ensalada de marisco.[25] Una vez que ingirieron estos alimentos «sin querer», es probable que los primates no humanos adquirieran gusto por ellos y empezaran a buscarlos deliberadamente. Se cree que sus primeros peces fueron presas más fáciles, como siluros heridos, arrastrados a la orilla o atrapados en estanques poco profundos. (Los siluros abundaban en las zonas por las que deambulaban los primates ancestrales y los primeros humanos, por lo que esta idea es plausible.)

Este cambio de dieta —hacia un mayor consumo de grasas y omega-3— tiene sentido por su potencial para favorecer el desarrollo de un cerebro más grande (de un tamaño más humano). Se ha informado de que decenas de primates no humanos comen pescado y otras especies acuáticas, lo que habría aportado a su dieta grandes cantidades de sal.[26] Habrían encontrado cosas como huevos de tiburón, gambas, cangrejos, mejillones, navajas, caracoles, pulpos, ostras y otros invertebrados con concha, ranas arborícolas, invertebrados en el fango de los ríos, huevos de tortuga mordedora, escarabajos acuáticos, lapas, renacuajos, pulgas de mar, piojos de foca y lombrices de tierra.[27] Éstos abundaban en las orillas del mar y en los pantanos, en aguas dulces y marinas, así como en otros lugares tropicales y templados. Basándonos en esta lista, es obvio que la dieta de los primates prehumanos —y, por tanto, de los primeros humanos— no era baja en sal; de hecho, podría haber sido extremadamente alta en sal.

El gusto por el pescado y otras criaturas acuáticas pudo haber llevado a estos primates prehumanos a intentar, de forma deliberada, atrapar peces con las manos y, con el tiempo, a utilizar herramientas como palos, arena y comida para hacerlo, lo que representó un enorme salto adelante en el desarrollo cognitivo. Piensa en ese giro del destino: comer pescado por casualidad pudo haber permitido que los cerebros de los primates primitivos desarrollaran el intelecto necesario para pescar activamente mediante el uso de herramientas. El modo exacto en que conseguían estas criaturas saladas es más bien un misterio, pero se cree que utilizaban rocas para abrir conchas y golpeaban el bambú para encontrar ranas que vivieran en su interior. Se ha descubierto que al menos otras cinco especies, además de los orangutanes, utilizaban herramientas para obtener pescado y otras presas acuáticas saladas. A partir de entonces, los homínidos —tanto los humanos modernos como los extintos— habrían utilizado las prácticas de pesca de los primates.[28]

2.4. Los primeros humanos

Curiosamente, la aparición de la pesca con herramientas en los primeros *Homo* data de hace unos 2,4 millones de años. Los hábitos piscívoros de los primates sugieren que los homínidos habrían comenzado primero consumiendo plantas acuáticas, para después probar por casualidad los animales acuáticos que se aferraban a su alimento nocturno y, tras adquirir el gusto por esa nueva carne, acabar pasando a capturar peces y otras presas acuáticas.[29] Algunos investigadores afirman que un humano temprano, *Paranthropus boisei*, y los primeros *Homo* excavaban en los humedales para incorporar vertebrados e invertebrados a lo que hasta entonces había sido una dieta basada predominantemente en plantas. Estos alimentos de origen animal acuático aportan abundante sal y nutrientes nuevos de alta calidad, como el ácido docosahexaenoico (DHA). De forma similar a como estos ácidos grasos esenciales pudieron propiciar el crecimiento del cerebro en los primates prehumanos, el DHA permitió que el cerebro aumentara de tamaño en los primeros seres humanos.[30]

La sal la ayuda a respirar

Uno de mis amigos y compañeros, el doctor Sean Lucan, profesor asociado del Departamento de Medicina Familiar y Social del Centro Médico Montefiore de la Escuela de Medicina Albert Einstein, me contó que había cambiado por completo su opinión sobre la sal. «Antes era muy antisal. No tenía salero y aconsejaba a mis pacientes que no usaran sal al cocinar ni en sus comidas —recuerda—. Acepté sin cuestionar el argumento de que la sal equivalía a hipertensión a corto plazo y, más adelante, a infartos y accidentes cerebrovasculares. Pero a medida que fui interesándome más en la nutrición y empecé a revisar la evidencia, me volví cada vez más escéptico respecto a las ventajas de evitar la sal y de los consejos que daba a mis pacientes.»

Hace unos años, Sean asistió a un simposio sobre nutrición y cocina en el Culinary Institute of America, al que atribuye su cambio de perspectiva: «Empecé a apreciar la sal como ingrediente culinario y a utilizarla en mi cocina. Los resultados fueron inmediatos, espectaculares y fantásticos. Sólo cocinaba comida real, y desde entonces, la comida sabía realmente bien».

Su familia estaba encantada con la forma en que la sal había mejorado el sabor de la comida, y ninguno tuvo problemas de salud como resultado de un mayor consumo de sodio. Recordó esta experiencia cuando empezó a atender a una mujer con insuficiencia cardiaca congestiva en fase avanzada que seguía el régimen más estricto de restricción de sodio. «Lo único que quería era saborear la comida. Pero sus médicos le habían prohibido la sal y su familia la retiró por completo de casa —explica—. Cuando se acercaba al final, por fin convencí a su familia de que le permitieran tomar algo de sal. Se mostraron reacios, temían que se descompensara.» Pero como conocían su desesperación y no querían negarle ese deseo tan sincero, accedieron.

«¿Y sabes qué? La mujer mejoró. No, su insuficiencia cardiaca no se resolvió, pero su tensión arterial no se resintió, ya no se quedaba sin aliento y no tuvo que volver al hospital, como ya había llegado a ser habitual para ella. Además, disfrutó de sus últimas comidas y de los días que le quedaban de vida en lugar de sufrir innecesariamente una privación difícil de justificar.

»Todavía conservo una foto de uno de sus bisnietos sentado en su regazo. Ahora es unos años mayor y, a diferencia de la mayoría de los niños de su edad, sólo come comida real. Y sala sus platos a su gusto. Está sano y bien, y es un ejemplo para todos nosotros.»

El hecho de que el DHA sea importante para el crecimiento del cerebro humano sugiere inevitablemente que los alimentos acuáticos —y el gusto por la sal que atrajo a nuestros antepasados hacia ellos— desempeñaron un papel importante en la evolución del cerebro humano hasta convertirse en lo que es hoy.[31] Las plantas terrestres son bajas en DHA, lo que sugiere que esta transición a la vegetación y las presas acuáticas fue esencial para aumentar el tamaño de nuestro cerebro.[32] Imagina: nuestro deseo de sal pudo haber desempeñado un papel en el gran salto evolutivo de los primeros humanos.

Incluso los primeros humanos que vivían lejos de las aguas salobres del océano tenían este apetito por la sal. Los datos sugieren que los primeros homínidos que vagaban por las regiones no costeras de África oriental hace entre 1,4 y 2,4 millones de años, podrían haber seguido una dieta extremadamente rica en sal. Se dice que un antiguo antepasado de los humanos conocido como el «hombre cascanueces» se alimentaba principalmente de grandes cantidades de chufas.[33] Los fósiles de este humano primitivo, descubiertos en 1959 en Tanzania, muestran fuertes músculos mandibulares, así como desgaste en los molares, indicativo de una dieta rica en chufas. Las chufas son extremadamente ricas en sal (hasta 3.383 miligramos de sodio por cada 100 gramos, la cantidad media de sodio que ingerimos hoy en día).[34] Basta con un puñado (85 gramos) de estos tubérculos parecidos a las nueces para aportar la cantidad de sodio necesaria para un día entero.

El hombre cascanueces no vivía sólo de chufas. También sobrevivía con una dieta compuesta en gran parte por saltamontes. El grillo, pariente cercano del saltamontes, contiene una gran cantidad de sodio (unos 152 miligramos de sodio por cada cinco grillos).[35] Lo más probable es que ciertos insectos tengan un contenido tan alto en sodio porque eso les permite moverse y volar más rápido y evitar así ser devorados por sus congéneres.[36] Los científicos han observado que la carencia de sodio puede provocar canibalismo en los insectos (y probablemente también en otros animales).[37] La teoría sostiene que los animales saben instintivamente que la sal está en la sangre, el líquido intersticial, la piel, los músculos y otras partes de su cuerpo. No es de extrañar que los expertos consideren que los humanos han obtenido proteínas y micronutrientes de insectos silvestres durante milenios, y que continúen haciéndolo hoy en día, especialmente en partes de África, Asia y México.[38]

2.5. El caso está claro

Desde un punto de vista evolutivo, las pruebas no sugieren que evolucionáramos con una dieta baja en sal. Más bien, gran parte de nuestra teoría evolutiva parece apoyar el hecho de que evolucionamos con una dieta rica en sal. Entonces, ¿de dónde procede esta persistente idea errónea sobre nuestra dieta original?

La idea de que nuestros antepasados humanos consumían muy poca sal —en general, menos de 1.500 miligramos de sodio al día— es tanto antigua como actual.[39] Parte del debate sobre la dieta evolutiva parece derivarse de un influyente artículo sobre el tema, publicado en 1985 en el *New England Journal of Medicine*, una de las revistas médicas más prestigiosas del mundo. Los autores de este artículo estimaron que, durante el Paleolítico (aproximadamente desde hace unos 2,6 millones de años hasta hace unos 10.000), nuestra ingesta de sodio era de apenas 700 miligramos al día.[40] Pero esta cifra se basaba en el contenido de sodio de ciertos animales terrestres (y sólo en el contenido de sodio de la carne), así como en el de las plantas terrestres disponibles para los cazadores-recolectores. Esta estimación no incluye el sodio que se habría obtenido de las chufas, de los insectos o de la vegetación y las presas acuáticas, ni tampoco las otras grandes reservas de sodio presentes en los animales más allá de la carne, como el que se encuentra en la piel, el líquido intersticial, la sangre y la médula ósea (que sabemos que los cazadores-recolectores sí consumían). No podemos olvidar que, además de la carne, los propios animales (músculo, órganos, vísceras, piel, sangre) son muy buenas fuentes de sal. Por ejemplo, el músculo contiene aproximadamente 1.150 miligramos de sodio por kilogramo. Los aborígenes australianos podían comer entre 2 y 3 kilos de carne de una sola sentada durante una matanza.[41] Esto equivale a 3.450 miligramos de sodio al día, la cantidad exacta de sodio que consumen actualmente los estadounidenses (cuando no se esfuerzan por cumplir las directrices de bajo consumo en sal, claro está). Los órganos de los animales son incluso más ricos en sal que la carne: más o menos un cuarto de kilo de costilla de bisonte proporciona 1.500 miligramos de sodio, la misma cantidad que se encuentra en apenas 382 gramos de riñón de bisonte o 900 gramos de hígado de bisonte. Y recordemos que esto ni siquiera incluye la sal que hay en la piel, el líquido intersticial, la sangre y la médula ósea.

Es probable que los primeros humanos también obtuvieran sal de otras formas. Algunos también habrían comido tierra, como todavía hacen las mujeres kikuyu de África, conocidas por preparar platos a partir de tierra rica en sodio.[42] Es probable que nuestros antepasados también tuvieran acceso a depósitos naturales de sal y bebieran agua de lluvia, lo que demuestra claramente que las estimaciones anteriores sobre la ingesta de sodio durante nuestra evolución son, con toda probabilidad, subestimaciones drásticas.

Pero, por desgracia, el mantra siempre ha sido que la dieta vegetariana estricta de nuestros primeros antepasados sólo aportaba unos 230 miligramos de sodio al día, y que incluso una dieta carnívora sólo proporcionaba unos 1.400 miligramos de sodio. Estas estimaciones tan bajas llevaron a la mayoría de los expertos a creer que nuestra ingesta actual de sal es entre dos y veinte veces superior a la que habrían consumido nuestros antepasados. Y si no comíamos tanta sal durante nuestra evolución, entonces nuestra ingesta actual no puede ser buena para nosotros (o eso dice el mantra).

Nadie sabe a ciencia cierta cuánta sal comían nuestros antepasados paleolíticos ni con cuánta sal evolucionó nuestro cerebro, pero probablemente fue mucha más de la que piensan la mayoría de los expertos. No obstante, algunos de ellos creen que entre el 45 y el 60 por ciento de las calorías de nuestros antepasados paleolíticos procedían de alimentos de origen animal que,[43] por naturaleza, tienen un alto contenido en sal.

2.6. Los humanos siempre han necesitado sal

Sabemos que la sal era importante para los primeros humanos, ya que reflejaba y reproducía el medio marino del que procedemos. Pero se supone que ya hemos superado con creces esa etapa... así que ¿qué función cumple la sal para nosotros ahora?

La sal (también conocida como cloruro de sodio o NaCl) es la sustancia blanca que todos reconocemos en la mesa. El NaCl se convierte en electrolitos cuando se disuelve en la sangre y otros fluidos corporales, formando el ion sodio con carga positiva (Na^+) y el ion cloruro (Cl^-), de carga negativa. El Na^+ es el principal electrolito con carga positiva, conocido como catión, que compone el fluido que baña nuestras células; el cloruro es el principal electrolito con carga negativa, conocido como anión, de nuestra sangre. El Na^+ y el Cl^- son los electrolitos de mayor concentración en nuestra sangre en comparación con cualquier otro electrolito (como el potasio, el magnesio o el calcio).

El yodo también es un mineral, al igual que el sodio y el cloruro, pero sólo se encuentra en cantidades mínimas en el organismo. A pesar de ser un oligoelemento, el yodo es esencial para la salud de todo nuestro organismo. El yodo es el principal componente de las hormonas tiroideas: tres átomos de yodo forman la hormona tiroidea T3 (triyodotironina) y cuatro átomos de yodo forman la T4 (tiroxina). La carencia de yodo disminuye la producción de T3 y T4 en el organismo y puede agrandar el tejido tiroideo, lo que provoca bocio y, posiblemente, un funcionamiento insuficiente (hipotiroidismo) o excesivo (hipertiroidismo) de la glándula tiroidea.

Los niveles de agua y sodio de nuestro cuerpo se equilibran constantemente, un proceso conocido como osmorregulación. Cuando aumenta la concentración de sodio en la sangre, los riñones simplemente reabsorben menos sodio; el exceso se elimina a través de la orina y el organismo mantiene un nivel normal de sodio sérico en la sangre. Este mecanismo ayuda a prevenir daños celulares provocados por el movimiento de líquidos que entran y salen de las células.

Si los niveles de sodio en sangre descienden demasiado, el agua pasará de la sangre a las células de los tejidos para devolver el nivel de sodio en la sangre a la normalidad, pero este desplazamiento de líquido puede provocar hinchazón celular. Si el nivel de sodio en la sangre aumenta, el agua saldrá de las células de los tejidos hacia la sangre con el fin de reducir los niveles de sodio de nuevo a la normalidad, pero esto puede causar encogimiento celular. Tanto la expansión como el encogimiento celular pueden ser extremadamente perjudiciales, por lo que nuestro organismo hará todo lo posible para mantener un nivel normal de sodio en la sangre y por eso la ingesta y el equilibrio de sal están tan estrictamente regulados. Si nuestro organismo no fuera capaz de hacer esto, un nivel bajo de sodio en la sangre podría provocar un exceso de agua en el cerebro, lo que acabaría causando la muerte.

Una adaptación evolutiva que nos permitió equilibrar mejor la sal una vez en tierra fue la transformación en la producción de hormonas suprarrenales. Los vertebrados inferiores que habitan en entornos salinos producen cortisol y corticosterona, mientras que los animales terrestres no acuáticos evolucionaron para producir corticosterona y aldosterona.[44] Los seres humanos evolucionaron para producir cortisol y aldosterona. Estas hormonas suprarrenales son fundamentales para la respuesta de lucha o huida del sistema nervioso (cortisol) y para el equilibrio de la sal (cortisol y aldosterona).

El cortisol, quizá la «hormona del estrés» más conocida, es el principal glucocorticoide producido por nuestras glándulas suprarrenales en momentos de estrés. El cortisol también parece estar implicado en la liberación de sodio de nuestras reservas cutáneas para ayudarnos durante situaciones de estrés. ¿Recuerdas que, por lo visto, los insectos vuelan más rápido si tienen más sal? Pues bien, lo mismo podría ocurrir con los humanos que tratan de evitar ser devorados por un león. La aldosterona, otra hormona liberada por nuestras glándulas suprarrenales, almacena sodio en la piel y nos permite reabsorber más sal a través de los riñones en momentos de déficit o necesidad. Así, la aldosterona sería un «acumulador de sal», mientras que el cortisol parece actuar como un «liberador de sal», y la interacción de ambas hormonas contribuye a determinar nuestro balance general de sal.

Otro regulador fisiológico de nuestro estado de sal es algo conocido como sensor de volumen, o receptor, que se encuentra en nuestras arterias carótidas y en la aorta. Estos receptores detectan los cambios de presión que desencadenan señales en el cerebro, lo que hace que los riñones retengan o excreten más sal y agua, en función de las reservas de sodio del organismo.[45] De media, nuestros riñones podrían filtrar entre 1.451,5 y 1.633 gramos de sal (aproximadamente 580 y 653 gramos de sodio) al día.[46] Esto equivale a unas 150 veces la cantidad de sal que ingerimos a diario. Para ponerlo en perspectiva, la mayoría de los organismos sanitarios nos dicen que consumir sólo 6 gramos de sal (unos 2.300 miligramos de sodio o una cucharadita de sal) es demasiado, ¡pero nuestros riñones filtran esa cantidad de sal cada cinco minutos!

Las recomendaciones de restricción apenas tienen sentido desde un punto de vista fisiológico, pero ver estas cifras ayuda a poner las cosas en perspectiva. La cantidad de sal que ingerimos al día es realmente una gota en el océano en comparación con la cantidad que los riñones filtran diariamente. De hecho, el estrés que soportan nuestros riñones proviene principalmente de tener que conservar la sal y reabsorber los 1.451-1.633 gramos de sal que filtramos cada día.[47] Esta reabsorción nos obliga a gastar trifosfato de adenosina (ATP), la energía generada a partir de los alimentos que ingerimos y que nuestras células utilizan para facilitar muchas funciones del organismo. Nuestra bomba de sodio consume aproximadamente el 70 por ciento de la energía basal que gastan los riñones,[48] lo que convierte a una dieta baja en sal en un devorador de energía y en una enorme fuente de estrés para los riñones. Ésta es una de las formas en que las dietas bajas en sal pueden provocar un aumento de peso, al ir agotando lentamente nuestras reservas de energía y llevarnos a ser más sedentarios. ¿Qué organismo querría moverse (y sudar el preciado sodio) cuando, de entrada, tiene muy poca sal?

Del mismo modo que una dieta baja en sal agota la energía de los riñones, hace lo mismo con el corazón.[49] Cuando restringimos la ingesta de sal, nuestro ritmo cardiaco aumenta, lo que reduce la circulación de sangre y oxígeno por todo el cuerpo y aumenta la necesidad de oxígeno del corazón.[50] Cualquiera de estos efectos, producidos todos ellos por una dieta baja en sal, podría aumentar el riesgo de sufrir un infarto de miocardio.

Consumir suficiente sal es fundamental para muchas funciones. La diarrea, los vómitos y la sudoración pueden provocar un déficit de sal. Este déficit puede reducir la velocidad y la resistencia, así como la termorregulación en los deportistas.[51] Consumir suficiente sal crea un equilibrio adecuado entre líquidos y sodio, lo que previene la deshidratación, la hipotensión, los mareos, las caídas y el deterioro cognitivo. Y lo que quizá sea más importante para el destino de la raza humana: la sal es esencial para la reproducción.

2.7. La sal y el sexo

Una de las propiedades más fascinantes de la sal es su importancia para muchos aspectos de la reproducción —desde el deseo sexual y la procreación hasta la gestación y la lactancia—[52] y esta conexión se conoce al menos desde la antigua Grecia. En el mundo egeo, Afrodita, la diosa del amor, fomentaba la cópula y la reproducción y prevenía la infertilidad. Se suele representar a Afrodita como nacida de la espuma salada del mar y se la conoce como la «nacida del mar». Se cree que simboliza el poder «generador» de la sal y la creencia de los antiguos griegos en el origen de la humanidad a partir de la espuma salada.[53]

El pensador y filósofo griego Aristóteles observó este poder entre los animales de granja de la época, afirmando que «las ovejas están en mejores condiciones cuando mantienen bajo control su equilibrio hidromineral. Los animales que beben agua salada pueden copular antes. Hay que darles sal antes del parto y durante la lactancia». Los contemporáneos de Aristóteles sabían que los animales que comían mucha sal producían más leche, y que la sal hacía a los animales más vigorosos y ansiosos de aparearse.[54]

Hoy en día, los ganaderos observan estos mismos efectos en el ganado moderno. Se ha comprobado que la reducción de sodio disminuye el peso al nacer y el tamaño de las camadas.[55] Reducir el nivel de sal en la alimentación de las cerdas lactantes duplica el tiempo medio que transcurre desde el destete de sus crías hasta la fertilidad, y también reduce el éxito del apareamiento en las hembras adultas. En ratones, también se ha descubierto que la falta de sodio desencadena fallos reproductivos.

En todos los casos, cuando los animales sufren una carencia de sodio, se desviven por encontrar este mineral vital. El ansia de sal lleva a los elefantes de Kenia a adentrarse en las oscuras cuevas del monte Elgon para lamer el sulfato de sodio de las paredes de la cueva. En Gabón, los elefantes que carecen de sal arrancan árboles enteros para acceder al suelo rico en sodio que hay bajo las raíces. Se sabe que incluso los gorilas siguen a los elefantes para comer de ese suelo rico en sal y masticar madera en descomposición, con el fin de ingerir los microbios salinos.[56] Los monos que se acicalan unos a otros no lo hacen para comerse las pulgas, como se suele creer, sino para comerse las secreciones saladas de la piel de sus congéneres.[57] Muchos animales beben del barro o de charcos para obtener sal[58] e incluso beben orina para obtener sodio. Se ha descubierto que *Papilio polytes*, un tipo de mariposa de cola bifurcada, bebe agua de mar durante la marea baja para satisfacer sus necesidades de sal.[59]

Una dieta baja en sal parece actuar como un anticonceptivo natural tanto en animales como en humanos, y tanto en machos como en hembras. Provoca una disminución del deseo sexual, reduce la probabilidad de embarazo, disminuye el tamaño de la camada (en animales) y el peso de los bebés, y aumenta la disfunción eréctil, la fatiga, los problemas de sueño y la edad a la que las mujeres se vuelven fértiles.[60] Los indígenas yanomami, que consumen poca sal, tienen de media sólo un hijo vivo cada cuatro o seis años, a pesar de ser sexualmente activos y no utilizar anticonceptivos.[61] Las investigaciones han descubierto que las mujeres con riñones que pierden sal debido a un problema suprarrenal congénito tienen una tasa de fertilidad y natalidad más baja.[62]

La medicina moderna nos desvió de nuestro camino evolutivo cuando decidió que la sal era un aditivo alimentario tóxico, adictivo y no esencial. Las semillas de este mito destructivo se sembraron hace cien años, pero aún hoy seguimos pagando sus consecuencias.

3

La guerra contra la sal y cómo hemos demonizado al cristal blanco equivocado

En lo que respecta a nuestro consumo actual de sal, puede que seamos culpables, ya que tendemos a consumir más sal de la mínima necesaria para vivir.

A priori, este exceso puede parecer un argumento convincente para reducir el consumo de sal. ¿Por qué ingerir más de lo necesario? Pero, como cualquier otro nutriente, la sal tiene un nivel óptimo de ingesta que favorece la longevidad y la salud ideal, pero ese nivel óptimo viene determinado tanto por un límite superior como por un límite inferior.

Piénsalo. A nadie se le ocurriría recomendar una ingesta de calcio o de vitamina D que se limitara a la cantidad mínima necesaria para vivir. Las consecuencias de una ingesta insuficiente son bien conocidas, como un mayor riesgo de osteoporosis y raquitismo. La preocupación rara vez se centra en la ingesta excesiva de una u otra sustancia, sino más bien en la ingesta insuficiente. Se sabe mucho menos acerca de los perjuicios de no consumir suficiente sal, y en esa ausencia de información, prevaleció el temor de que consumir demasiada provocara una hipertensión «inducida por el sodio». Hoy sabemos hasta qué punto esa falta de conciencia ha sido insensata, miope y peligrosa.

Durante años, con el fin de ganar apoyo para la restricción de sal, muchos defensores de las dietas bajas en sal argumentaron de manera contundente e incesante que el aumento de la ingesta de sal iba acompañado de un incremento de la hipertensión y las enfermedades cardiovasculares en todo el mundo.[63] Nos han dicho que, durante millones de años, los seres humanos habrían consumido como máximo alrededor de un gramo de sal al día (unos 400 miligramos de sodio), una opinión que muchos siguen compartiendo hoy en día, a pesar de las evidentes pruebas evolutivas que leíste en el capítulo anterior.[64] De hecho, si dejamos a un lado nuestras suposiciones y nos fijamos en los datos históricos, vemos que sucedía exactamente lo contrario: cuando en el mundo occidental aumentaban la hipertensión y las enfermedades crónicas, el consumo de sal ya estaba disminuyendo.

¿Cómo es posible que estas flagrantes contradicciones —que los seres humanos a lo largo de la historia consumieron sólo una fracción de la sal que ingerimos hoy en día, que la sal causa hipertensión y que la hipertensión provoca enfermedades cardiacas— se hayan impuesto tan rotundamente en el campo de la medicina? ¿Y cómo han logrado mantenerse durante casi un siglo?

Lo cierto es que un pequeño número de suposiciones muy firmes ha frenado el progreso científico durante décadas, si no generaciones. Para rastrear las raíces de estas creencias y descubrir la verdad que hay detrás de ellas, veamos primero cómo los humanos interactuaron con la sal a medida que se desarrollaba la civilización. Si conocemos la historia y la psicología de nuestra relación con la sal, podremos trazar la evolución desde las suposiciones erróneas de unos pocos investigadores hasta cómo —a través de una combinación letal de inercia, sesgo de publicación e intereses oscuros motivados por la industria alimentaria— esas suposiciones se convirtieron en dogma médico establecido y en directrices de salud pública.

3.1. En busca del oro blanco

El ser humano lleva al menos ocho mil años produciendo sal de forma consciente,[65] ya sea raspando los lechos secos de los lagos desérticos o extrayéndola de la tierra. La minería de sal comenzó en China, pero se extendió a varias regiones del mundo, como Egipto, Jerusalén, Italia, España, Grecia y los antiguos territorios celtas. Estos territorios también comerciaban con sal y alimentos salados, como pescado y huevas, aceitunas, carnes curadas, huevos y encurtidos, hacia diversas regiones del mundo, un comercio que se ha mantenido durante miles de años. Casi todas las ciudades romanas importantes estaban situadas cerca de una fuente de sal, y el romano promedio consumía 25 gramos de sal, equivalentes a 10 gramos (10.000 miligramos) de sodio al día, más de 2,5 veces nuestra ingesta media actual.[66]

En la Antigüedad, los humanos inventaron métodos creativos para producir sal. Perforaban pozos de salmuera en la tierra y hervían la salmuera hasta obtener cristales de sal. Extraían depósitos de sal de los lechos secos de los ríos. Evaporaban activamente el agua de mar en lagos y estanques artificiales, extraían sal de las montañas y del suelo del desierto o de las cenizas quemadas de las plantas de los pantanos. O simplemente hervían el agua de los pantanos y la turba.

Antes de la refrigeración, la sal era el principal agente antimicrobiano y conservante, que ayudaba a mantener los alimentos frescos durante semanas o incluso meses si se conservaban adecuadamente. La sal se consideraba tan valiosa que se utilizaba para pagar a los soldados romanos y era símbolo de un acuerdo vinculante. De hecho, la ausencia de sal en la mesa de un banquete romano se interpretaba como un acto hostil, que despertaba desconfianza. Era la fuerza vital del mundo antiguo.[67]

Se estima que en el siglo XVI los europeos consumían unos 40 gramos de sal al día; en el siglo XVIII su ingesta alcanzaba los 70 gramos, principalmente procedentes del bacalao y el arenque salados,[68] una cantidad entre cuatro y siete veces superior a la ingesta actual de sal en el mundo occidental. En Francia, en 1725, donde se llevaban registros detallados de los ingresos procedentes de la sal debido a los elevados impuestos, la ingesta diaria de sal era de entre 13 y 15 gramos diarios.[69] En Zúrich, Suiza, superaba los 23 gramos. El consumo de sal era aún mayor en los países escandinavos: en Dinamarca superaba los 50 gramos, y Nils Alwall llegó a estimar que en el siglo XVI el consumo diario de sal en Suecia se acercaba a los 100 gramos (también en este caso, procedente de pescado salado y carne curada).[70]

Todo esto sugiere que el consumo de sal en toda Europa durante los últimos siglos probablemente fue al menos el doble, e incluso hasta diez veces superior al de hoy. Veamos ahora el aumento de las enfermedades crónicas en Europa. ¿Cómo les fue a nuestros corazones durante este apogeo del consumo desenfrenado de sal?

No podemos estar totalmente seguros de la prevalencia de la hipertensión en Europa entre los siglos XVI y XIX —ya que el tensiómetro no se inventó hasta finales del siglo XIX—, pero sí sabemos que a principios del siglo XX se estimaba que la hipertensión afectaba al 5-10 por ciento de la población en Estados Unidos.[71] En 1939, en Chicago, la prevalencia de la hipertensión en adultos era de apenas un 11-13 por ciento. Esa cifra se duplicó hasta alcanzar el 25 por ciento en 1975, para llegar finalmente al 31 por ciento en 2004.[72] Desde entonces, esta cifra ha seguido aumentando y, para 2014, uno de cada tres adultos en Estados Unidos padecía hipertensión.[73]

A partir de estos datos, podemos generalizar y decir que la prevalencia de la hipertensión en Estados Unidos en la primera mitad del siglo XX rondaba el 10 por ciento. Sin embargo, la prevalencia de la hipertensión es ahora tres veces mayor,[74] a pesar de que el consumo de sal se ha mantenido notablemente estable en los últimos cincuenta años.[75]

Está claro que nuestro consumo de sal no fue paralelo al aumento de la prevalencia de la hipertensión en Estados Unidos durante la segunda mitad del siglo XX. Pero ¿qué ocurre con las cardiopatías?

Ya sabemos que el consumo de sal en Europa durante el siglo XVI era extremadamente alto, entre 40 y 100 gramos de sal al día. Si la sal causaba enfermedades cardiacas —dolor de pecho que conduce a la muerte súbita— y los europeos consumían alrededor de 40 gramos de sal al día en esa época,[76] deberían haberse registrado cientos de miles de casos de cardiopatías. Sin embargo, el primer informe no apareció hasta mediados del siglo XVII.[77] Y las tasas de cardiopatías no alcanzaron niveles críticos hasta principios del siglo XX. El aumento de las enfermedades crónicas no es paralelo al aumento del consumo de sal; en todo caso, es inversamente proporcional.

Entonces, ¿cómo surgieron las recomendaciones nutricionales actuales? Errores de investigación, arrogancia, conflictos de financiación, una obstinada negativa a ceder... todas estas fuerzas se combinaron para crearlas y mantenerlas vigentes, incluso hoy en día.

3.2. Una idea tan antigua como inexacta

La teoría de que la sal aumenta la presión arterial tiene más de cien años. La hipótesis de que la sal eleva la presión arterial se atribuye a dos científicos franceses, Ambard y Beauchard, quienes la formularon en 1904 basándose en los resultados de apenas seis de sus pacientes.[78] Cuando a estos pacientes se les administraba más sal, su presión arterial tendía a aumentar. Sin embargo, apenas unos años después, en 1907, Lowenstein publicó resultados contradictorios en pacientes con nefritis (inflamación de los riñones).[79] Durante casi todo el siglo siguiente, los científicos debatieron sobre los beneficios y riesgos del consumo de sal, aunque la calidad de las investigaciones de ambos bandos distaba mucho de ser equivalente.

Las guerras de la sal llegaron a Estados Unidos a principios del siglo xx. Frederick M. Allen, un médico de Nueva York, y sus colaboradores fueron los primeros en llamar la atención de los profesionales sanitarios estadounidenses sobre la restricción de sal como posible estrategia terapéutica para reducir la presión arterial. Publicaron cuatro artículos, dos en 1920 y dos en 1922, que al parecer desencadenaron la controversia en Estados Unidos. En esos artículos se alegaba que la restricción de sal reducía la presión arterial en alrededor del 60 por ciento de las personas con hipertensión. Allen utilizó estos informes de casos para promover la restricción de sal como un posible tratamiento para la hipertensión. Además, planteó la hipótesis de que la sal en la dieta irritaba los riñones, los sometía a un sobreesfuerzo y, finalmente, provocaba un aumento de la presión arterial incluso en personas con una función renal normal. Pero Allen no tenía pruebas. No obstante, su razonamiento parecía sólido: se decía que la restricción de sal «protegía el riñón, principalmente al limitar la ingesta de sal».[80] Aun así, muchas publicaciones de la época refutaron la idea de que la restricción de sal fuera una buena opción para tratar la hipertensión, y la idea perdió popularidad.[81] Más de veinte años después, la teoría del «riñón sobrecargado» de la hipertensión fue rescatada del olvido y aparentemente apropiada por Walter Kempner, un investigador destinado a crear su legado sobre esta falacia. De hecho, Kempner fue estricto al prescribir una restricción dietética severa con el fin de aliviar a los riñones de un sobreesfuerzo, y esto incluía la restricción de sal.

Kempner escribió: «Debe haber una guerra total. No basta con atacar un factor. No basta con reducir el sodio; no basta con reducir el colesterol; no basta con reducir los líquidos y los aminoácidos. No basta con una simple reducción, ya que todos los factores del trabajo renal deben reducirse a un mínimo absoluto».[82] Kempner pasaría a recibir reconocimiento mundial por los resultados que afirmaba obtener con su dieta del arroz, que casualmente era baja en sal (un factor entre otra docena de restricciones dietéticas). La extrapolación del trabajo de Kempner como prueba de que las dietas bajas en sal son efectivas para tratar la hipertensión es uno de los ejemplos más flagrantes de mala interpretación de la investigación en todas las guerras de la sal.[83]

3.3. La dieta del arroz de Kempner

El tercer hijo del señor Walter Kempner y Lydia Rabinowitsch-Kempner, Walter Kempner,[84] creció en el Berlín anterior a la Primera Guerra Mundial, donde estudió Medicina, y después se licenció en la Universidad de Heidelberg. Kempner llegó a Estados Unidos como refugiado de los nazis y, gracias a un golpe de suerte, empezó a trabajar en la Universidad Duke. Fue allí donde inventó su infame dieta del arroz en 1939.[85]

El doctor Kempner trató a cientos de pacientes con su dieta del arroz y recopiló un gran número de informes de casos. El análisis de sus informes sugería que una dieta baja en sal, compuesta principalmente de arroz y fruta, era eficaz para tratar a la mayoría de sus pacientes que padecían hipertensión maligna, enfermedad renal crónica e incluso diabetes.[86] Kempner creía que la sal era un «producto de desecho» de los riñones, y que al reducirla se podía proteger a los riñones de un sobreesfuerzo.[87]

Las directrices de la dieta del arroz de Kempner podrían poner los pelos de punta a cualquier endocrinólogo moderno. La dieta consistía en no más de 2.000 calorías, 5 gramos de grasa, 20 gramos de proteína, 200 miligramos de cloruros y 150 miligramos de sodio.[88] Se permitía cualquier tipo de arroz, con una ingesta media de unos 255-340 gramos al día. También se permitía todo tipo de zumos de fruta y frutas sin aparentemente ningún límite en su ingesta, pero Kempner prohibía el consumo de frutos secos, dátiles, aguacates, fruta enlatada o deshidratada, o derivados de la fruta, y sólo se permitía añadir azúcar blanco. (Porque todos sabemos lo nutritivo que es el azúcar blanco.)

De media, su dieta contenía unos 100 gramos de una combinación de azúcar blanco y dextrosa al día, pero hasta 500 gramos «si era necesario» (intenta imaginar qué podría hacer «necesarias» 125 cucharaditas de azúcar añadido al día). Los zumos de verduras o de tomate no estaban permitidos, y no se permitía agua en la dieta, con lo que la ingesta de líquidos se limitaba a entre 700 y 1.000 mililitros de zumo de frutas al día. Una vez que la dieta del arroz daba resultados y las condiciones mejoraban, «podían añadirse pequeñas cantidades de verduras no leguminosas, patatas, carne magra o pescado (todo ello preparado sin sal ni grasa)».[89]

Los informes de casos de Kempner acapararon la atención de los medios de comunicación.[90] Sin embargo, decir que sus informes de casos eran de dudosa calidad sería quedarse corto. En primer lugar, no se trataba de ensayos clínicos, por lo que no podía demostrar causalidad. Kempner no tenía un grupo de control con el que comparar a sus pacientes, ni utilizó períodos de control adecuados tras la hospitalización. Los fallos de su investigación hicieron que sus resultados pudieran ser completamente falsos y no tener nada que ver con la dieta. De hecho, una de las razones más probables del «éxito» de la dieta fue su estilo un tanto idiosincrásico de controlar a sus pacientes. Se decía que Kempner vigilaba a sus pacientes «como un halcón».[91] Incluso llegó a admitir que azotaba a los pacientes que se desviaban de la dieta.[92]

Ya en aquel entonces, otros investigadores se preguntaban si la eficacia de la dieta del arroz se debía a su bajo contenido en sal. De hecho, uno de los pacientes de Kempner con hipertensión, ascitis y edema descubrió que las tres afecciones no habían cambiado tras seguir una dieta estándar baja en sal. La presión arterial del paciente era de 174/97 mmHg, pero aproximadamente dos meses después de seguir la dieta del arroz, su tensión arterial descendió a 137/82 mmHg, un cambio que coincidió con una pérdida de peso de 14 kilos.[93]

Se descubrió que la dieta del arroz reducía peligrosamente la sal en el organismo, con lo que el cloruro plasmático bajaba drásticamente de 97 mEq/L a 91,7 mEq/L.[94] (Hay que tener en cuenta que niveles de cloruro inferiores a 100 mEq/L se asocian de forma independiente con una mayor mortalidad.)[95] Según Kempner, la dieta del arroz no fue efectiva para reducir significativamente la presión arterial en 178 de 500 pacientes (alrededor del 36 por ciento). Pero centró sus afirmaciones exclusivamente en los 322 de 500 pacientes (alrededor del 64 por ciento) a los que la dieta redujo la presión arterial en al menos 20 mmHg.[96] Aunque pudiéramos considerar ciertos estos resultados, podrían deberse a cualquiera de los múltiples factores de la dieta del arroz que poco tienen que ver con la restricción de sal: el aumento de la ingesta de potasio y fibra; la reducción de proteínas, grasas, grasas trans y aceites de semillas, y la reducción general de la ingesta calórica y, por tanto, de la pérdida de peso. Sin embargo, esos aspectos de la dieta rara vez se tuvieron en cuenta a la hora de explicar sus resultados.

Independientemente del hecho de que no todo el mundo se benefició de la dieta —recordemos que un tercio de sus pacientes no lo hizo—, la dieta de arroz baja en sal de Kempner fue reconocida a partir de entonces como una terapia eficaz y se sigue citando, incluso hoy en día, como prueba de que las dietas bajas en sal son eficaces para tratar la hipertensión, la enfermedad renal y la insuficiencia cardiaca.

Otro detalle que rara vez se mencionó al ensalzar las pruebas de Kempner fue un hecho contundente: todos los pacientes de Kempner estaban extremadamente enfermos al inicio del tratamiento. Tenían una presión arterial basal media de 199/117 mmHg, lo que se considera una crisis hipertensiva.[97] Sólo este hecho debería haber descalificado la presunta eficacia de la dieta del arroz para el público en general.[98] Y, efectivamente —y no es sorprendente—, cuando otros probaron la dieta del arroz, los resultados fueron mucho menos convincentes que los que Kempner había obtenido.

En un estudio realizado con pacientes con hipertensión primaria que probaron una versión de la dieta del arroz, el 83 por ciento no experimentó ninguna reducción de la presión arterial.[99] De los diez pacientes a los que se midió la función renal, nueve tenían una tasa de filtración glomerular reducida, un marcador de la función renal; ocho tenían un flujo sanguíneo renal reducido; y en seis se redujo la capacidad máxima de excreción tubular. En otras palabras, la dieta baja en sal y proteínas en pacientes con hipertensión primaria parecía empeorar la función renal y era ineficaz para tratar la hipertensión.

Esto era lo contrario de lo que Kempner había asegurado.

Más preocupante todavía fue un informe del Consejo de Investigación Médica (MRC) publicado en *The Lancet* en 1950, que señalaba que un paciente había muerto de uremia (exceso de urea u orina en la sangre debido a una enfermedad renal) mientras seguía la dieta del arroz baja en sal.[100] Los autores argumentaban que un riñón ya dañado por la hipertensión podría tener menos capacidad para reabsorber la sal, lo que reduciría peligrosamente los niveles de sal en sangre, y que las personas con insuficiencia renal podrían verse gravemente perjudicadas por la reducción de sal.

Los ensayos siguieron cuestionando los hallazgos de Kempner y, en 1983, John Laragh, célebre fundador del Centro de Hipertensión del New York-Presbyterian/Centro Médico Weill Cornell, junto con sus compañeros, publicó un artículo de revisión en el que citaban a quienes habían llevado a cabo estudios mejor controlados y habían informado de resultados menos beneficiosos. Descubrieron que la dieta sólo era eficaz en un 20-40 por ciento de los pacientes, en comparación con la afirmación de Kempner de una eficacia del 64 por ciento.[101] Además, cuando los investigadores intentaron aislar los componentes beneficiosos de la dieta, encontraron que la restricción de sal (generalmente menos de 1,15 gramos al día) parecía revertir los beneficios de la dieta del arroz.[102] Así que la principal afirmación sobre la dieta era, de hecho, lo que la hacía menos eficaz. En retrospectiva, si podemos deducir algo de la dieta del arroz de Kempner, es que deberíamos aumentar nuestra ingesta de potasio y fibra en forma de fruta y cereales integrales; eso por sí solo podría ser suficiente.

En este punto, hace casi treinta y cinco años, Laragh y sus compañeros sugirieron que no había evidencia de que la restricción moderada de sal previniera la hipertensión a nivel poblacional,[103] e incluso en las personas consideradas «sensibles a la sal» —es decir, entre el 25 y el 45 por ciento de las personas en las que la restricción de sal reduce ligeramente la presión arterial— sólo había evidencias débiles de que funcionara. Laragh y sus compañeros concluyeron que la pérdida de peso y la reducción de la presión arterial con la dieta del arroz eran, en realidad, totalmente independientes de la ingesta de sal.[104]

Asimismo, sugirieron que sólo debería aplicarse la reducción de sal en aquellos casos en los que se hubiera demostrado que la restricción de sodio era «eficaz».

Otros evaluaron la dieta baja en sal y la consideraron insuficiente. Arthur Corcoran y sus compañeros de la División de Investigación de la Cleveland Clinic (creada por Corcoran) demostraron que, incluso en pacientes con «hipertensión esencial grave», una dieta baja en sal sólo resultaba beneficiosa en aproximadamente el 25 por ciento. En contraste, se observaron daños evidentes como la azotemia (nivel elevado de urea, creatinina y otros desechos ricos en nitrógeno en la sangre) y el empeoramiento de la función renal. Se descubrió que la mayoría de las personas tenían que reducir su ingesta diaria de sodio hasta sólo 200 miligramos o menos (el equivalente a menos de 1/11 cucharadita de sal) para conseguir una reducción de la presión arterial, lo que resultaba totalmente impracticable, si no imposible.[105]

De hecho, en todos los estudios que se han hecho sobre la dieta, sólo el 28 por ciento de quienes la intentaron pudieron seguirla, y sólo el 37 por ciento de los que la siguieron mostraron una mejora en la presión arterial. Cada vez que Kempner probaba su «método», el 62 por ciento de los pacientes experimentaba una mejora en la presión arterial (¡probablemente tras haber sido forzados a cumplirla!).[106] Pero curiosamente, ningún otro investigador pudo duplicar este hallazgo, y cuando otros la evaluaron, se descubrió que la dieta del arroz era perjudicial.

Se sabe desde hace tiempo que las consecuencias de la restricción de sal, como niveles bajos de sodio y cloruro en sangre, aumentan de manera independiente el riesgo de muerte.[107] Además, se han producido casos de azotemia, insuficiencia renal e incluso varias muertes con la dieta del arroz baja en sal.[108] Entre los efectos secundarios comunicados se incluyen falta de energía, anorexia, náuseas, producción anormalmente baja de orina (oliguria), espasmos musculares y calambres abdominales, así como uremia (acumulación de urea en la sangre), lo que probablemente indica insuficiencia renal. Desafortunadamente, tanto en la época de Kempner como incluso hoy en día, los graves riesgos de las dietas bajas en sal rara vez se mencionan, si es que se mencionan, en las directrices que las recomiendan, a pesar de las súplicas de muchos investigadores sobre la debilidad de la hipótesis de la sal en la presión arterial. «La suposición de que sólo una privación moderada de sodio lograría "disminuir el riesgo de hipertensión en la población general" es una especulación aún mayor. Además, la idea de que una reducción moderada de la sal en la dieta de toda la sociedad sería inocua no está demostrada», afirman Schroeder y Goldman en un artículo publicado en la revista *Journal of the American Medical Association* (*JAMA*) en 1949.[109] Muchos investigadores seguían mostrándose escépticos a la hora de recomendar una reducción generalizada de sal al público en general y, en las décadas siguientes, otros habían informado de una eficacia mucho menor de la dieta del arroz de Kempner (y de las dietas bajas en sal en general); la restricción de sal como método para prevenir y tratar la hipertensión perdió popularidad.

Hasta que llegó Lewis K. Dahl.

3.4. Lewis K. Dahl

Se decía que el doctor Lewis Kitchener Dahl era un hombre de «fuertes convicciones».[110] En un principio, Dahl se interesó por la idea de que ciertas poblaciones que (aparentemente) consumían una dieta baja en sal no tenían mucha hipertensión, como los inuit. En cambio, los que consumían grandes cantidades de sal, como los japoneses, tenían una tasa de hipertensión mucho más alta.[111] Esto lo llevó a estudiar los efectos de la sal en roedores. Sin embargo, había un problema: Dahl sabía que la sal no tenía mucho efecto sobre la presión arterial en ratas normales. Así que decidió modificarlas selectivamente mediante cruzamientos consanguíneos durante varias generaciones para crear lo que hoy se conoce como «ratas Dahl sensibles a la sal». Así es, Dahl creó ratas sensibles a la sal en un laboratorio y luego las utilizó para demostrar su hipótesis sobre la relación entre la sal y la presión arterial.[112]

En 1954, Lewis K. Dahl y Robert A. Love, del Centro de Investigación Médica del Laboratorio Nacional de Brookhaven en Upton, Nueva York, publicaron un artículo en la revista *Archives of Inter-*

national Medicine de la Asociación Médica Estadounidense, al que posteriormente se atribuyó el mérito de reavivar la idea de que una dieta rica en sodio era la causa de la elevada prevalencia de la hipertensión en el mundo occidental.[113] Basando principalmente sus afirmaciones en estudios epidemiológicos, Dahl y Love citaron pruebas de que las sociedades primitivas que seguían una dieta baja en sal eran más delgadas, más activas y no desarrollaban hipertensión arterial, sin tener en cuenta que estas mismas sociedades rara vez seguían una dieta alta en azúcar. Por alguna razón, la idea de que la obesidad podía provocar hipertensión (y que ambas cosas podían estar provocadas por el azúcar) no era una teoría popular en aquella época. El hecho de que hasta 1983 no se publicara un solo artículo que demostrara que el azúcar aumentaba la presión arterial en los seres humanos no ayudaba mucho.[114] Y para que no critiquemos a aquellos investigadores de antaño y los consideremos miopes, debemos reconocer que incluso hoy en día no solemos pensar que una enfermedad pueda estar relacionada con otra. Nos gusta separar unas enfermedades de otras y tratarlas con especialistas distintos, pero está claro que el organismo no funciona así.

A mediados de los años cincuenta, a pesar de que muchos expertos defendían lo contrario, la sal ya se había demonizado como el cristal blanco que sube la tensión arterial. Para empeorar las cosas, la industria azucarera se esforzaba por desviar la atención del azúcar y culpar a otras sustancias alimentarias, como las grasas saturadas.[115] Y este desvío de la culpa también dejaría a la sal en evidencia como el cristal blanco que causa la hipertensión; nadie consideraba siquiera el azúcar. ¿Por qué? En aquella época, la mayoría de los científicos y, por supuesto, la mayor parte del público no especializado consideraban que el azúcar era completamente inofensivo.

Dahl fue entonces uno de los primeros en proponer que la sal añadida es un condimento, no una necesidad dietética. En 1960, publicó una revisión de la bibliografía de los estudios que había recopilado desde 1954,[116] en la que mostraba que, en cinco poblaciones, a medida que aumentaba la ingesta de sal también lo hacía la prevalencia de hipertensión. Incluso llegó a la conclusión de que los seres humanos podrían sobrevivir fácilmente con menos de un gramo de sal al día. Citó algunos de sus propios estudios en los que, al parecer, la ingesta de sal se redujo a entre 100 y 375 miligramos al día durante un período de tres a doce meses. También hizo referencia a tres personas que, al parecer, habían tenido una ingesta «probada» de sal de entre 250 y 375 miligramos en un período de dos a cinco años, y a cómo una chica de diecisiete años logró «mantener el equilibrio de la sal» con una ingesta de apenas 10 a 12 miligramos de sal durante varios meses (aunque no se proporcionó ninguna referencia sobre este último caso).[117] A pesar de todas estas «pruebas», ninguno de los trabajos presentados por Dahl demostraba realmente que las dietas bajas en sal fueran beneficiosas o no causaran daños.

Dahl citó pruebas de que administrar sal a ratas genéticamente modificadas para ser sensibles a la sal producía hipertensión, sin mencionar la dosis equivalente de sal para seres humanos en estos estudios. Según Björn Folkow, autor prestigioso de más de cuatrocientos artículos sobre fisiología vascular y miembro de la Real Academia de las Ciencias de Suecia, esa dosis equivalente en humanos habría sido de 40 gramos de sal al día (o más de cuatro veces la ingesta normal de sal). Ésa es la cantidad de sal necesaria para elevar la presión arterial en humanos con una sensibilidad a la sal similar.[118] En las ratas resistentes a la sal —las que no tenían un «problema» de presión arterial con la sal—ni siquiera la ingesta del equivalente humano a 100 gramos de sal al día elevaba su presión arterial.

Se puede decir con seguridad que los estudios con ratas citados por Lewis Dahl eran totalmente irrelevantes para los humanos. Pero Dahl no se dejó intimidar. Para reforzar su argumento, este autor citó una publicación de *JAMA* de 1945 como prueba de que las dietas bajas en sal reducían la presión arterial en humanos. Pero había un problema: esa publicación no demostraba en absoluto que la restricción de sal redujera significativamente la presión arterial en todos los casos. De hecho, un análisis más detallado de ese artículo sugiere que el estudio sobre el bajo contenido de sal podría haber llegado a causar muertes.[119] Uno de los pacientes a los que se le recetó la dieta baja en sal murió poco después; otro sufrió un colapso circulatorio, lo que generalmente indica una incapacidad para mantener el suministro de oxígeno y nutrientes a los tejidos. Cuando se volvió a añadir sal a la dieta, el paciente con colapso circulatorio mejoró (gracias a Dios).

Estos puntos tan importantes no los mencionó Dahl en su artículo. Y, sin embargo, Dahl estaba tan convencido de que la sal causa hipertensión que concluyó: «Esta idea [de que la sal causa hipertensión] está hoy tan ampliamente aceptada y utilizada que detallar más sería redundante». Pero tal vez habría resultado más esclarecedor ahondar un poco más antes de basar durante varias décadas más la política de salud pública en esta teoría con puntos débiles.

Dahl llegó a sugerir que el alto contenido en sal en los alimentos para lactantes era el culpable de la elevada tasa de mortalidad infantil en Estados Unidos.[120] Cuando administraba determinadas fórmulas para bebés a ratas sensibles a la sal, éstas acababan muertas. Pero, por supuesto, los bebés humanos son mucho más grandes que las ratas, y las ratas sensibles a la sal no son ratas normales, pero Dahl no dejó que eso lo detuviera. Emitió una proclamación general de que la sal en las fórmulas infantiles podía ser perjudicial para los bebés. No importaba que, en sus experimentos, estas ratas sensibles a la sal desarrollaran hipertensión maligna, que las llevaba a la muerte,[121] algo que no ocurría en los bebés humanos. Basándose en parte en el trabajo y las ideas de Dahl, el Comité de Nutrición de la Academia Estadounidense de Pediatría llegó a la conclusión de que la ingesta de sal en los bebés era demasiado elevada, y los fabricantes empezaron a reducir la cantidad de sal en sus alimentos.[122]

La calidad de la investigación cuenta, pero de algún modo, durante las guerras de la sal, el poder de la obstinación personal y la reticencia a cuestionar el *statu quo* se impusieron al poder del rigor y la integridad académicos. Y desde entonces hemos estado pagando las consecuencias.

3.5. George Meneely y Harold Battarbee

Hay dos autores que probablemente fueron los que más influyeron en la integración de la restricción de sal en las pautas dietéticas de 1977, George R. Meneely y Harold D. Battarbee, del Centro Médico de la Universidad del Estado de Luisiana, que estaban entre los científicos de mayor renombre que apoyaban la idea de que la restricción de sal ayuda a prevenir y tratar la hipertensión arterial.[123] De hecho, Meneely era el jefe del Departamento de Fisiología y Biofísica de la Universidad del Estado de Luisiana, un puesto que le proporcionaba mucha influencia y admiración.[124] Tanto Meneely como Battarbee creían que una dieta rica en sodio y pobre en potasio era el principal factor de la hipertensión.[125] Escribieron que el «exceso de sal» provoca una expansión del volumen del líquido extracelular y un aumento de la presión arterial, pero nunca especificaron qué cantidad de sal produce estas consecuencias.

Incluso Meneely y Battarbee reconocieron que la idea de que la sal causa hipertensión era únicamente una teoría en su artículo de 1976 titulado «High Sodium-Low Potassium Environment and Hypertension» [Entorno alto en sodio y bajo en potasio e hipertensión]. Su artículo constituyó una de las revisiones más exhaustivas sobre la sal y la presión arterial en aquel momento, y se publicó justo antes de las pautas dietéticas de 1977. Todo ello dio mucha notoriedad a estos autores. Y el hecho de que la conexión entre la sal y la presión arterial no fuera más que una teoría se perdió en la algarabía; cabe imaginar que, dada la atención que recibían los autores, prefirieron no suavizar el impacto de su trabajo. De hecho, se citaba a Meneely y Battarbee en las opiniones complementarias del informe del Senado de Estados Unidos, ya que habían testificado ante el Comité del Senado a favor de la restricción de la sal.[126]

Sin embargo, a lo que no prestaron demasiada atención ni el Senado de Estados Unidos ni las pautas dietéticas de 1977 fue al hecho de que su teoría era una combinación de una ingesta alta en sal y baja en potasio que conducía a la hipertensión, y, aun así, sólo en quienes eran genéticamente susceptibles. Estos matices quedaron eclipsados por el gran titular: la sal provoca hipertensión. Pero aquella simple coincidencia temporal tuvo un impacto monumental en la salud de la nación durante los cuarenta años siguientes. Al público se le dijo que todo el mundo se beneficiaría de la restricción de sal y que se trataba de una intervención segura para prevenir y tratar la hipertensión, algo que la literatura científica nunca había respaldado, ni antes ni después.

En 1977, el Comité Selecto del Senado sobre Nutrición y Necesidades Humanas de George McGovern publicó las pautas dietéticas, que recomendaban que todos los estadounidenses limitaran su consumo de sal a sólo 3 gramos (1,2 gramos de sodio) al día.[127] Esta directriz se basaba en la opinión de los expertos de la época más que en pruebas sólidas. De hecho, en esa época, no era necesario disponer de pruebas sólidas para ofrecer orientaciones dietéticas a la nación; no se exigían revisiones sistemáticas de la literatura, ni siquiera pruebas de ensayos clínicos en seres humanos. Si te consideraban un experto y tenías suficiente influencia, tu palabra podía considerarse «prueba». Un dictamen de salud pública de gran alcance que transformó radicalmente la política alimentaria, la normativa industrial, los programas de comedores escolares y los estándares de atención médica durante las décadas siguientes se basó, esencialmente, en las opiniones de unos pocos científicos (y también de algunos que ni siquiera lo eran).

Tras la publicación de las pautas dietéticas en febrero de 1977, se celebraron otras dos audiencias para tratar unas cincuenta opiniones adicionales. Estas audiencias se celebraron el 24 de marzo y el 26 de julio, y sus actas se publicaron en las opiniones complementarias. Estas opiniones complementarias ofrecen una visión del origen de los límites tan estrictos a la ingesta de sal: el Comité Selecto del Senado se basó sobre todo en la Academia Nacional de Ciencias (una organización sin ánimo de lucro compuesta por los principales investigadores del país) y en George Meneely y Harold Battarbee para recomendar un límite de sólo tres gramos de sal al día.[128] Podemos agradecer al menos a Meneely y Battarbee el haber contribuido a fijar ese límite de tres gramos diarios de sal para todos los estadounidenses.[129]

Cuando se publicó la segunda edición de los Objetivos Dietéticos de 1977, menos de un año después, el límite de tres gramos de sal al día se había aumentado a cinco gramos (unos dos gramos de sodio). Esto podría deberse a un testimonio adicional presentado al Comité Selecto del Senado que indicaba que incluso si alguien obtenía los tres gramos de sal íntegramente en forma de sal yodada, no alcanzaría la cantidad recomendada de yodo al día (150 microgramos).[130] A día de hoy, la población de cincuenta y cuatro países sigue considerándose deficitaria en yodo, y nuestra mejor forma de obtenerlo es —efectivamente— consumiendo sal yodada.[131] Pero una vez más, se hacía hincapié en el mínimo necesario para preservar la vida, una métrica que dista mucho de lo que significa una salud óptima.

Las opiniones complementarias reflejaron un intenso diálogo sobre las directrices relativas a la sal. También hacían referencia a las advertencias dirigidas a los consumidores acerca de la restricción de sal para las personas que tomaban medicamentos que eliminaban la sal o provocaban su disminución. Incluso se citaba a la Asociación Estadounidense del Corazón, que afirmaba que «con la llegada de diuréticos eficaces que eliminan el sodio, *la necesidad de dietas muy restringidas en sodio se ha modificado drásticamente* [énfasis añadido]». La Asociación Médica Estadounidense declaró: «Aunque las observaciones epidemiológicas sugieren una relación entre la ingesta de sal y la hipertensión, *no apoyan la tesis de que el consumo de sal sea un factor principal en causar hipertensión en las personas en Estados Unidos* [énfasis añadido]». Y el Comité de Nutrición de la Academia Estadounidense de Pediatría afirmó: «El papel de la ingesta de sal como factor ambiental en la inducción de la hipertensión aún está por definir. *Para el 80 por ciento de la población de este país, no se ha demostrado que el consumo actual de sal sea perjudicial, es decir, no se ha desarrollado hipertensión* [énfasis añadido]». En otras palabras, tres instituciones médicas importantes desconfiaban del consejo de reducir la sal que se dio a todos los estadounidenses al principio de los Objetivos Dietéticos de 1977.

Revertir los peligros de los diuréticos

Hace unos años, asesoraba a una mujer de unos cuarenta y tantos años que se sentía mareada y afirmaba que «siempre tenía antojo de sal». Tenía la tensión alta y le habían recetado un diurético que excreta sal llamado hidroclorotiazida, y su médico le había dicho insistentemente que no salara los alimentos y que evitara la sal en su dieta. Sin embargo, me preocupaba que su mareo y sus ansias por comer sal fueran una señal de que su cuerpo le estaba indicando que algo no iba bien.

Le dije que debía hacerse un análisis de sodio en sangre para asegurarse de que estuviera dentro de los valores normales (generalmente entre 137 y 142 mEq/L). Llamó a la farmacia para hablar conmigo y me dijo que su nivel de sodio en sangre en la consulta del médico era de sólo 128 mEq/L (para poner esta cifra en perspectiva: un nivel de sodio en sangre de 125 mEq/L puede ser mortal). Basándose en su diagnóstico de hiponatremia (bajo nivel de sodio en la sangre), el médico le redujo la dosis del diurético a la mitad. También le dijo que yo tenía razón: debía consumir sal cuando tuviera antojo.

Unas semanas después de reducir a la mitad su dosis de diuréticos y de consumir sal cuando el cuerpo se lo pedía, su nivel de sodio en sangre volvió a ser prácticamente normal (136 mEq/L). Éste es un ejemplo perfecto de por qué no debemos seguir a ciegas los consejos de las «bienintencionadas» directrices dietéticas y las autoridades sanitarias. Las situaciones del mundo real no pueden resumirse en «directrices».

Si estas distinguidas instituciones hubieran defendido su postura, en lugar de permitir que el trabajo deficiente de varios individuos representara a toda la comunidad médica, es posible que nunca se nos hubiera pedido renunciar al salero. Nuestra salud y, sobre todo, nuestra calidad de vida, quizá no se habrían tenido que resentir. Pero las guerras de la sal estaban destinadas a continuar otros cuarenta años, hasta hoy.

3.6. Consagración oficial de las directrices sobre el bajo contenido de sal

A lo largo de las guerras de la sal, los estudios se contradecían constantemente, y los resultados rebotaban de un lado a otro, como en un partido de tenis interminable. Algunos estudios mostraban que la sal aumentaba la presión arterial,[132] pero otros no.[133] Los defensores de la hipótesis de la relación entre la sal y la presión arterial argumentaban continuamente que los escépticos tenían poco fundamento, y había muchos defensores de dicha hipótesis.

Arthur Guyton, fisiólogo estadounidense, fue una de las voces más influyentes a principios de los años ochenta. Creía que un aumento del líquido extracelular derivado de una mayor ingesta de sal podía provocar hipertensión.[134] Sin embargo, también creía que los riñones tendrían que estar comprometidos para que esto ocurriera, ya que era bien sabido que cualquier exceso de sal en el cuerpo podía ser fácilmente eliminado por los riñones.[135] Pero en aquel momento no se sabía qué era lo que dañaba los riñones y creaba la «hipertensión sensible a la sal» (¡sorpresa!: era el otro cristal blanco).[136]

Aunque algunos estudios que comparan distintas poblaciones encontraron una asociación entre el consumo de sal y la presión arterial, ese mismo efecto no se observó al analizar dentro de una misma población. Meneely y Battarbee defendieron la existencia de un «efecto de saturación», afirmando que cuando toda una población consume una cantidad excesiva de sal, cualquier prueba que pudiera correlacionar el consumo de sal con la presión arterial quedaría oculta, cuando en realidad era más probable que dichos efectos se debieran a un menor consumo de potasio y a un mayor consumo de azúcar y carbohidratos refinados.[137] Y este razonamiento parecía funcionar, pero incluso a los defensores del bajo contenido en sal les resultaba difícil justificar la restricción de sal. Sólo una de cada cuatro personas es capaz de cumplir con una restricción estricta de sal, lo que la convierte en una política de salud bastante inútil.[138]

A pesar de los esfuerzos del ciudadano medio por cumplir con la restricción, Lewis Dahl no tenía nada que hacer. Él y otros defensores de una dieta baja en sal se limitaron a decir que el público tenía que esforzarse más por frenar su apetito de sal.[139]

En 1983, seis años después de la publicación de los Objetivos Dietéticos de 1977, John Laragh, fundador del Centro de Hipertensión del New York-Presbyterian/Weill Cornell Medical Center,[140] y sus compañeros publicaron un artículo que exponía algunas de las conclusiones erróneas, perpetuadas por los defensores de la dieta baja en sal, que habían llevado al país a adoptar directrices tan estrictas. Laragh y su equipo alegaron que, en total, menos de doscientos pacientes habían sido sometidos a pruebas con una restricción moderada de sal para tratar la hipertensión.[141] Laragh también destacó que la mayoría de los estudios eran de corta duración y no analizaban criterios de valoración determinantes (como eventos cardiovasculares o muerte). A pesar de estos resultados de baja calidad, se había ordenado a todos los estadounidenses que restringieran su consumo de sal mediante amplias medidas de salud pública. Además, no se habían encontrado beneficios claros en las personas con presión arterial normal que restringían la sal. Los «beneficios» de las dietas bajas en sal en pacientes con hipertensión (de nuevo, basados sólo en unos pocos cientos de pacientes) se habían extrapolado a todos los estadounidenses, incluso a los que tenían una presión arterial normal.

Uno de los mejores estudios de la época se llevó a cabo en 1982, cuando el investigador británico Graham MacGregor y sus compañeros de la Escuela de Medicina Charing Cross de Londres analizaron a sólo diecinueve pacientes con hipertensión esencial de leve a moderada en un ensayo controlado con placebo. El ensayo cruzado evaluó una dieta baja en sal (1.840 miligramos de sodio al día) y una dieta normal en sal (3.680 miligramos de sodio al día).[142] Aunque la presión arterial promedio fue aproximadamente 9/5 mmHg más baja con la dieta baja en sal, algunos de los diecinueve pacientes aparentemente no obtuvieron ningún beneficio significativo, y dos pacientes incluso experimentaron ligeros aumentos de la presión arterial con la restricción de sal. Es importante destacar que, según los niveles de potasio en orina durante 24 horas, la ingesta de potasio en el ensayo fue baja (alrededor de 2,2 a 2,5 gramos al día, o aproximadamente la mitad de la ingesta recomendada de 4,7 gramos de potasio al día).[143] Lo que este ensayo demostró en realidad fue que, en comparación con una dieta normal en sal combinada con una ingesta baja en potasio, una dieta baja en sal reduce la presión arterial en algunos pacientes hipertensos, pero puede elevarla en otros. En otras palabras, resultados contradictorios. Este estudio pone de manifiesto los problemas de extrapolar resultados de entornos clínicos controlados al mundo exterior. Nadie pensó que añadir sal a las verduras aumentaría nuestro gusto por ellas y, por tanto, la cantidad que consumimos. En otras palabras, el uso de la sal nos permite consumir más vegetales (es decir, potasio), lo que conlleva una mejora general de nuestra salud y de nuestra presión arterial. Sin embargo, se nos estaba transmitiendo un mensaje erróneo basado en pruebas que tenían poco que ver con la vida real de las personas.

Lamentablemente, MacGregor optó por seguir con la interpretación errónea de estos resultados y asumió la misión de reducir el consumo de sal a nivel mundial. Tras este estudio, MacGregor inició su incansable cruzada en solitario contra la sal, que ha continuado durante décadas y lo ha situado en comités asesores gubernamentales y agencias sanitarias, ejerciendo su influencia de manera amplia. Ha sido extremadamente eficaz a la hora de avergonzar a la industria y a los organismos de salud pública para que se sometieran a su voluntad.

MacGregor fundó Consensus Action on Salt and Health (CASH) en 1995,[144] y posteriormente creó World Action on Salt and Health (WASH) en 2005.[145] Con estos dos grupos de investigación y defensa contra el consumo de sal, MacGregor disponía de una plataforma privilegiada desde la que difundir su ferviente creencia de que la sal eleva la presión arterial y, por tanto, el riesgo de accidentes cerebrovasculares e infartos de miocardio. Seguro de esa creencia, ha estado presionando sin descanso durante décadas a gobiernos de todo el mundo para que reduzcan el consumo de sal y el contenido de sal de los alimentos. De hecho, CASH ha tenido mucho éxito e influencia a la hora de conseguir que los fabricantes de alimentos del Reino Unido reduzcan su contenido de sal, a pesar de la falta de respaldo de la investigación, y hasta ochenta países más están considerando adoptar las mismas directrices que MacGregor impuso en el Reino Unido. Una de las razones por las que sus esfuerzos pueden haber sido más persuasivos es que ha agrupado la sal con otros aditivos alimentarios —como las grasas no saludables y el azúcar añadido—, ambos con datos mucho más plausibles que muestran efectos negativos para la salud.

MacGregor se ha mostrado firme en su postura sobre los perjuicios de la sal, y se ha centrado únicamente en los supuestos beneficios de reducir la presión arterial como medida de protección frente a las enfermedades cardiacas. Mientras tanto, estos grupos (CASH y WASH) simplemente ignoraban los daños de las dietas bajas en sal. Cuando se introducían pequeñas reducciones de la presión arterial en las «calculadoras de riesgo», estos grupos se encargaban de difundir a los cuatro vientos los beneficios de las dietas bajas en sal. Sin embargo, en estas calculadoras nunca se incluían los daños de una dieta baja en sal. No es de extrañar que siempre concluyeran que «reducir la sal salvará vidas» basándose únicamente en la disminución de la presión arterial, pero sin tener en cuenta los daños del aumento de la frecuencia cardiaca, los triglicéridos, el colesterol y los niveles de insulina, todos ellos factores con vínculos mucho más sólidos y rigurosamente documentados con las enfermedades cardiacas. CASH y WASH han seguido promoviendo esa relación directa no demostrada —que el bajo contenido en sal salva vidas— durante décadas.[146]

Una vez que una idea queda arraigada en la mente de la gente, es difícil reemplazarla. Y las investigaciones que indicaban lo contrario no se habían traducido ni presentado adecuadamente al público estadounidense. Incluso las *Guías Alimentarias* para los estadounidenses, publicadas por primera vez en 1980, han seguido recomendando reducir el consumo de sal. La opinión limitada de los expertos se convirtió en una política de salud pública establecida, y la política sanitaria pasó a ser un dogma incuestionable a favor de la reducción de sal.

La primera revisión sistemática de los ensayos que evaluaban las recomendaciones de reducir la sal no se publicó hasta 1991, casi quince años después de que los *Objetivos Dietéticos* de 1977 dijeran que había que restringir nuestra ingesta de sal. Esta revisión sistemática, realizada por Law y sus compañeros, incluyó setenta y ocho ensayos, de los cuales sólo diez eran aleatorizados.[147] Esta revisión sistemática se convirtió en la base por la cual las directrices estadounidenses sobre la hipertensión promovieron las dietas bajas en sal en la población general, ya que sostenía que una reducción de 2.300 miligramos diarios de sodio reduciría la presión arterial en 10/5 mmHg en personas con presión arterial normal y en 14/7 mmHg en personas con hipertensión. Law y sus compañeros llegaron a afirmar que las dietas bajas en sal podrían evitar setenta mil muertes al año en Gran Bretaña (basándose únicamente en la reducción potencial de la tensión arterial). Estas contundentes declaraciones estaban claramente dirigidas a unir a un grupo desgastado por la controversia de las guerras de la sal.

Sin embargo, estos beneficios sobre la presión arterial fueron significativamente mayores que los resultados hallados unos años más tarde en metaanálisis de mayor calidad que incluían únicamente datos aleatorizados. Por ejemplo, en personas con presión arterial normal, los metaanálisis más recientes y rigurosos de los ensayos de restricción de sal mostraron una décima parte del impacto sobre la presión sistólica y una quincuagésima parte del impacto sobre la presión diastólica en comparación con el análisis de Law y colaboradores (–1/0,1 mmHg frente a –10/5 mmHg).[148] A pesar de todas estas pruebas de mayor calidad que demostraban que esta reducción tenía un impacto intrascendente, en 1993 las directrices sobre hipertensión en Estados Unidos —emitidas por el quinto informe del Joint National Committee on Detection, Evaluation, and Treatment of High Blood Pressure (JNC-V)—,[149] decidieron citar el metaanálisis anterior de Law para concluir que una modesta reducción de la ingesta de sodio (1.150 miligramos de sodio) reduciría la presión arterial sistólica en 7 mmHg en personas con hipertensión y en 5 mmHg en aquellas con presión arterial normal.

Entre 1991 y 1998, el metaanálisis de Law de 1991 fue más citado que ningún otro, a pesar de ser el más débil. Los resultados favorables a la restricción de sal se citaron más que los negativos.[150]

Finalmente, una figura de peso dio un paso al frente. John D. Swales, médico, experto en hipertensión y editor fundador del *Journal of Hypertension*, publicó en el año 2000 un artículo en el que se demostraba que las personas con presión arterial normal sólo experimentan una pequeña reducción en la presión arterial sistólica (de 1 a 2 mmHg) y en la diastólica (de 0,1 a 1 mmHg) cuando restringen drásticamente su consumo de sodio.[151] Además, Swales escribió que las recomendaciones bajas en sal se basaban en datos que habían sido «amplificados por el sesgo de publicación» (la tendencia a publicar resultados positivos en lugar de resultados negativos); que la cantidad de restricción de sal necesaria para lograr esas pequeñas reducciones de la presión arterial era inalcanzable para la población, y que los resultados podían deberse a otros cambios en la dieta más allá de la mera reducción de sal. Swales también afirmó que reducir la ingesta de sal tenía un coste, tanto a nivel social y de calidad de vida como económico. Durante mucho tiempo, estas consideraciones se habían visto como casi irrelevantes.

Swales continuó citando seis metaanálisis de la restricción de sal en su artículo, cinco de los cuales contenían únicamente ensayos aleatorizados y un metaanálisis que contenía tanto estudios aleatorizados como no aleatorizados. Los cinco metaanálisis con ensayos aleatorizados hallaron que, en personas con tensión arterial normal, la restricción de sal ni siquiera reducía la tensión arterial sistólica en 2 mmHg —¡ni siquiera 2 puntos!—. Sólo un metaanálisis de los cinco encontró una reducción de la presión arterial diastólica superior a 1 mmHg; el resto se situó entre 0,1 mmHg y 0,97 mmHg.

En el mejor de los casos, según la investigación, la restricción de sal en personas con presión arterial normal provocaba una reducción de la presión arterial de apenas unos 2/1 mmHg. Tres de los metaanálisis concluyeron que la restricción dietética de sal no estaba respaldada por la evidencia,[152] mientras que sólo uno concluyó que existía un «gran potencial» en la restricción de sal para reducir la presión arterial.[153] Sin embargo, este «gran potencial» se basaba en ensayos con una reducción de la ingesta de sodio de entre 1.748 y 3.680 miligramos, lo cual es altamente improbable que ocurra en la población general. De hecho, los ensayos de restricción de sodio realizados durante períodos más largos indican que la población podría conseguir, como máximo, una reducción de la ingesta de sodio de unos 1.000 miligramos.[154] En otras palabras, el «gran potencial» de reducir la presión arterial mediante la restricción de sal se basaba en una disminución de sodio de dos a tres veces la cantidad que la población probablemente sería capaz de alcanzar.

Muchos defensores de la reducción de sal argumentaban que los ensayos de restricción de sal no se habían llevado a cabo durante el tiempo suficiente para demostrar un beneficio; sin embargo, una revisión sistemática de ocho ensayos controlados aleatorizados que evaluaban la restricción de sal durante más de seis meses encontró reducciones igualmente pequeñas en la presión arterial sistémica (−2,9 mmHg en personas con hipertensión y −1,3 mmHg en personas con presión arterial normal).[155] Y lo que es más importante, una revisión sistemática realizada por Law y sus compañeros sugirió que bastaban cuatro semanas para alcanzar las reducciones máximas de la presión arterial con dietas bajas en sal, y otra revisión de ensayos aleatorizados no halló una disminución progresiva de la presión arterial a lo largo del tiempo con la restricción de sal.[156]

Quizá lo más importante es que un metaanálisis realizado por Midgley y sus compañeros puso de relieve la influencia del sesgo de publicación en los ensayos de restricción de sodio. Se descubrió que los ensayos que probaban el bajo contenido en sodio con resultados positivos tenían más probabilidades de ser publicados en comparación con los ensayos con resultados negativos.[157] Midgley enfatizó que el sesgo de publicación había llevado a la comunidad científica a sobreestimar los beneficios de la reducción de la sal sobre la presión arterial. Este sesgo de publicación sigue distorsionando las guerras de la sal, incluso hoy en día.

3.7. El lado oscuro del estudio Intersalt

En 1989, la Junta de Alimentos y Nutrición del Consejo Nacional de Investigación de Estados Unidos, en su libro *Diet and Health: Implications for Reducing Chronic Disease Risk* [Dieta y salud: cómo reducir el riesgo de enfermedades crónicas], estableció una ingesta máxima de 2.400 miligramos de sodio. Esto se basó en el estudio Intersalt de 1988, un estudio epidemiológico a gran escala que se llevó a cabo en cincuenta y dos centros poblacionales de todo el mundo, dirigido por el doctor Paul Elliot, del Departamento de Epidemiología de la London School of Hygiene and Tropical Medicine, en Londres. La Junta de Alimentos y Nutrición afirmó que el estudio Intersalt demostraba que la presión arterial aumentaba con la edad si la ingesta de sodio superaba los 2.400 miligramos diarios.[158] Pero había un problema: el estudio Intersalt demostró lo contrario. Sólo cinco de las cincuenta y dos poblaciones estudiadas consumían menos de 2.400 miligramos diarios, y cuatro de ellas eran sociedades primitivas. La quinta población que consumía menos de 2.400 miligramos de sodio en realidad presentaba una presión arterial sistólica más alta en comparación con varias poblaciones con un mayor consumo de sal. De hecho, una población consumía más del doble de sal, pero tenía una presión arterial sistólica más baja. Y cuando se excluyeron las cuatro sociedades primitivas de las otras cincuenta y dos poblaciones, los datos cambiaron: de repente apareció una clara tendencia descendente de la presión arterial a medida que aumentaba la ingesta de sal.[159]

Así es: a medida que aumentaba el consumo de sal, la presión arterial disminuía. El valor diario de 2.400 miligramos de sodio (impreso en todas las etiquetas de información nutricional) es el ejemplo perfecto del complejo de Napoleón de los guerreros antisal: se apresuran a exagerar para compensar la falta de evidencia. En realidad, nunca hubo evidencia sólida para establecer un límite de 2.400 miligramos de sodio al día, pero este objetivo se selló en todas las etiquetas nutricionales y, posteriormente, se trasladó a las Guías Alimentarias para los estadounidenses de 1995.

Lo más inquietante es la aparente decisión del grupo Intersalt de no publicar los datos sobre la frecuencia cardiaca. Supuestamente, la frecuencia cardiaca se midió en el estudio, al menos según

Björn Folkow, quien afirmó que Paul Elliot (el autor correspondiente de Intersalt) le había comunicado que la frecuencia cardiaca se había medido en Intersalt.[160] Probablemente, nunca sabremos por qué el grupo Intersalt no publicó esos datos, pero es bien sabido que las dietas bajas en sal aumentan la frecuencia cardiaca.[161] ¿Podría ser Intersalt un ejemplo más de «publica los hallazgos que apoyan tu teoría y oculta los que no»? La versión oficial es que el grupo Intersalt «se negó a hacer públicos sus datos subyacentes debido a la necesidad de preservar la independencia de la investigación científica, la integridad de los datos y la confidencialidad de la información».[162]

Una explicación alternativa: si los datos de la frecuencia cardiaca se hubieran medido y publicado, Intersalt probablemente habría demostrado que las dietas bajas en sal son perjudiciales. De hecho, como sugirió Folkow, el estrés total sobre el corazón y las arterias procede de una combinación de presión arterial y frecuencia cardiaca, un hecho bien aceptado por la comunidad médica, excepto cuando se trata de la ingesta de sodio. Folkow llegó a la conclusión de que las dietas bajas en sal aumentarían el estrés general sobre el corazón y las arterias y, por lo tanto, el riesgo de hipertensión e insuficiencia cardiaca.[163]

3.8. La búsqueda del mínimo común denominador

En 2005, el Instituto de Medicina de Estados Unidos (IOM, Institute of Medicine), determinó lo que consideraba una ingesta adecuada de sodio, un nivel mínimo en el qué habría pocas probabilidades de padecer carencia de sal. La ingesta adecuada de sodio estaba destinada a cubrir las pérdidas de sodio a través del sudor, incluso en personas no aclimatadas, y a satisfacer las necesidades tanto de las personas sanas como de las moderadamente activas. En las personas de entre 9 y 50 años, la ingesta adecuada de sodio se fijaba en 1.500 miligramos al día (y niveles aún más bajos para los más jóvenes y los mayores). Sin embargo, la ingesta adecuada no se aplicaba a los individuos que eran «muy activos» o «trabajadores expuestos a estrés térmico extremo».[164]

Pero ¿cómo determinó el IOM que 1.500 miligramos de sodio

constituían una ingesta adecuada? Al parecer, esa cifra tuvo en cuenta dos parámetros.

1. Los «beneficios» de la reducción de la presión arterial mediante una disminución de la sal, sin prestar atención a los posibles perjuicios de la restricción de la sal (como aumentos de renina, aldosterona, noradrenalina, lípidos, insulina y frecuencia cardiaca).
2. Las pérdidas de sal a través de la orina, la piel y las heces, sin tener en cuenta las pérdidas de sal por medicamentos, estilos de vida (cafeína o dietas bajas en carbohidratos) o enfermedades existentes.[165]

El IOM también estableció un nivel de ingesta máxima tolerable (UL, por sus siglas en inglés) de sodio de 2.300 miligramos diarios para adolescentes y adultos de todas las edades (a partir de los 14 años). El UL se define como la ingesta diaria más alta de nutrientes que probablemente no suponga un riesgo de efectos adversos para la salud. En el caso del sodio, el nivel de ingesta máxima tolerable se basó en varios ensayos, incluidos los datos del estudio *Dietary Approaches to Stop Hypertension* (DASH)-Sodium.[166] En este ensayo y en otros evaluados por el IOM se constató que la presión arterial disminuía cuando la ingesta de sodio se reducía a 2.300 miligramos al día, y que este nivel de ingesta era el siguiente por encima de la ingesta adecuada de 1.500 miligramos al día. De ahí que el nivel máximo de ingesta de 2.300 miligramos de sodio se basara en un marcador sustituto (la tensión arterial) y no en criterios de valoración duros como los accidentes cerebrovasculares o los infartos de miocardio.

El nivel de ingesta máxima tolerable de sodio de 2.300 miligramos establecido por el IOM se incorporó posteriormente a las Guías Alimentarias de 2005, que recomendaban que todos los estadounidenses restringieran su ingesta de sodio a menos de 2.300 miligramos.[167] Además, se recomendó que «las personas con *hipertensión, los afroamericanos y los adultos de mediana edad y mayores* [énfasis añadido]» no consumieran más de 1.500 miligramos al día. Curiosamente, 2005 fue el primer año en el que las Guías Alimentarias para los estadounidenses recomendaron específicamente reducir el consumo de sal para disminuir el riesgo de hipertensión. Ya en 1980, las Guías Alimentarias afirmaban que la reducción de la sal se aplicaba principalmente a las personas con hipertensión («el principal peligro del exceso de sodio es para quienes padecen hipertensión»). ¿Cómo se llegó a esa conclusión?

Es posible que se debiera a la influencia del doctor Lawrence Appel.[168] Appel no sólo fue presidente del Panel sobre Ingestas Dietéticas de Referencia para electrolitos y agua,[169] del Instituto de Medicina de 2005, y portavoz de la Asociación Estadounidense del Corazón, sino que también formó parte de la junta directiva de WASH,[170] un grupo cuyo objetivo era reducir la ingesta de sodio en todo el mundo. Appel se había centrado durante mucho tiempo sólo en la presión arterial como marcador sustitutivo, trasladando ese «beneficio» en la presión arterial con una ingesta baja de sal en reducciones definitivas de los accidentes cerebrovasculares y los infartos de miocardio. Como todos los defensores del bajo contenido en sal, Appel siguió ignorando los efectos perjudiciales causados por la restricción de sodio en otras muchas medidas de salud (denominadas marcadores sustitutos), como los aumentos de renina, aldosterona, triglicéridos, colesterol, LDL, insulina y frecuencia cardiaca.

A pesar de su posible parcialidad y conflicto de interés como parte de un grupo cuyo único objetivo es reducir la ingesta de sodio en todo el mundo, Appel también fue nombrado miembro del Comité Asesor de las Guías Alimentarias de 2005 y 2010. Como era de esperar, las Guías Alimentarias para los estadounidenses siguieron las recomendaciones del IOM (del que Appel fue presidente en lo concerniente a las recomendaciones sobre la ingesta de sodio) y empezaron a recomendar específicamente una ingesta baja de sodio a los estadounidenses. De hecho, las Guías Alimentarias para los estadounidenses de 2010 fueron las primeras en recomendar que 1.500 miligramos de sodio deberían ser el objetivo para aproximadamente la mitad de la población estadounidense (incluidos niños y la mayoría de los adultos). Esto se aplicaba a «las personas de 51 años o más y a las de cualquier edad que sean afroamericanas o padezcan hipertensión, diabetes o enfermedad renal crónica».[171] Aunque el nivel de restricción de 1.500 miligramos de sodio se eliminó de las recomendaciones de las Guías Alimentarias para los estadounidenses de 2015, el nivel de 2.300 miligramos se mantiene. Finalmente, empezamos a ver algunos matices en las directrices. Lo que antes parecía una medida desproporcionada para un problema menor comenzaba a revelar lo que los especialistas en el área sabemos desde hace décadas: la restricción de sal sólo es efectiva en un pequeño subgrupo de la población.

Y en ese momento por fin empezamos a ver que líderes de la salud pública empezaban a hacer más hincapié en el asesino silencioso que nos había estado acechando todo el tiempo, dañando nuestros riñones (y, de hecho, creando nuestros problemas con la sal) y, en general, devastando nuestra salud en general. El cristal blanco que realmente merecía el título de «tóxico»: el azúcar.

3.9. La carta blanca del azúcar

A principios de los años cincuenta del siglo xx, un científico estadounidense llamado Ancel Keys promovió la idea de que la grasa alimentaria (y finalmente la grasa saturada) era la causa de las enfermedades cardiacas. Al mismo tiempo, el inglés John Yudkin pensaba que la culpa era del azúcar.[172] Pero en 1961, la Asociación Estadounidense del Corazón (AHA) demonizó oficialmente las grasas saturadas y sugirió a los estadounidenses que redujeran el consumo de grasas animales y aumentaran el de aceites vegetales para reducir el riesgo de cardiopatías.[173] Una vez que la AHA respaldó oficialmente la hipótesis grasa-corazón —que las grasas saturadas aumentaban los niveles de colesterol y, por tanto, el riesgo de cardiopatías—, el azúcar fue exonerado por omisión. Esta elección de blanco o negro, de uno u otro, hecha en nombre de la nación, fue una de las principales razones por las que otros investigadores siguieron luchando para que se los tomara en serio cuando sugirieron que el azúcar era un factor impulsor de las enfermedades cardiacas. Por el contrario, la sal no fue exonerada, sino atacada, condenada como un «mal innecesario» por el Programa Nacional de Educación sobre la Hipertensión Arterial ya en 1972.[174]

Así que, durante años, el azúcar fue un poco como Suiza —neutral— y se le dio vía libre en el frente dietético. Mientras que la sal (y la grasa) se consideraban perjudiciales, el azúcar se consideraba inofensivo, ni mejor ni peor para la salud que cualquier otro ingrediente alimentario, siempre que se quemaran más calorías de azúcar de las que se ingerían.

La Asociación del Azúcar ha perpetuado enérgicamente este punto de vista y ha ejercido una fuerte presión sobre el Congreso, el Departamento de Salud y Servicios Humanos y diversas organizaciones sanitarias para que permitieran que el azúcar mantuviera su estatus benigno durante muchos años.[175] La industria azucarera también se ha esforzado por lograr una imagen pública positiva mediante el patrocinio de acontecimientos de gran repercusión, como los Juegos Olímpicos, e invirtiendo en campañas de prevención de caries y, en general, desviando el foco de las políticas de salud pública del azúcar.[176] Incluso financió a científicos que parecían restar importancia a los efectos nocivos del azúcar y que atribuían el aumento de nuestras tallas a la falta de ejercicio y no al consumo excesivo de azúcar.[177]

En 1977, la industria azucarera citaba a Jean Mayer, profesor de la Escuela de Salud Pública de Harvard, quien sugería que el problema de la obesidad en las sociedades modernas se debía a la inactividad. Al desviar el foco de atención de la obesidad de las «calorías perjudiciales» a las «calorías totales», el azúcar pudo pasar desapercibido ante el escrutinio científico. Y como las grasas saturadas contienen más calorías por gramo que el azúcar, también se convirtieron en principales causantes de la obesidad.[178]

En 1975, pocos años antes de la publicación de los Objetivos Dietéticos de 1977, Alexander R. Walker publicó un artículo en el que sugería que el azúcar no era causa de hipertensión ni de enfermedades cardiacas. Citó tres de sus estudios en apoyo de esta idea; al parecer, los tres fueron financiados en parte por la industria azucarera.[179] Esta estrecha relación ha sido un tema común a lo largo de la historia, en la que los autores que tienen conflictos de intereses con la industria azucarera sugieren sistemáticamente que el azúcar no es intrínsecamente perjudicial,[180] mientras que los autores sin conflictos de intereses con la industria señalan lo contrario.[181]

Por extraño que parezca, la primera edición de los Objetivos Dietéticos de 1977 sí recomendaba limitar el consumo de azúcares añadidos a apenas el 15 por ciento de las calorías totales,[182] y en la segunda edición se redujo aún más, a sólo el 10 por ciento de nuestra ingesta calórica total, en el caso de los azúcares refinados y procesados.[183] ¡Cuántas vidas podríamos haber salvado si esa recomendación hubiera resonado con más fuerza! Sin embargo, en los años siguientes, los medios de comunicación se centraron sobre todo en la sal (que fue portada de la revista *Time* en 1982),[184] el colesterol (*Time*, 1984),[185] y las grasas saturadas (que ya habían sido portada de *Time* en 1961),[186] y nadie se tomó en serio los límites de la ingesta de azúcar. De hecho, durante los veinte años siguientes, desde 1980 hasta 2000,[187] las Guías Alimentarias para los estadounidenses nos dijeron que el azúcar no causaba diabetes ni enfermedades cardiacas, a pesar de que la evidencia científica indicaba lo contrario.[188]

En 1979, un estudio descubrió que sustituir el mismo número de calorías de almidón de trigo por las de azúcar aumentaba la insulina en ayunas y las respuestas insulínicas a una carga de azúcar.[189] Posteriormente, en 1981, Reiser y sus compañeros publicaron otro estudio que demostraba que cuando se sustituía el almidón de trigo por azúcar, incluso manteniendo las mismas calorías, más personas desarrollaban diabetes o prediabetes.[190] No obstante, cuatro años después de la publicación de estos datos, las Guías Alimentarias para los Estadounidenses de 1985 afirmaban que «contrariamente a la creencia generalizada, el exceso de azúcar en la dieta no causa diabetes». Esto contradecía directamente la literatura científica.

Seré claro: nos mintieron.

La industria del azúcar tenía otras estrategias para mantener al público ajeno a los daños del azúcar. En las *Opiniones Complementarias a los Objetivos Dietéticos* de 1977, la industria azucarera declaró: «Cabe señalar que la sacarosa (azúcar), no desplaza a otros alimentos, sino que promueve su consumo. Aunque a menudo se la denomina calorías vacías, en realidad es *Caloría pura, sin grasa ni colesterol*, es una fuente de energía ideal como aditivo de otros alimentos que aportan proteínas y nutrientes [énfasis añadido]».

Esto sí que es un truco mental digno de un Jedi.

Al hacer que la gente pensara que el azúcar era pura energía, la industria azucarera ayudó a crear la noción general entre el público de que el azúcar no era intrínsecamente perjudicial. Podíamos consumir todo el azúcar que quisiéramos, lo único que teníamos que hacer era quemar esas calorías. Sonaba genial.

Pero, por supuesto, la ilusión de que las calorías provenientes del azúcar no son perjudiciales no es cierta: una caloría de azúcar es perjudicial, incluso más que otras calorías de carbohidratos, por la forma en que el dulce afecta a los niveles de insulina, la química cerebral, el sistema inmunitario, la inflamación y muchas otras variables fisiológicas.[191] Por suerte, cada vez son más los científicos que empiezan a ver a través de la confusión y se convencen de que el azúcar es un factor en el desarrollo de enfermedades cardiacas y otros tipos de enfermedades crónicas.[192] Pero en aquel entonces, además de influir en los medios de comunicación y en la percepción pública sobre los efectos nocivos del azúcar, la industria azucarera también influía significativamente en la literatura científica.

A lo largo de los años, nunca se cuantificaron los efectos de los conflictos de interés con la industria azucarera, hasta que se publicó una reciente revisión sistemática de revisiones sistemáticas en 2013 en la revista *PLOS Medicine.* La revisión determinó que, en los estudios con conflicto de interés con la industria alimentaria, el 83,3 por ciento no halló pruebas que relacionaran las bebidas azucaradas con el aumento de peso o la obesidad. En cambio, cuando sólo se analizaron estudios sin conflictos de interés con la industria alimentaria, el mismo porcentaje (83,3 por ciento) encontró una asociación positiva, es decir, que las bebidas azucaradas tienen una relación directa con el aumento de peso y la obesidad. Este único estudio es sólo una pequeña muestra de hasta qué punto la ciencia se ha visto afectada por este tipo de influencias.[193] Éste fue uno de los mensajes centrales que destaqué durante mi testimonio ante el Senado canadiense sobre los perjuicios de los azúcares añadidos en nuestra dieta.[194]

3.10. La historia de amor estadounidense con el azúcar

Demos un paso atrás y echemos un vistazo al mundo antes de que el azúcar nos atrapara a todos.

En 1776, la ingesta de azúcar refinado en Estados Unidos era de apenas 1,8 kilogramos por persona al año —el equivalente a poco más de una cucharadita de azúcar en el café al día y nada más—,[195] cifra que aumentó a más de 34,5 kilogramos por persona entre los años 1909 y 1913.[196] Es decir, cuatro magdalenas glaseadas al día. En Inglaterra se produjo un aumento similar del consumo de azúcar. En 1700, la ingesta media de azúcar refinado era de sólo 1,8 kilogramos por persona y año. En 1950, esa cifra se había multiplicado por 25, hasta alcanzar los 45,3 kilogramos.[197] Durante esa época de aumento vertiginoso del consumo de azúcar, la ingesta de sal en Europa se redujo unas siete veces, pasando de unos 70 gramos por persona y día a finales del siglo XVIII a sólo 10 gramos en 1950.[198] La conclusión está clara: la ingesta de azúcar, no de sal, ha sido paralela al aumento de las enfermedades crónicas en Europa, y lo mismo ocurrió en Estados Unidos.

En Estados Unidos, la ingesta de azúcares añadidos —azúcar de mesa y, más tarde el jarabe de maíz alto en fructosa— alcanzó alrededor de 45,3 kilogramos por persona y año en 1920, y se mantuvo así hasta finales de los ochenta, cuando empezó a aumentar de nuevo de forma constante hasta llegar a unos 54,4 kilogramos en 2002. Eso supone casi 150 gramos de azúcar al día, o unas seis magdalenas glaseadas. En ese momento, se consumía un asombroso total de 68 kilogramos de edulcorantes calóricos por persona y año, los 14 kilogramos de diferencia procedían de la miel, la glucosa y la dextrosa.[199]

Así, la ingesta de azúcares refinados en Estados Unidos se multiplicó por treinta entre 1776 y 2002. Curiosamente, esto es paralelo al aumento de enfermedades crónicas como la hipertensión, la diabetes, la obesidad y las enfermedades renales.

Las estimaciones sobre el consumo de sal en Estados Unidos son más difíciles de encontrar, por lo que tenemos que buscar pistas en fuentes novedosas. Por ejemplo, las raciones del ejército son un reflejo relativamente estable de la ingesta dietética de la época, y éstas sugieren que la ingesta de sal probablemente disminuyó en un 50 por ciento desde principios del siglo XIX hasta 1950.

De hecho, las raciones reglamentarias del ejército en la guerra de 1812, las de la Guerra México-Estados Unidos y las vigentes durante la guerra civil estadounidense incluían más de 18 gramos de sal al día,[200] sin contar la sal contenida en los 567 gramos de carne de res, leche, cerveza o ron que también se proporcionaban a estos soldados. Al final de la guerra, la ración general de carne para un soldado incluía aproximadamente 340 gramos de cerdo o tocino y unos 567 gramos de carne fresca o salada,[201] y la ración de sal era de unos 18 gramos al día. Todo esto sugiere que la ingesta de sal durante el siglo XIX en Estados Unidos era de unos 20 gramos de sal al día, más del doble de lo que consumimos en la actualidad.[202]

En general, la ingesta de sal en Estados Unidos y Europa desde 1950 en adelante probablemente fue la mitad de lo que se consumía en los siglos anteriores. Así que es poco probable que el aumento del consumo de sal guarde relación con el incremento de las enfermedades crónicas en el mundo occidental. En todo caso, ha sido inversamente proporcional. Desde que comenzó a haber refrigeración doméstica en Estados Unidos (1911),[203] el consumo de sal ha ido disminuyendo. Y esto coincidió con la época en que en Estados Unidos se consumía una «dosis tóxica» de azúcar.

Y podemos rastrear el efecto del azúcar en la salud del país hasta la década de 1930. Ya en 1935, en Estados Unidos, podemos encontrar evidencias que implicaban al azúcar —y no a la sal— como el principal responsable de enfermedades, en una época en que el porcentaje de muertes por cardiopatías rondaba apenas el 20 por ciento. Sin embargo, hacia 1950, las enfermedades cardiacas eran la principal causa de muerte en Estados Unidos y representaban alrededor del 35 por ciento de todos los fallecimientos.[204] Para 1960, esa cifra había ascendido al 39 por ciento (más de 650.000 muertes), y la cardiopatía arteriosclerótica constituía tres cuartas partes de esos casos. Otros datos muestran que, entre 1940 y 1954, las tasas de mortalidad por enfermedad de las arterias coronarias aumentaron un 40 por ciento en los hombres y un 16 por ciento en las mujeres,[205] todo ello en una época en la que el consumo de sal, si acaso, estaba disminuyendo debido al uso generalizado de la refrigeración a partir de 1930.

Un cambio en la alimentación suele tardar entre dos y tres décadas en provocar un aumento de la prevalencia de una enfermedad (como las cardiopatías). Por lo tanto, el «umbral tóxico» de una sustancia alimentaria en Estados Unidos tendría que haberse alcanzado en algún momento entre 1905 y 1915 para que se produjera un incremento drástico de las cardiopatías en 1935. En Estados Unidos, los datos disponibles no sugieren que la sal hubiera alcanzado un umbral tóxico entre 1905 y 1915. Sin embargo, el consumo de azúcar sí.

Si echamos un vistazo a los números y analizamos las estimaciones de consumo de azúcar y sal a lo largo de los últimos cientos de años, tanto en Europa como en Estados Unidos, queda absolutamente claro que el azúcar, y no la sal, es el probable culpable dietético que contribuye a las enfermedades crónicas de la civilización. Pero, al igual que la demonización de la sal tardará décadas en revertirse, el efecto halo de la investigación poco ética sobre el azúcar también ha tardado (y seguirá tardando) años en hacerse evidente.

Las Guías Alimentarias para los estadounidenses de 1980 aceptaron todas las recomendaciones de los Objetivos Dietéticos de 1977, aunque no se adoptaron todas las metas. El azúcar se llevó la palma, ya que fue el único de los seis factores dietéticos de los objetivos originales que nunca recibió un límite específico de ingesta en las Guías Alimentarias. En cambio, la sal, las grasas saturadas y el colesterol recibieron límites estrictos y específicos durante las décadas posteriores. Cabe destacar especialmente el colesterol dietético que, después de casi cuarenta años, ahora se considera irrelevante como causa de cardiopatías.[206]

En 1980, las Guías Alimentarias afirmaban: «Las estimaciones indican que los estadounidenses consumen de media más de 58,9 kilogramos de azúcares y edulcorantes al año». Sin embargo, añadían: «Contrariamente a la opinión generalizada, el exceso de azúcar en la dieta no parece causar diabetes» y «El tipo más común de diabetes se observa en adultos obesos, y evitar el azúcar sin corregir el sobrepeso, no resolverá el problema». Las Guías Alimentarias para los estadounidenses de 1980 también afirmaban que «tampoco hay pruebas convincentes de que el azúcar provoque infartos o enfermedades vasculares».[207]

Si echamos la vista atrás, parece como si las Guías Alimentarias defendieran el azúcar a propósito. La recomendación general en 1980 era «evitar el exceso de azúcar». En 1985, era «evitar demasiado azúcar». En 1990, «utilizar el azúcar con moderación», y en 1995 era «elegir una dieta moderada en azúcares», como si debiéramos seguir una dieta que contuviera cantidades moderadas de azúcar refinado. Finalmente, para el año 2000 se eliminaron afirmaciones como «el azúcar no causa diabetes» y «no hay pruebas de que el azúcar cause diabetes». El consejo pasó a ser «elegir bebidas y alimentos para moderar el consumo de azúcares».

En 2002, los azúcares añadidos recibieron por fin su primer límite específico de consumo desde 1977. Pero no fueron las Guías Alimentarias las que establecieron ese límite, sino el IOM, que publicó un informe en el que se permitía consumir hasta un 25 por ciento de las calorías totales en forma de azúcares añadidos.[208] Después de veinticinco años, finalmente se estableció un límite para el azúcar, y, sin embargo, era más del doble del nivel permitido en comparación con la última recomendación de décadas anteriores. Incluso en 2005, las Guías Alimentarias para los estadounidenses establecían que se permitían hasta 72 gramos de azúcares añadidos al día (más del 14 por ciento de las calorías totales sobre la base de 2.000 calorías diarias), lo que supone un total de 26 kilogramos al año.[209]

En 2010, las Guías Alimentarias para los estadounidenses técnicamente permitían que hasta un 19 por ciento de las calorías totales (sobre la base de 3.000 calorías al día) procedieran de azúcares añadidos (un impresionante total de 143 gramos al día). Aunque las Guías Alimentarias de 2010 no establecían específicamente que el 19 por ciento de las calorías pudieran consumirse como azúcares añadidos, si no se ingerían grasas sólidas, técnicamente esa cantidad estaba permitida.[210]

Afortunadamente, el Comité Asesor de las Guías Alimentarias de 2015 corrige estos errores y recomienda que no más del 10 por ciento de las calorías provenga de azúcares añadidos (50 gramos de azúcar añadido por cada 2.000 calorías, lo que suma unos 18 kilos al año).[211] La etiqueta de información nutricional del gobierno incluirá ahora el número específico de gramos de azúcar añadido por porción. Quizá los estadounidenses dispongan por fin de la información y la orientación que necesitan para elegir los alimentos más adecuados para su salud. Después de más de dos décadas, el cristal blanco correcto tendrá su señal de vergüenza en negrita en la etiqueta de información nutricional. Desgraciadamente, el cristal blanco acusado injustamente (la sal) sigue también resaltado. Ya es hora de darle a la sal la justicia que se merece.

Las viejas creencias son difíciles de erradicar; en los medios de comunicación, en las consultas de los médicos e incluso en los menús de los restaurantes «cardiosaludables» se sigue culpando a la sal de contribuir a las enfermedades cardiacas. Analicemos detenidamente la sabiduría convencional que hay detrás de estas afirmaciones sobre las enfermedades del corazón, desglosémoslas y resolvamos de una vez por todas la cuestión: ¿qué es lo que realmente causa las enfermedades cardiacas?

4

¿Qué es lo que realmente causa las enfermedades cardiacas?

Entre sus desayunos a base de sopa de algas y arroz y sus cenas a base de *kalbi*, costillas de res a la barbacoa, y una amplia variedad de guarniciones saladas (*banchan*), el coreano promedio consume más de 4.000 miligramos de sodio al día. Se dan un festín de *tteokguk*, una sopa a base de caldo cargada de sal, o *bulgogi*, carne a la parrilla marinada en un mar de salsa de soja llena de sodio. Comen porciones de *kimchi* (repollo conservado en sal) literalmente con cada comida.

Sin embargo, los coreanos se las arreglan para tener una de las tasas más bajas del mundo de hipertensión, enfermedad coronaria y mortalidad por enfermedad cardiovascular.[212] Esto se conoce como la «paradoja coreana», aunque se podría sustituir Corea por cualquiera de otros trece países y se obtendrían muchas más «paradojas» respecto al consumo elevado de sal.

Los tres países con la tasa de mortalidad por cardiopatía coronaria más baja del mundo (Japón, Francia y Corea del Sur) siguen una dieta muy rica en sal.[213] La dieta mediterránea, el patrón alimentario que ahora se recomienda de forma generalizada como dieta cardiosaludable, tiene un alto contenido en sal (sardinas y anchoas, aceitunas y alcaparras, quesos curados, sopas, marisco y leche de cabra). Los franceses, que consumen tanta sal como los estadounidenses, disfrutan con el queso, la sopa, los panes tradicionales y las carnes saladas, y tienen una baja tasa de mortalidad por cardiopatías coronarias.[214] Noruega consume más sal que Estados Unidos y, sin embargo, su tasa de mortalidad por cardiopatías coronarias es menor. Incluso Suiza y Canadá tienen tasas muy bajas de mortalidad por accidente cerebrovascular a pesar de una dieta rica en sal.[215]

Es importante destacar que muchos de estos países con un alto consumo de sal tienen una esperanza de vida muy larga, incluido Japón, que tiene la esperanza de vida más larga del mundo.[216] Por el contrario, Letonia, con una ingesta de sal aproximadamente de la mitad de la de Japón (7 gramos frente a 13 gramos), tiene una tasa de mortalidad diez veces superior a la de Japón.[217]

Aunque no cabe duda de que hay muchos factores que influyen en estas cifras —como el hecho de que la mayor parte del sodio en Corea proceda del *kimchi* (verduras fermentadas saladas que probablemente tienen otras propiedades beneficiosas y no de alimentos procesados—,[218] la conclusión es que incluso en países conocidos por consumir mucha sal, las enfermedades coronarias también parecen ser menores en los que consumen mayores cantidades de sodio. Entre las mujeres de Corea, por ejemplo, el grupo que consume las mayores cantidades de sodio tiene una prevalencia de hipertensión un 13,5 por ciento menor que el grupo que consume las menores cantidades de sodio.[219] Y al menos catorce países consumen una dieta rica en sal, pero tienen una tasa baja de mortalidad por cardiopatía coronaria (véase la lista en la siguiente página).[220] Todos estos países consumen la misma cantidad de sal que la población de Estados Unidos, si no más, y, sin embargo, tienen una menor tasa de mortalidad por cardiopatía coronaria.

A todos se nos ha repetido hasta la saciedad que la sal eleva la presión arterial, lo que a su vez aumenta el riesgo de accidentes cerebrovasculares e infartos de miocardio. Si observamos los datos de la población, está claro que las dietas ricas en sal no parecen causar accidentes cerebrovasculares ni infartos de miocardio. En todo caso, vemos que un consumo elevado de sal reduce el riesgo de enfermedades cardiovasculares y muerte prematura. ¿Qué es lo que ocurre? ¿Cómo consiguen los coreanos (y los franceses y los japoneses) comer tanta sal y gozar de buena salud cardiaca? ¿Por qué toda esa sal no aumenta su presión arterial? Echemos un vistazo más de cerca a lo que realmente sucede en el cuerpo cuando seguimos una dieta baja en sal, normal en sal y alta en sal.

Bajo riesgo de cardiopatías en poblaciones con alto consumo de sal

Población: monjas italianas

Ingesta de sodio: aprox. 3.300 mg de sodio al día

10 eventos cardiovasculares mortales

21 eventos cardiovasculares no mortales

Más del 90 por ciento de las monjas seguían vivas después de los treinta años de seguimiento, lo que indica que un consumo normal de sal no provoca hipertensión y probablemente no causa enfermedades cardiovasculares ni muerte prematura.

Población: mujeres laicas italianas

Ingesta de sodio: aprox. 3.300 mg de sodio al día

21 eventos cardiovasculares mortales

48 eventos cardiovasculares no mortales[221]

Población: Corea del Sur, Francia, Japón, Portugal, España, Italia, Bélgica, Dinamarca, Canadá, Australia, Noruega, Países Bajos, Zimbabue y Suiza.[222]

Ingesta de sodio: todos estos países consumen dietas ricas en sodio

Corea del Sur (tasa de mortalidad por cardiopatía coronaria más baja del mundo), Francia (2.ª tasa más baja), Japón (3.ª más baja), Portugal (6.ª más baja), España (10.ª más baja), y luego Italia, Bélgica, Dinamarca, Canadá, Australia, Noruega, Países Bajos, Zimbabue y Suiza.[223]

Todos estos países consumen la misma cantidad de sal que la población de Estados Unidos, si no más, y, sin embargo, tienen una menor tasa de mortalidad por cardiopatía coronaria.

Japón tiene la mayor esperanza de vida del mundo.[224]

Letonia, con una ingesta de sal de aproximadamente la mitad de la de Japón (7 gramos frente a 13 gramos) tiene una tasa de mortalidad más de diez veces superior.[225]

Población: Corea

Ingesta de sodio: dieta alta en sodio

Las cardiopatías coronarias parecen ser más bajas en las personas que consumen más sodio.

Entre las mujeres de Corea, el grupo que consume las mayores cantidades de sodio tiene una prevalencia de hipertensión un 13,5 por ciento menor que el grupo que consume las menores cantidades de sodio. «La ingesta de sodio tiene un efecto bastante limitado en las tasas de prevalencia de hipertensión o accidente cerebrovascular.»[226]

4.1. La relación entre la sal y la presión arterial

Al principio, la teoría tenía mucho sentido: las cantidades excesivas de sal hacen que el cuerpo retenga agua en exceso y provocan hipertensión en la mayoría de las personas; en consecuencia, reducir el consumo de sal disminuirá la tensión arterial. Claro, sencillo y lógico, ¿no?

Como hemos visto, esta teoría estaba completamente equivocada.

Ésta es la verdad: la tensión arterial normal ha de ser inferior a 120/80 mmHg. Pero reducir la ingesta de sal a unos 2.300 miligramos al día (1 cucharadita de sal) sólo puede disminuir la tensión arterial en aproximadamente 0,8/0,2 mmHg.[227] Así pues, después de soportar una dieta baja en sal asombrosamente insípida y a menudo debilitante, es posible que tu tensión arterial ronde ahora los 119/80 mmHg; un pequeño cambio, no una diferencia significativa.

Además, como hemos visto con anterioridad, aproximadamente el 80 por ciento de las personas con tensión arterial normal ni siquiera son sensibles a estos escasos efectos de la sal sobre la presión arterial; entre las personas con prehipertensión (precursora de la hipertensión arterial), aproximadamente el 75 por ciento no son sensibles a la sal, y entre las personas con hipertensión en toda regla, alrededor del 55 por ciento son inmunes a los efectos de la sal sobre la presión arterial. De hecho, incluso en las personas con hipertensión (presión arterial de 140/90 mmHg o superior), la reducción del consumo de sal sólo puede dar lugar a una disminución de la presión arterial de apenas 3,6/1,6 mmHg.[228]

Como también hemos visto, muchas personas con tensión arterial normal, prehipertensión e hipertensión pueden incluso sufrir un aumento de la tensión arterial si restringen su consumo de sal.[229] Esto se debe a que, cuando la ingesta de sal es muy limitada, el cuerpo comienza a activar sistemas de rescate que tratan ávidamente de retener más sal y agua de la dieta. Estas operaciones de rescate incluyen el sistema renina-angiotensina-aldosterona (bien conocido por aumentar la presión arterial) y el sistema nervioso simpático (bien conocido por aumentar la frecuencia cardiaca).[230] Está claro que esto es lo contrario de lo que quieres que ocurra.

Otra consecuencia de la dieta baja en sal es que las arterias pueden estrecharse más (un aumento de lo que se denomina «resistencia periférica total»), debido a la disminución del volumen sanguíneo.[231] Para luchar contra este aumento de la resistencia en las arterias más pequeñas, el corazón tiene que bombear con más fuerza, y la presión de la sangre que sale del corazón tendría que ser aún mayor. La resistencia periférica total ejerce un estrés adicional sobre el corazón y las arterias, haciéndote más vulnerable a una presión arterial crónicamente elevada. En otras palabras, las dietas bajas en sal, que supuestamente se utilizan para prevenir y tratar la hipertensión, provocan todo lo contrario, es decir, hipertensión.

En resumen, la función de la sal en el cuerpo es exactamente aquello por lo que ha sido demonizada. «El propósito fisiológico último de la ingesta de sodio es precisamente el mantenimiento de la presión arterial —escribió el doctor Robert Heaney en *Nutrition Today*—. Demonizar el sodio no sólo no está respaldado por pruebas, sino que además es contrario a la fisiología, ya que ignora la función más básica del sodio en los cuerpos de los mamíferos.»[232] Lamentablemente, debido a las falsas suposiciones de principios del siglo XX, se han descartado las abrumadoras evidencias posteriores de la inocencia de la sal. Muy pocos han escuchado a la ciencia, muchos han discutido y se han perdido demasiados años mirando el lado equivocado de la ecuación.

4.2. ¿Por qué nos hemos creído la mentira durante tanto tiempo?

La campaña pública contra la sal que comenzó a finales de los setenta dio la impresión de que existía un consenso entre los científicos de que la sal era mala para la salud. Y a los ojos del público, si el gobierno y las agencias sanitarias decían que la sal era mala, entonces debía de ser cierto. Pero, lamentablemente, éste no era el caso. De hecho, como un editor de *JAMA* describió más tarde: «Las autoridades que promovían el mensaje de "comer menos sal" se habían comprometido con una educación sobre la sal que va mucho más allá de los hechos científicos».[233]

Después de que Ambard y Beauchard crearan el gran mito de la relación entre la sal y la presión arterial en 1904,[234] otros estudios tempranos hallaron aumentos de la presión arterial, pero sólo cuando se administraban cantidades masivas de sodio.[235] Se tuvieron que administrar más de 18.000 miligramos de sodio (cinco veces la ingesta normal) para que se observara este efecto.[236] Otras publicaciones informaron de resultados similares en pacientes normales: en ocasiones, consumir hasta ocho veces la ingesta normal no producía hipertensión en pacientes con tensión arterial normal.[237]

En lugar de admitir la derrota en ese momento, los científicos contrarios a la sal redoblaron la apuesta, argumentaron que esos estudios no duraron lo suficiente como para demostrar el efecto hipertensor de la sal. Así que otros autores decidieron probar dietas altas en sal durante períodos más largos (varias semanas en lugar de varios días) para ver si encontraban aumentos en la presión sanguínea. Kirkendall y sus compañeros estudiaron a hombres de mediana edad con presión arterial normal y descubrieron que el cambio de una dieta muy baja en sodio (230 miligramos al día) a una dieta alta en sodio (9.430 miligramos al día) durante cuatro semanas no produjo cambios en el agua corporal total ni en la presión arterial.[238] En realidad, la resistencia vascular periférica disminuyó, ya que la carga de sal provocó la relajación de los vasos sanguíneos. Los autores concluyeron que no se había producido ningún cambio en la presión arterial sistólica, diastólica o media. Otros autores obtuvieron resultados similares.

La conclusión era que los pacientes con tensión arterial normal tenían que consumir una cantidad astronómica de sal para producir incluso aumentos leves de la tensión arterial. Además, las altas cargas de sal pueden provocar la relajación de los vasos sanguíneos. El doctor Belding H. Scribner, de la Facultad de Medicina de la Universidad de Washington, calificó de asombrosa nuestra capacidad para manejar la sal: «Tan asombrosa, de hecho, que hasta un 80 por ciento de una población determinada puede tolerar incluso las ingestas habituales más elevadas de sal sin peligro de desarrollar hipertensión esencial».[239] Calificó las guías de bajo consumo de sal como un error que podría «provocar sentimientos de culpa en el 70-80 por ciento de nosotros que no tenemos que preocuparnos por la ingesta de sal». Scribner llegaría a proponer una solución más factible que la restricción de sal en toda la población: identificar a las personas sensibles a la sal y restringir el sodio sólo en ese grupo de personas. Esto al menos tenía cierto sentido lógico.

No obstante, los principales académicos, organismos gubernamentales y agencias sanitarias promovieron intensamente entre el público la idea de que la restricción de sal beneficiaría a todo el mundo. Incluso hoy en día, la idea de que la sal eleva la presión arterial en todas las personas sigue siendo una creencia común. Pero en realidad ocurre lo contrario: en las personas con una mezcla de presión arterial normal, prehipertensión e hipertensión leve, se ha observado que dos quintas partes (41 por ciento) presentan un aumento de la presión arterial con la restricción de sal.[240] E incluso en personas con hipertensión, se ha observado que más de un tercio (37 por ciento) presentan aumentos de la presión arterial (de hasta 25 mmHg) con la restricción de sal.[241] En otras palabras, aproximadamente tres de cada cinco personas con presión arterial normal, dos de cada cinco con prehipertensión y una de cada tres con hipertensión pueden sufrir un aumento de la presión arterial cuando restringen el consumo de sal.

Si realmente nos preocupa el impacto de la ingesta de sal en la salud del corazón y el sistema cardiovascular, el aumento de la frecuencia cardiaca con la restricción de sal es especialmente preocupante. En comparación con las minúsculas reducciones de la presión arterial, el aumento de la frecuencia cardiaca es alarmante. Y lo que es más importante, quienes experimentan un aumento de la frecuencia cardiaca y de la presión arterial con la restricción de sal pueden tener resultados de salud claramente peores, un hecho que afectaría a una porción mucho mayor de la población. Nuestro gobierno y las agencias sanitarias nos han informado mal sobre los supuestos beneficios de la restricción de sal; han globalizado un efecto que sólo había resultado útil para un pequeño grupo de personas (me viene a la mente la cruel idea de «sacrificar» a la mayoría por el bien de unos pocos).

Sí, la sal retiene agua en el cuerpo, hasta cierto punto, pero esto es en realidad una propiedad que salva vidas, no perjudicial. Consumir cantidades adecuadas de sal permite al cuerpo mantener una presión arterial normal sin tener que activar un arsenal de hormonas para compensar. Y la idea de que un consumo elevado de sal provoca una retención excesiva de agua tampoco estaba respaldada por la literatura.[242] De hecho, los estudios han constatado que el volumen sanguíneo no aumenta en los pacientes con hipertensión.[243] Incluso después de una verdadera expansión del volumen sanguíneo,[244] la presión arterial tarda aproximadamente setenta y cinco minutos en aumentar, tiempo más que suficiente para que los riñones normales excreten el exceso de sal y agua para mantener una presión arterial normal.

Básicamente, el argumento de que una ingesta elevada de sal provocaría una expansión del volumen (al menos en personas con riñones que funcionan normalmente) no tenía sentido fisiológico. La medicina sabe desde hace tiempo que los riñones pueden excretar grandes cantidades de sal, mucho más de lo que normalmente consumimos al día. Se ha descubierto que las personas con una presión arterial normal pueden excretar diez veces la ingesta normal de sodio, hasta 86 gramos de sal al día.[245] Kirkendall y sus compañeros descubrieron que, en adultos con presión arterial normal, ni siquiera una diferencia de cuarenta y una veces en la ingesta de sodio alteraba el agua corporal total.[246]

Quizá lo más inquietante de las directrices de bajo consumo de sal no sea el escaso efecto que tienen sobre la presión arterial cuando se restringe la sal, sino el gran efecto negativo que tienen sobre funciones normales, como el volumen sanguíneo. Cuando se restringe mucho la ingesta de sodio, el volumen sanguíneo puede disminuir entre un 10 y un 15 por ciento.[247] Este cambio indica que el cuerpo está bajo el estrés de la deshidratación. En ese momento, el cuerpo se enfrenta a una emergencia, y las hormonas que retienen la sal se liberan como último recurso para mantener la homeostasis del cuerpo y evitar una gran caída de la presión arterial.

En otras palabras, una dieta baja en sal indica una crisis para el organismo, no una receta para una salud óptima. Si alguien se limitara a consumir de 3.000 a 5.000 miligramos de sodio al día, esas hormonas que retienen la sal seguirían reprimidas. Este hecho por sí solo es una prueba sólida de que este nivel de ingesta de sodio supone el mínimo estrés para el organismo y, lógicamente, es la zona de consumo de sal preferida por el cuerpo para mantener la homeostasis.[248]

Entonces, ¿cómo es posible que una ciencia tan equivocada haya perdurado tanto tiempo? La triste y sencilla verdad es la siguiente: la gente buscaba respuestas fáciles. Explicar a los pacientes y al público no especializado que las reducciones de la presión arterial derivadas de las dietas bajas en sal pueden indicar en realidad un volumen sanguíneo bajo y deshidratación, y que podrían suponer un estrés hormonal adicional para el organismo, requeriría una gran cantidad de explicaciones detalladas. Pero la simple ecuación de «Sal + Aumento de la sed + Retención de agua = Aumento de volumen sanguíneo = Aumento de la presión arterial» es mucho más fácil. Esta simple ecuación tiene un sentido «lógico». Esta idea era algo que los medios de comunicación, las comunidades médicas, el público y los organismos gubernamentales y sanitarios podían entender y respaldar fácilmente. Y eso es exactamente lo que ocurrió: la sal fue demonizada como una sustancia tóxica que eleva la presión sanguínea, que es adictiva y que se consumía en cantidades masivas más que nunca.

Aun así, por muy cómoda y sencilla que fuera esta explicación, cuando los estudios demostraron que la expansión del volumen sanguíneo no se producía en la mayoría de las personas que consumían dietas ricas en sal, independientemente de su presión arterial, la hipótesis de la sal y la presión arterial tuvo que evolucionar para sobrevivir al escrutinio. Los defensores de las dietas bajas en sal, en lugar de admitir la falacia de la premisa central —«¡la sal es mala!»—, cambiaron su enfoque del volumen sanguíneo a la resistencia vascular. Los investigadores empezaron a argumentar que la repentina expansión del volumen sanguíneo que conlleva una mayor ingesta de sal conduciría a un aumento de la resistencia vascular periférica, es decir, a una constricción de los vasos sanguíneos.[249]

Pero, curiosamente, estudios posteriores descubrieron que una mayor ingesta de sal disminuye la resistencia vascular, lo que provoca la relajación de los vasos sanguíneos, mientras que las dietas bajas en sal aumentan la resistencia vascular periférica.[250] Incluso si alguien lograra una reducción de la presión arterial con una dieta baja en sal (de nuevo, probablemente con indicios de daños por deshidratación y bajo volumen sanguíneo), se produciría un aumento de la resistencia vascular periférica y un incremento de la frecuencia cardiaca, lo que parece superar con creces cualquier beneficio de reducción de la presión arterial.[251] Björn Folkow, pionero sueco en la investigación de la hipertensión, argumentó de forma convincente que el estrés general sobre el corazón y las arterias procedía de los efectos combinados de la frecuencia cardiaca y la presión arterial, lo que sugería que la restricción de sal aumentaba los efectos combinados de la frecuencia cardiaca y la presión arterial.[252] En otras palabras, las dietas bajas en sal aumentarían el estrés general sobre el corazón y las arterias y, por tanto, aumentarían el riesgo de hipertensión e insuficiencia cardiaca.

Lamentablemente, Folkow no tuvo gran repercusión en los medios de comunicación. Tampoco parecía tener mucha influencia entre los organismos gubernamentales o sanitarios, por lo que sus ideas se quedaron en el camino. Y lo que es más importante, apareció un nuevo culpable como la causa de la hipertensión: la «hormona natriurética».

Se dijo que esta hormona natriurética recién descubierta (que elimina sal) ayudaba a eliminar sal y agua del organismo mediante la inhibición de la bomba de reabsorción de sodio en el riñón, denominada Na-K-ATPasa. Se decía que una dieta rica en sal provocaba un aumento de esta hormona, causando constricción de los vasos sanguíneos e hipertensión. Dado que la vasoconstricción se encontraba casi siempre en pacientes con hipertensión,[253] la teoría de la «hormona natriurética» de la hipertensión ganó mucha atención. Y ya sabes lo que pasó a partir de aquí: la sal se llevó toda la culpa.[254]

Durante muchos años nadie sabía qué era exactamente la «hormona natriurética». Sin embargo, hoy la conocemos como marinobufagenina, un esteroide segregado por las glándulas suprarrenales que aumenta la acción de bombeo del corazón e inhibe la bomba de reabsorción de sodio en el riñón. Sin embargo, si la hipertensión estuviera causada por la marinobufagenina, y se culpara a la sal de causar hipertensión, entonces una dieta rica en sal debería provocar aumentos de marinobufagenina. Entonces, ¿qué ocurre cuando se les da una dieta rica en sal a las ratas? Efectivamente, se produce un aumento de la marinobufagenina en las ratas sensibles a la sal, pero las ratas resistentes a la sal presentan sólo «un modesto aumento de la marinobufagenina» tras consumir una dieta salada.[255] Como sabemos, la sensibilidad a la sal no es una condición natural (las ratas se tuvieron que cruzar para tener esta condición), por lo que el problema no era la ingesta de sal en sí, sino cualquier efecto que cause la sensibilidad a la sal en los humanos. Y la otra parte de la hipótesis tampoco se sostiene: se suponía que el aumento de marinobufagenina provocaba un aumento de la resistencia vascular periférica, y en los seres humanos, comer una dieta alta en sal no lo provoca.[256] La teoría de la «hormona natriurética» de la hipertensión no se confirmó en los experimentos.

¿Qué ha estado oculto a plena vista durante toda la controversia? La resistencia a la insulina y la diabetes, que coinciden sistemáticamente con la sensibilidad a la sal y los niveles elevados de hormona natriurética. De hecho, tanto la diabetes de tipo 1 como la de tipo 2 se asociaron con niveles elevados de marinobufagenina (la hormona natriurética).[257] Un grupo investigador descubrió que, en personas con diabetes, la función alterada de la Na-K-ATPasa se asociaba con la resistencia a la insulina, la retención renal de sodio y el desarrollo de hipertensión.[258] Dicho de otro modo, lo que causaba la diabetes también afectaba a la Na-K-ATPasa (a través del aumento de marinobufagenina) y causaba hipertensión sensible a la sal. Y la sustancia dietética causante de la diabetes era... (redoble de tambores, por favor): el azúcar.[259]

Antes de que se determinara que la marinobufagenina era la hormona natriurética, se descubrió que sus niveles estaban significativamente aumentados en la orina de pacientes con diabetes tipo 1.[260]

Así pues, la inhibición de la N-K-ATPasa (provocada por la marinobufagenina) parecía estar provocada por la diabetes. Y el consumo de cantidades elevadas de azúcar, no de sal, se relacionaba con un aumento del riesgo de diabetes.[261] Se descubrió que las dietas ricas en azúcar incrementaban el diagnóstico de diabetes o prediabetes, incluso cuando las calorías se mantenían constantes.[262] Por lo tanto, al aumentar la marinobufagenina, una dieta rica en azúcar era la posible culpable de causar hipertensión, así como daño renal y un mayor riesgo de accidente cardiovascular.[263]

La idea de que el azúcar pudiera estar causando hipertensión sensible a la sal se consideraba una blasfemia nutricional. Así fue hasta 1988, cuando Ottavio Giampietro y sus compañeros propusieron un mecanismo para explicar por qué la diabetes causa hipertensión.[264]

En aquella época, era bien sabido que las personas que padecían diabetes también eran propensas a tener hipertensión.[265] Y Giampietro y sus compañeros sabían que los pacientes diabéticos que recibían insulina presentaban aumentos de sodio en el cuerpo,[266] probablemente causados por los altos niveles de insulina en sangre, los cuales se sabe que estimulan la reabsorción de sodio por los riñones.[267] En otras palabras, en lugar de excretar la cantidad normal de sal por la orina, los diabéticos retendrían esa sal en su organismo. Además, se detectó que los pacientes con diabetes dependientes de la insulina presentaban niveles circulantes elevados de hormona del crecimiento,[268] que también aumenta la reabsorción de sodio.[269] El de Giampietro y sus colaboradores fue uno de los primeros grupos en concluir que la diabetes era un estado de retención de sodio y de aumento de la actividad de la Na-K-ATPasa en el corazón, los nervios periféricos, la barrera hematoencefálica y los glóbulos rojos;[270] conjeturaron que la bomba de sodio se volvía resistente a la insulina en los diabéticos, ya que se observó que la insulina estimulaba su actividad.[271] Así, la idea de que la diabetes (o los niveles elevados de insulina) era la culpable de la hipertensión «sensible a la sal» se remonta a finales de los años ochenta.

Curiosamente, se observó que el sodio dentro de las células era más alto en personas obesas con hipertensión que en las delgadas.[272] En resumen, lo que causa la obesidad también podría estar aumentando los niveles de sodio en las células.

En la década de 1980, la idea de que la hipertensión era un trastorno metabólico y, en particular un estado de resistencia a la insulina, empezaba finalmente a recibir el apoyo de muchos científicos.[273] De hecho, se encontraba con frecuencia que la hipertensión se agrupaba en pacientes con niveles elevados de glucosa, insulina y obesidad.[274] Y se descubrió que hasta un 80 por ciento de las personas con hipertensión esencial presentaban resistencia a la insulina.[275] Otro grupo de autores que publicó en el *New England Journal of Medicine* concluyó que «la hipertensión esencial es un estado de resistencia a la insulina».[276] Por otra parte, John Yudkin había demostrado que el azúcar aumentaba rápidamente los niveles de insulina en humanos y primates no humanos.[277] Al mismo tiempo, se observó que las dietas bajas en sal provocaban resistencia a la insulina en los vasos sanguíneos, lo que conduce a un aumento de la vasoconstricción, el mismo problema que se encuentra en los pacientes con hipertensión.[278] Por lo tanto, no es tan descabellado decir que, incluso sin la ayuda del azúcar, las dietas bajas en sal probablemente estaban contribuyendo a la hipertensión al causar resistencia a la insulina.

Pero cuesta mucho cambiar las viejas creencias, e incluso con esta nueva y convincente línea de investigación, el consenso seguía siendo que alrededor del 90 por ciento de las personas con hipertensión sufrían de «hipertensión esencial», es decir, hipertensión sin causa conocida. Se creía que estas personas estaban simplemente «predestinadas genéticamente» a desarrollar hipertensión: genéticamente susceptibles a la sal, no al azúcar.[279] Se descubrió que esas mismas personas presentaban una mayor resistencia a la insulina, y que el grado de dicha resistencia también estaba asociado con un aumento de la presión arterial media.[280] Se constató que tener antecedentes familiares de hipertensión duplicaba con creces el riesgo de resistencia a la insulina (45 por ciento de prevalencia frente al 20 por ciento en quienes no tenían antecedentes familiares de hipertensión). Sin embargo, esto planteaba el dilema del huevo o la gallina: ¿era la hipertensión la causa de la resistencia a la insulina, o al revés? Básicamente, quienes nacen de padres hipertensos tienen un mayor grado de resistencia a la insulina, lo que probablemente conduce a una mayor presión arterial más adelante en la vida. Los autores también concluyeron que las alteraciones en la capacidad de estos pacientes para metabolizar los hidratos de carbono de forma eficaz podían detectarse mucho antes de que desarrollaran hipertensión,[281] lo que sugiere que la resistencia a la insulina aparecía primero, y la hipertensión más tarde. Cualquiera que fuera la causa de la resistencia a la insulina, eso mismo acabaría causando hipertensión.

El dilema del huevo y la gallina.

Estos resultados se confirmaron repetidamente en estudios posteriores:[282] los hijos de padres con hipertensión mostraban una tendencia a desarrollar resistencia a la insulina y niveles elevados de insulina circulante.[283]

Los estudios también mostraron que la prehipertensión y la hipertensión se agrupaban con la obesidad y la resistencia a la insulina.[284] Y los informes comenzaron a mostrar que la sensibilidad a la sal era común en los que presentaban obesidad e hiperinsulinemia.[285] Pero, una vez más, prevalecieron esos viejos dogmas: la obesidad se consideraba un estado de «desequilibrio calórico», mientras que la idea de que un nivel elevado de insulina (provocado por el consumo excesivo de azúcar) pudiera causar aumento de peso no era una teoría aceptada.

No obstante, los estudios que se hicieron desde finales de la década de los ochenta hasta mediados de los dos mil empezaron a sugerir que la obesidad era un estado de desequilibrio hormonal, caracterizado en particular por niveles elevados de insulina, y que tratar esos niveles podría tratar la hipertensión. De hecho, un estudio de doce meses publicado en 2007 demostró que cuando se reducían los niveles de insulina como resultado de cambios en el estilo de vida junto con metformina (un medicamento para la diabetes), la presión arterial sensible a la sal quedaba prácticamente eliminada.[286] Los autores sugirieron que los defectos metabólicos que aparecían junto a la obesidad (como la resistencia a la insulina y la activación del sistema nervioso simpático) eran los responsables de la hipertensión sensible a la sal, y que corregir esas anomalías metabólicas permitía revertir la sensibilidad a la sal. Otro estudio de 1989 descubrió que los adolescentes obesos que perdían el 8 por ciento de su peso inicial lograban corregir su presión arterial sensible a la sal.[287] Los estudios con animales ampliaron estos hallazgos, y uno de ellos demostró que administrar metformina a las ratas prevenía la hipertensión inducida por la sal.[288] Otro estudio descubrió que comer sal mejoraba los efectos de la metformina sobre la presión arterial.[289]

Todas estas investigaciones respaldaban la idea de que la resistencia a la insulina y los niveles elevados de insulina eran el centro de la hipertensión sensible a la sal. Si tratábamos la resistencia a la insulina eliminando el azúcar, podíamos corregir la hipertensión sensible a la sal. Pero, aun así, el mito se mantuvo y la reducción de la ingesta de sal —y no de azúcar—, siguió siendo el objetivo para prevenir y tratar la hipertensión.

Incluso se había observado que la pérdida de peso por sí sola producía grandes reducciones de la presión arterial, incluso cuando no se reducía la ingesta de sodio.[290] Un grupo de autores estudió a veinticinco pacientes obesos del Programa de Control de Factores de Riesgo por Obesidad de la Universidad de California en Los Ángeles (UCLA) a los que se asignó aleatoriamente una ingesta normal de sodio de 2.760 miligramos al día o una ingesta baja de sodio de 920 miligramos al día, mientras también perdían peso. La presión arterial de ambos grupos disminuyó por igual con la pérdida de peso. Los resultados del estudio eran claros: si se bajaba de peso, la presión arterial disminuía sin tener que reducir drásticamente el consumo de sal.

Había una última línea de evidencia que implicaba al azúcar como causa de la hipertensión sensible a la sal, y ésa era el cortisol. Se sabía que un exceso local de cortisol provocaba hipertensión en las personas con síndrome de Cushing, insuficiencia renal crónica e hipertensión esencial. Y probablemente se estaba confundiendo la hipertensión inducida por cortisol con la hipertensión sensible a la sal, porque a medida que aumentaba el cortisol en el cuerpo, también lo hacían el sodio, el volumen sanguíneo y la presión arterial. Los niveles elevados de cortisol también estaban implicados como causa de los niveles elevados de insulina, ya que un exceso de cortisol (como se observa en el síndrome de Cushing) provoca obesidad abdominal, intolerancia a la glucosa, hiperglucemia, hiperlipidemia, hipertensión y aterosclerosis. Un exceso local de cortisol no diagnosticado estaba causando hipertensión, y las dietas ricas en sal seguían llevándose toda la culpa. También se sabía que la sal podía elevar la presión arterial en animales cuando se les administraban inyecciones de corticosteroides.[291] Pero si se reducían los niveles elevados de cortisol, el efecto hipertensivo de la sal desaparecía.

Y así surge la gran pregunta: ¿qué causa niveles elevados de cortisol? Y sí, lo has adivinado: el azúcar puede elevar los niveles de cortisol y, por tanto, provocar hipertensión sensible a la sal.[292] John

Yudkin ya lo había demostrado en 1974, cuando alimentar a ratas con azúcar aumentaba los niveles de corticosterona (el equivalente al cortisol en los humanos) en un 300 por ciento.[293] Esto se observó incluso antes de que se elevaran los niveles de insulina, lo que sugiere que el cortisol elevado podría ser en realidad la causa de la resistencia a la insulina.

El doctor George A. Perera también había escrito sobre cómo los corticosteroides pueden ser la causa subyacente de la hipertensión. Demostró que la hormona adrenocorticotrópica (ACTH), la hormona que precede a la liberación de cortisol y aldosterona por la glándula suprarrenal, podía aumentar la tensión arterial.[294] Pero no fue hasta medio siglo después cuando se descubrió que la fructosa en el cerebro estimulaba la liberación de ACTH y, por lo tanto, aumentaba la secreción de cortisol.[295] Y lo que es más importante, se pensaba que los niveles de fructosa en el organismo serían demasiado bajos para que esto tuviera importancia en el cerebro. Sin embargo, desde entonces hemos descubierto que la fructosa puede formarse en el cerebro a partir de la glucosa, sobre todo en estados de resistencia a la insulina.[296]

El doctor Perera también demostró que las dietas bajas en sal podían ser peligrosas en alguien que careciera de corticosteroides. Perera escribió que la reducción de la ingesta de sal en un paciente con enfermedad de Addison (en la que las glándulas suprarrenales producen niveles inadecuados de cortisol y aldosterona) provocó grandes descensos de la presión arterial, así como bajos niveles de sodio en sangre y debilidad grave. Sin embargo, cuando se administraron suplementos de corticosteroides, el sodio en sangre volvió a la normalidad y la presión arterial repuntó. Así pues, era evidente que los glucocorticoides y los mineralocorticoides determinaban los efectos de la sal alimentaria sobre la presión arterial y no la ingesta de sal *per se*.[297] Y se descubrió que era el azúcar el que aumentaba los glucocorticoides y, por tanto, provocaba que las personas tuvieran una tensión arterial sensible a la sal.

Hace tiempo que todos los indicios apuntan directamente al azúcar, pero hemos tardado mucho en darnos cuenta. Parte del problema fue la obstinada resistencia de los investigadores aferrados a sus creencias de siempre. Otra parte del problema fue la influencia intencionada de la industria azucarera, que desvió la atención del sospechoso claramente culpable. Y las pruebas convincentes que refutan la teoría de la sal y la presión arterial pueden verse simplemente dando un paso atrás y observando estudios a gran escala de poblaciones enteras. Y en esos estudios, los hallazgos son irrefutables.

4.3. Ingesta de sal y presión arterial: estudios poblacionales

Uno de los argumentos que implicaba a la sal en el aumento de la presión arterial era el fenómeno conocido como «hipertensión por aculturación»: cuando pueblos primitivos que aparentemente comían poca sal en su dieta tradicional desarrollaban hipertensión tras la aculturación, se pensaba que una mayor ingesta de sal era la causa. Por supuesto, estas culturas también pasaron de comer poco o nada de azúcar refinado a una dieta extremadamente alta en azúcar refinado, pero eso no importaba.

A pesar de todo, un gran conjunto de datos seguía echando por tierra la idea de que la sal era la causa de la hipertensión por aculturación. Por un lado, muchas poblaciones que seguían una dieta rica en sal no padecían de hipertensión, mientras que no podía decirse lo mismo del azúcar. En el recuadro de la página 102 podrás ver una lista de distintas poblaciones con elevado consumo de sal y su presión arterial.

Uno de los argumentos más sólidos en apoyo de la noción de que la sal provoca hipertensión y enfermedades cardiovasculares ha procedido siempre de Japón. Los japoneses eran conocidos por consumir mucha sal y, aunque en general tenían bajas tasas de cardiopatías, presentaban un alto índice de afecciones cardiovasculares, como derrames cerebrales e hipertensión. De hecho, los habitantes de Akita (Japón) eran conocidos por tener una tasa muy elevada de hipertensión y muerte por apoplejía, y consumían mucha sal (unos 27 gramos de sal al día, con una ingesta máxima de entre 50 y 61 gramos) procedente de la sopa miso, la salsa de soja, los condimentos y las verduras o encurtidos. La sal era sólo una de las posibles causas de sus enfermedades cardiovasculares. Los investigadores sugirieron que la elevada tasa de ictus en Japón (sobre todo en Akita) se debía a otros factores además de la sal, como «una dieta desequilibrada consistente en arroz pulido y deficiencias en la vida alimentaria». Otros han señalado «la glotonería por el arroz», «el estrés de la vida como el exceso de trabajo de los agricultores», «la deficiencia de vitamina C en la dieta», «la cantidad de ácido silícico en el agua potable y los alimentos», «el cadmio en los intestinos de los peces de río ampliamente consumidos en Japón» y «la relación azufre/carbonato del agua del río» como posibles factores que contribuyen a la alta tasa de mortalidad por accidente cerebrovascular.[298] Y el cadmio es un probable sospechoso. Se calcula que contribuye al 17 por ciento de los casos de ictus en Japón.[299] Asimismo, la baja ingesta de grasas saturadas en Japón se relacionaba con la mayor tasa de mortalidad por accidente cerebrovascular.[300]

Aun así, las tasas de ictus de Akita son sorprendentes si se comparan con las de Aomori (Japón), una zona en la que la población suele consumir unos 15,2 gramos de sal al día. De hecho, la tasa de mortalidad por apoplejía era más del doble en Akita que en Aomori. La presión arterial media en Aomori era bastante baja (131,4/78,6 mmHg) y la incidencia de muerte por ictus era moderada,[301] con 139,2 muertes por ictus por cada 100.000 en las personas de entre 30 y 59 años. En Akita, esta cifra era de 218,6. ¿Qué pasaba aquí?

Los investigadores sospechaban de otro factor: el potasio. En un estudio de 1.110 adultos en Aomori, el aumento de la ingesta de manzana se asoció a una menor tensión arterial. Las manzanas son una buena fuente de potasio. La presión arterial sistólica de los hombres tendía a ser superior a 150 mmHg cuando no comían manzanas, pero descendía a menos de 140 mmHg cuando comían tres manzanas al día. Los investigadores creían que la clave estaba en el potasio de las manzanas.

Poblaciones que consumen grandes cantidades de sal en las que apenas hay hipertensión

Población: monjas italianas

Ingesta de sodio: aprox. 3.300 mg de sodio al día

Ni una sola monja con una presión arterial diastólica superior a 90 mmHg.[302]

Población: mujeres laicas italianas

Ingesta de sodio: aprox. 3.300 mg de sodio al día

Presión arterial: aumentó progresivamente en las mujeres laicas. La diferencia de presión arterial era superior a 30/15 mmHg entre los dos grupos al final del estudio de treinta años (siendo mayor en las laicas que en las monjas).

Población: indígenas guna (frente a la costa de Panamá)

Ingesta de sodio: aprox. 3.450 mg de sodio al día (la misma cantidad de sodio que se consume actualmente en Estados Unidos).

Presión arterial: se sabe que sólo el 2 por ciento padecía hipertensión. La presión arterial no aumentó con la edad.[303]

Población: vegetarianos y omnívoros adventistas del séptimo día y omnívoros mormones[304]

Ingesta de sodio: aprox. 3.600 mg de sodio al día

Presión arterial de los vegetarianos adventistas: 114/67 mmHg en hombres y 108,6/66,6 mmHg en mujeres

Presión arterial de los omnívoros adventistas: 121,9/72 mmHg en hombres y 110/66 mmHg en mujeres

Presión arterial de los mormones omnívoros: 122,2/73,2 mmHg en hombres y 117,2/74,4 mmHg en mujeres

Población: Java (Indonesia)

Ingesta de sodio: aprox. 3.600 mg de sodio al día

Presión arterial: 124/73 mmHg en hombres y 128/75 mmHg en mujeres[305]

Población: Tailandia

Ingesta de sodio: aprox. 3.600 mg de sodio al día

Presión arterial: 120/75 mmHg en hombres y 118/77 mmHg en mujeres[306]

Población: Taiwán (población agrícola)

Ingesta de sodio: aprox. 4.000 mg de sodio al día

Presión arterial: 128/83 mmHg en hombres[307]

Población: guerreros samburu

Ingesta de sodio: aprox. de 4.000 a 5.000 mg de sodio al día durante la temporada húmeda (unos cinco meses al año);[308] y de 3.500 a 4.000 mg de sodio al día durante la estación seca

Presión arterial: 106/72 mmHg[309]

Población: habitantes de Kotyang, Nepal

Ingesta de sodio: aprox. 4.600 mg de sodio al día

Presión arterial: no hubo casos de hipertensión en los hombres. La presión arterial no aumentó con la edad. En las mujeres, la hipertensión era extremadamente rara (1,4 por ciento). Los autores concluyeron: «En el estudio no se observó un aumento significativo de la presión arterial sistólica con la edad en los hombres que vivían en Kotyang, y no se detectaron hombres hipertensos y muy pocas mujeres hipertensas a pesar de tomar una media de 12 g/día de sal».[310]

La ingesta de azúcar era de menos de un gramo al día en Kotyang. Sin embargo, en otro pueblo de Nepal (Bhadrakali) había una mayor ingesta de azúcar (25,5 gramos al día los hombres y 16,3 gramos las mujeres). Y la prevalencia de hipertensión era del 10,9 por ciento en los hombres y del 4,9 por ciento en las mujeres.

Población: norte de la India

Ingesta de sodio: 5.600 mg de sodio al día

Presión arterial: 133/81 mmHg[311]

Población: sur de la India (consumen menos sal que en el norte, pero tienen una presión arterial mayor)

Ingesta de sodio: 3.200 mg de sodio al día

Presión arterial: 141/88 mmHg[312]

Población: zona manzanera de Aomori, Japón (baja prevalencia de hipertensión diastólica)

Ingesta de sodio: aprox. 6.000 mg de sodio al día

Presión arterial: 131,4/78,6 mmHg[313]

Población: Okayuma, Japón (en verano)

Ingesta de sodio: aprox. 6.000 mg de sodio al día
Presión arterial: 122/75 mmHg en hombres y 122/72 en mujeres[314]

Población: Bantu (rural)
Ingesta de sodio: aprox. 7.600 mg de sodio al día
Presión arterial: 128/79 mmHg en hombres[315]

Población: campesinos budistas en Tailandia
Ingesta de sodio: aprox. 8.000 mg de sodio al día
Presión arterial: no hay aumento de la presión arterial con la edad[316]

Este efecto reductor de la presión arterial de las manzanas también se confirmó en un ensayo clínico de treinta y ocho hombres y mujeres de mediana edad en Akita,[317] y de nuevo en un estudio de pacientes japoneses con hipertensión esencial, quienes, a pesar de ingerir aproximadamente 15 gramos de sal al día, descubrieron que su presión arterial descendía hasta la normalidad cuando aumentaban su ingesta de potasio en la dieta de aproximadamente tres gramos a siete.[318] ¿Quién iba a decir que el viejo dicho de «una manzana cada día, de médico te ahorraría» era tan cierto? El problema en Akita no es la sal, sino que la dieta es deficiente en potasio.

Este efecto también se observó en los vegetarianos adventistas del séptimo día, los omnívoros adventistas del séptimo día y los omnívoros mormones.[319] La ingesta diaria de sodio en estos grupos era de entre 3.500 y 3.700 miligramos, ligeramente superior a la que consume de media una persona en Estados Unidos. Sin embargo, la presión arterial media en los tres grupos era totalmente normal. Es importante destacar que la ingesta de potasio se situaba entre 3.000 y 3.600 miligramos al día (casi el doble de la ingesta media de potasio en Estados Unidos), lo que aporta pruebas adicionales de que el potasio desempeña un papel fundamental en la regulación de la presión arterial.

Estos estudios poblacionales nos ofrecen pruebas en el mundo real de que un mayor consumo de sal puede ser saludable; de hecho, incluso más que su restricción. Pero también nos ayudan a empezar a desentrañar la complejidad de los factores que conducen a la hipertensión y al ictus. Quizá debamos prestar atención al hecho de que la ingesta media de potasio en Estados Unidos es aproximadamente la mitad de lo que consumían los grupos estudiados, debido principalmente a un menor consumo de frutas y verduras.[320] La verdadera lección para todos nosotros podría ser que, en lugar de buscar formas de reducir la sal, podríamos buscar maneras de comer más alimentos vegetales ricos en potasio, como verduras de hoja verde, calabaza, setas y aguacates. Y adivina qué nos ayuda a conseguirlo... ¡Comer más sal!

4.4. Cómo una dieta baja en sal pudo haber creado la epidemia de hipertensión

¿Puedes imaginarte lo frustrados que han estado los investigadores que han cuestionado abiertamente el dogma del bajo contenido en sal? Llevaban décadas demostrando que el mito de la dieta baja en sal no tenía fundamento, y, aun así, nadie los escuchaba. Sabían que la sal no aumenta la tensión arterial en la mayor parte de la población. Sabían que, incluso en aquellos en los que sí aumenta, un mayor consumo de sal tiene beneficios, como una frecuencia cardiaca más baja, niveles reducidos de insulina, hormonas suprarrenales más equilibradas y un mejor funcionamiento de los riñones, beneficios que probablemente superen cualquier riesgo derivado de un aumento de la presión arterial.

Al mismo tiempo, seguían acumulándose datos que demostraban que el azúcar aumentaba tanto la presión arterial como la frecuencia cardiaca, pero no se descubrió hasta décadas más tarde que una dieta rica en azúcar triplicaba el riesgo de muerte cardiovascular en comparación con una dieta baja en azúcar. Yudkin pudo demostrar una y otra vez que muchas anomalías encontradas en pacientes con enfermedad coronaria (elevación de lípidos, insulina y ácido úrico elevados y funcionamiento anómalo de las plaquetas) podían ser causadas por sólo unas pocas semanas con una dieta alta en azúcar.[321] Pero, aun así, a pesar de los esfuerzos de Yudkin, y hasta el día de hoy, no se ha responsabilizado claramente al azúcar de nuestra epidemia de enfermedades cardiovasculares. A los ojos del público, y de la mayor parte de la profesión médica, la culpa sigue recayendo, de manera asombrosa, sobre la sal.

Los Centros para el Control y la Prevención de Enfermedades (CDC) de Estados Unidos solicitaron recientemente al Instituto de Medicina (IOM) que reevaluara las pruebas relacionadas con la ingesta de sodio y el riesgo cardiovascular, y su informe de 2013 concluyó que no era beneficioso restringir la ingesta de sodio por debajo de 2.300 miligramos al día. De hecho, se llegó a la conclusión de que podría tener consecuencias negativas para la salud.[322] Sin embargo, inexplicablemente, se permitió que se mantuviera el límite máximo de sodio original del IOM de 2004/2005 de 2.300 miligramos al día y «sigue siendo la base de la política federal sobre la sal en la actualidad».[323] Ni siquiera hoy en día se ponen de acuerdo las principales instituciones sanitarias sobre la cantidad de sal que debemos consumir, pero eso no ha frenado el dogma del bajo consumo de sal. Y la aterradora conclusión de toda esta controversia podría ser que una dieta baja en sal ha contribuido, más que ayudado a prevenir, al aumento de los crecientes niveles de enfermedades cardiacas en Estados Unidos.

Los últimos estudios doble ciego y aleatorizados muestran que las dietas bajas en sal creaban anomalías comúnmente encontradas en pacientes con cardiopatía coronaria, así como con síndrome metabólico. Y este efecto se observó tanto en pacientes sensibles a la sal como en los resistentes a ella.

Se ha observado que reducir la sal acelera la rigidez de las arterias y eleva el colesterol y los triglicéridos en animales.[324] La restricción de sal en humanos con hipertensión también aumenta las lipoproteínas plasmáticas y los marcadores inflamatorios.[325] En personas con hipertensión crónica, la reducción de sal aumentó los niveles de lipoproteínas de baja densidad (LDL; colesterol «malo») en sangre.[326] Pero otros estudios descubrieron que recuperar niveles más altos de sal (pasar de 2 gramos de sal al día a 20 durante cinco días) reducía significativamente el colesterol total plasmático, el colesterol esterificado, la beta-lipoproteína, las lipoproteínas de baja densidad y el ácido úrico en personas con hipertensión.[327] Incluso el famoso ensayo DASH-Sodio —la base de la dieta baja en sal más conocida— descubrió que la restricción de sal aumentaba los triglicéridos, las lipoproteínas de baja densidad y la relación entre el colesterol total y las lipoproteínas de alta densidad (TC/HDL).[328]

Incluso en personas con peso normal y presión sanguínea regular, se ha observado que las dietas bajas en sal comprometen la función renal, disminuyen las lipoproteínas de alta densidad (HDL; colesterol «bueno») y reducen la adiponectina, una sustancia liberada por las células grasas que se cree que mejora la sensibilidad a la insulina.[329] Un metaanálisis Cochrane de casi 170 estudios descubrió que las intervenciones con bajo contenido en sodio reducían mínimamente la presión arterial y elevaban significativamente los niveles de hormonas renales, hormonas del estrés y triglicéridos no saludables. Los autores del análisis Cochrane (que suele considerarse el patrón de referencia de las revisiones de investigaciones) llegaron a la conclusión de que las dietas bajas en sal podrían tener un efecto negativo general sobre la salud basado en el aumento de las hormonas, el colesterol «malo» y los triglicéridos.[330]

Otro riesgo para la salud es el aumento de la viscosidad de la sangre —«espesamiento» de la sangre— que se cree que se produce durante la restricción de sal.[331] Este aumento de la viscosidad de la sangre, a menudo observado en pacientes obesos, contribuye a un mayor riesgo de eventos vasculares trombóticos, como coágulos de sangre y trombosis venosa profunda.[332] La restricción de sal también aumenta la presencia de noradrenalina en ayunas, una sustancia que aumenta la frecuencia cardiaca. El corazón recibe riego sanguíneo durante la relajación, mientras que todos los demás órganos lo reciben cuando el corazón se contrae. Por tanto, cuanto más rápido bombee el corazón, menos tiempo estará relajado para recibir sangre y, por tanto, oxígeno. Ésta es una de las razones por las que las dietas bajas en sal[333] se han relacionado con el aumento del riesgo de infarto: al reducir el flujo sanguíneo al corazón. El aumento de noradrenalina en las dietas bajas en sal puede llegar a producir hipertrofia cardiaca, un crecimiento excesivo del corazón, que puede desembocar en insuficiencia cardiaca.[334]

Hablando en nombre de muchos defensores frustrados de la sal, Weder y Egan concluyeron en uno de sus artículos que «el beneficio neto sobre el riesgo cardiovascular de una reducción media de la presión arterial de sólo 1,1 mmHg bien podría verse más que contrarrestado por los aumentos de colesterol, insulina, noradrenalina y hematocrito resultantes de la restricción de sal».[335] Al aumentar la angiotensina-II y la aldosterona, las dietas bajas en sal podrían provocar un crecimiento excesivo del corazón y los riñones, lo que podría provocar insuficiencia cardiaca y enfermedad renal, las mismas enfermedades que se nos han dicho que provocan las dietas ricas en sal.

Weder y Egan concluyeron: «El posible impacto adverso de la restricción de sal en la dieta sobre el perfil de factores de riesgo de enfermedades cardiovasculares sugiere que se necesitan más estudios antes de que pueda prescribirse una reducción de la ingesta de sal en la dieta para la población general».[336]

Esto fue en 1991, hace más de veinticinco años.

En 1995, Michael Alderman y coautores sugirieron abiertamente que las dietas bajas en sal pueden aumentar el riesgo de eventos cardiovasculares.[337] Informaron de un riesgo más de cuatro veces mayor de infarto de miocardio en los hombres que consumían cantidades más bajas de sal en comparación con el grupo de mayor consumo de sal.

Los estudios a gran escala siguieron insistiendo en estas mismas conclusiones. Dos grandes estudios prospectivos europeos, que incluyeron a casi cuatro mil pacientes sin enfermedad cardiovascular previa, hallaron un aumento de más de cinco veces en la mortalidad con una ingesta baja de sodio frente a la ingesta más alta de sodio.[338] El estudio Prospectivo de Epidemiología Urbana y Rural (PURE, por sus siglas en inglés) examinó a más de 100.000 personas de diecisiete países y descubrió que el menor riesgo de muerte o episodios cardiovasculares correspondía a quienes consumían entre 3.000 y 6.000 miligramos de sodio al día.[339] El grupo que consumía menos de 3.000 miligramos de sodio al día presentaba el mayor riesgo. Graudal y sus compañeros realizaron un metaanálisis de casi 275.000 pacientes,[340] y descubrieron que consumir entre 2.645 y 4.945 miligramos de sodio al día se asociaba con un menor riesgo de muerte y de episodios de enfermedad cardiovascular. Tras ajustar otros factores de confusión, sólo el grupo que consumía menos de 2.645 miligramos al día presentó un aumento significativo de la mortalidad por todas las causas; esto no se observó en los que consumían más de 4.945 miligramos de sodio al día.

Según estos datos, una ingesta de sodio de entre 3 y 6 gramos es probablemente el rango óptimo para la mayoría de nosotros. Menos de 2.300 miligramos al día o más de 6.000 miligramos al día se asocian con un mayor riesgo de muerte y eventos cardiovasculares, pero el riesgo es mayor con una ingesta baja de sal que con una ingesta alta.

Como se desprende claramente de la literatura médica, así como de los estudios basados en la población, las pautas bajas en sal no son «lo ideal». Ni siquiera son inocuas. Puede que algún día descubramos que las directrices de consumir menos sal crearon más enfermedades cardiacas de las que llegaron a prevenir. A fin de cuentas, pueden incluso haber contribuido al mayor reto de salud pública de nuestro tiempo: la creciente epidemia de diabetes, causada en parte por un fenómeno cada vez más común pero poco conocido llamado «inanición interna».

5

Estamos hambrientos por dentro

Es innegable que estamos inmersos en una epidemia nacional de obesidad que amenaza nuestra salud, bienestar y longevidad. El 69 por ciento de los adultos de Estados Unidos tienen sobrepeso o son obesos.[341] La obesidad empezó a aumentar en la década de 1950; se disparó en torno a 1980, y la tasa se duplicó de 1980 a 2000. La sabiduría convencional achaca la obesidad a un desequilibrio entre el consumo de calorías y el gasto de energía: en otras palabras, ingerimos más calorías de las que quemamos. Por eso a menudo se nos dice que comamos menos y nos movamos más. Como ya sabrás por experiencia propia, esta estrategia no funciona para todo el mundo, ni siquiera para la mayoría de las personas.

Cada vez más, las teorías alternativas sobre la obesidad se han centrado en la calidad de las calorías que consumimos y en cómo nos afectan fisiológicamente, tal como ilustró Gary Taubes en su libro *Good Calories, Bad Calories* [Calorías buenas, calorías malas]. Hay muchas pruebas circunstanciales que apoyan estas afirmaciones. Por un lado, el aumento de nuestro perímetro corporal ha sido paralelo al aumento de nuestra ingesta de carbohidratos refinados, azúcar y jarabe de maíz de alta fructosa (especialmente en forma líquida). La industria azucarera quiere hacernos creer que, mientras vayamos al gimnasio a quemar esas calorías, no nos pasará nada. Pero nuevas investigaciones sugieren que nuestro estilo de vida, cada vez más sedentario, podría estar impulsado también por estos factores dietéticos (primero la patata, luego el sofá, es decir, nuestra mala alimentación precede a un estilo de vida sedentario).[342]

Dado que el azúcar se ha convertido por fin en el enemigo número uno de la salud pública, no es de extrañar que desencadene una sucesión interna de efectos que afectan negativamente a nuestra cintura y a nuestra salud. Pero empezamos a darnos cuenta de que un bajo consumo de sal puede producir efectos fisiológicos similares. Consumir poca sal puede poner en marcha una desafortunada cascada de cambios que provocan resistencia a la insulina, un aumento de los antojos de azúcar, un apetito descontrolado y lo que se ha apodado «inanición interna» (también conocida como «semi inanición celular oculta»), lo que favorece el aumento de peso.[343] Una persona con sobrepeso puede estar literalmente hambrienta por dentro.

Con la inanición interna, tus hormonas (insulina, leptina y otras) pueden estar trabajando en tu contra, básicamente secuestrando tu apetito y avivando tu deseo de más alimentos poco saludables, y al mismo tiempo corrompiendo los procesos internos que regulan el uso de grasas y proteínas para obtener energía. Es como si ya no controlaras tus hábitos alimentarios y tu cuerpo se volviera loco a la hora de gestionar el gasto y la ingesta de energía.

Cuando empiezas a restringir el consumo de sal, tu cuerpo hará cualquier cosa para intentar retenerla. Por desgracia, uno de los mecanismos de defensa del cuerpo es aumentar los niveles de insulina. Lo hace creando un estado de resistencia a la insulina. Cuando aparece la resistencia a la insulina, el organismo es menos capaz de transportar glucosa a las células y necesita segregar más insulina para controlar los niveles de glucosa en sangre. Además, recordemos que cuando la ingesta de sal en la dieta de una persona es escasa, las hormonas que compensan para ayudar al organismo a retener la sal (como la renina, la angiotensina y la aldosterona) se liberan en mayor cantidad. Pues bien, estas hormonas también acaban aumentando la absorción de grasas. Básicamente, en comparación con alguien que no ha reducido drásticamente su consumo de sal, una dieta baja en sal puede hacer que absorbas el doble de grasa por cada gramo que consumas.[344]

Este nivel crónicamente elevado de insulina mantiene la grasa y las proteínas almacenadas bajo llave, haciendo que no estén disponibles para las células que las necesitan. Cuando tus niveles de insulina están elevados, el único macronutriente que puedes utilizar como energía son los carbohidratos. Efectivamente, los niveles altos de insulina básicamente te obligan a comer más carbohidratos porque no puedes obtener energía fácilmente de ninguna otra cosa.

Entonces, consumir altos niveles de carbohidratos refinados desencadena una mayor liberación de insulina, y el ciclo se repite y se refuerza, lo que perpetúa sin cesar el problema de los altos niveles de insulina, que, a su vez, perpetúa la obesidad.[345]

Si reduces drásticamente tu consumo de sal, también podrías desarrollar una deficiencia de yodo, ya que la sal de mesa es nuestra mejor fuente de yodo. Esto es importante (y problemático) porque el yodo es necesario para el correcto funcionamiento de la tiroides: si la función tiroidea disminuye, se puede desarrollar hipotiroidismo, un trastorno en el que el metabolismo se ralentiza, se almacena más grasa (sobre todo en los órganos), se desarrolla resistencia a la insulina y se aumenta de peso, otro mecanismo que puede conducir a la inanición interna.

Además, las dietas bajas en sal aumentan el riesgo de deshidratación general (y, por tanto, de deshidratación celular), y eso es un problema porque, por lo general, las células bien hidratadas funcionan de forma mucho más eficiente y consumen menos energía que las células deshidratas.[346] Cuanta menos energía haya disponible en tu cuerpo, mayor será el estado de inanición interna y más calorías es probable que consumas. ¿Ya empiezas a ver cómo las dietas bajas en sal pueden provocar un aumento de peso?

Incluso si estos cambios no conducen a la acumulación de kilos de más, el resultado es el mismo: estos cambios fisiológicos hacen que alguien adquiera «sobrepeso metabólico» u obesidad, aunque no se refleje como un número más alto en la báscula o como un índice de masa corporal (IMC) en la categoría de sobrepeso u obesidad. En otras palabras, se puede ser «delgado por fuera y gordo por dentro» (lo que también suele denominarse TOFI, por sus siglas en inglés *thin on the outside and fat on the inside*, es decir, un «gordiflaco»). Puedes ser gordiflaco si tu peso corporal es normal, pero tienes una cantidad desproporcionada de grasa visceral, tejido adiposo almacenado en el abdomen, donde resulta más perjudicial. En otras palabras, tu peso podría mantenerse dentro de los límites normales, pero aun así podrías tener una acumulación de grasa peligrosa dentro y alrededor de los órganos, así como resistencia a la insulina y síndrome metabólico, un conjunto de condiciones como una cintura ancha, niveles elevados de azúcar en sangre en ayunas, presión arterial alta, triglicéridos altos y colesterol HDL bajo, que aumentan el riesgo de desarrollar enfermedades cardiacas, diabetes y accidentes cerebrovasculares.

Con la inanición interna, la resistencia a la insulina básicamente degrada el sistema de metabolismo de las grasas del cuerpo, lo que te impulsa a comer en exceso para compensar todas las calorías que se dirigen a tus células grasas y quedan atrapadas allí. Esto puede hacerte sentir como si te estuvieras muriendo de hambre por dentro y a la vez puedes estar ganando peso. Además, como tu cuerpo no puede acceder a la energía almacenada, el ejercicio se vuelve muy poco apetecible. En su lugar, el cerebro y el cuerpo entran en modo de conservación de calorías y buscas una relativa quietud, en lugar de gastar energía, porque literalmente estás hambriento de energía utilizable. La consecuencia más probable es un aumento de peso y una mayor acumulación de grasa corporal, otro ciclo continuo que perpetúa este desafortunado estado interno.[347]

El concepto de inanición interna se teorizó por primera vez justo en la época en que comenzó la guerra de la sal, aunque pasaron décadas hasta que la idea caló. La «obesidad hipotalámica», una expresión creada en 1900 por el neurólogo francés M. J. Babinski, es una enfermedad que se produce como consecuencia de una lesión del hipotálamo (la parte del cerebro que controla la saciedad y el hambre), lo que provoca alteraciones metabólicas, sobrealimentación, aumento de peso rápido e incesante y resistencia a la insulina.[348] A menudo se atribuye al difunto doctor Stephen Walter Ranson, director del Instituto de Neurología de la Universidad Northwestern, el mérito de haber sido uno de los primeros en sugerir en la década de 1940 que la obesidad es una condición de «semi inanición celular oculta». Ranson creía que este estado se desencadenaba por una carencia de nutrientes, lo que obligaba al organismo a aumentar la ingesta de alimentos, reducir el gasto energético mediante menor actividad física, o recurrir a una combinación de ambas medidas —lo que, de nuevo, provocaba un aumento de peso—.[349] Veinte años más tarde, el doctor Edwin Astwood, endocrinólogo y fisiólogo de la Universidad Tufts, acuñó la expresión *inanición interna* para describir el mismo fenómeno.

Se llame como se llame, es un efecto paradójico que puede hacer que nos preguntemos si la obesidad lleva a comer en exceso y a ser sedentario, o al revés. Los expertos en obesidad y los endocrinólogos estudian cada vez más este enigma. Quizá no engordamos porque comamos demasiado, sino porque algo nos ha hecho engordar.

Curiosamente, cada vez hay más pruebas de que el consumo de sal de tu madre mientras estabas en el útero puede influir en tu riesgo de experimentar inanición interna una vez que naces y empiezas a vivir. En concreto, si tu madre siguió una dieta baja en sal durante el embarazo, podrías nacer en un estado de inanición interna, con más grasa alrededor de los órganos, niveles anormales de leptina y resistencia a la insulina.[350] Según investigaciones en animales, una ingesta baja de sal durante el embarazo puede, en esencia, programar la obesidad en la descendencia de la madre desde el primer día. Sin duda, un efecto de arrastre poderoso.

5.1. La verdad sobre la sal

Sabemos que un bajo consumo de sal provoca resistencia a la insulina y aumenta los niveles de insulina, y la resistencia a la insulina hace que la glucosa se acumule en la sangre en lugar de que las células la absorban para obtener energía, lo que desencadena una larga y problemática cadena de acontecimientos fisiológicos: hambre excesiva, comer en exceso, mayor almacenamiento de grasa en las células adiposas y una crisis de energía interna. En una persona sana y delgada, el nivel de insulina en ayunas suele ser de 5 uIU/mL o menos, mientras que un nivel de apenas el doble (10 uIU/mL) indica probablemente resistencia a la insulina.[351] Las dietas bajas en sodio pueden aumentar el nivel de insulina en ayunas entre un 10 y un 50 por ciento, lo que podría hacer que alguien pasara de un nivel saludable a otro con tendencia a la diabetes.[352]

Una revisión analizó los perjuicios de las dietas bajas en sal e informó de que, en estudios de sólo una o dos semanas de duración, las dietas bajas en sal tienen un efecto de aumento de la insulina en pacientes obesos con hipertensión arterial.[353] La revisión halló que incluso una restricción moderada de sal (2 gramos de sal al día) podría aumentar la respuesta de la insulina a una prueba oral de tolerancia a la glucosa en pacientes con hipertensión arterial.[354] Se ha comprobado que restringir el sodio a unos 460 miligramos al día —aproximadamente media cucharadita de sal— durante una semana aumenta la insulina en ayunas, la respuesta de la insulina a una prueba oral de tolerancia a la glucosa, el triacilglicerol en ayunas, los ácidos grasos plasmáticos y los niveles de aldosterona y renina.[355]

Sabemos que unos niveles más elevados de insulina provocan un mayor almacenamiento de grasa, aunque la ingesta calórica total siga siendo la misma, y ahora vemos que esta mayor concentración de ácidos grasos en la sangre también puede aumentar el daño en las arterias y los vasos sanguíneos.[356] Cuando la restricción de sal reduce la circulación sanguínea, llega menos sangre al hígado, lo que interfiere en la capacidad de éste para descomponer la insulina, un posible mecanismo que explica por qué las dietas bajas en sal elevan los niveles de insulina.

Por el contrario, las dietas más ricas en sal tienen cada vez mejor pinta. Ya hemos visto antes que comer más sal mejora la dilatación de los vasos sanguíneos, sobre todo en pacientes resistentes a la sal, un efecto que se mantiene durante al menos varios meses según los estudios clínicos. Restringir la ingesta de sal puede hacer lo contrario: estrechar los vasos sanguíneos y reducir la capacidad de los músculos para absorber glucosa, lo que puede provocar un aumento crónico de la insulina y, como ya habrás adivinado, un mayor almacenamiento de grasa.[357] Todos estos caminos conducen al mismo lugar: un aumento de la grasa corporal.

Dieciocho estudios, en los que participaron unos cuatrocientos pacientes, analizaron los efectos de la restricción de sodio en las concentraciones plasmáticas de insulina en ayunas.[358] En un estudio de 147 personas con peso y presión arterial normales, la restricción de sal provocó aumentos de los niveles de insulina, del ácido úrico, de LDL y del colesterol total.[359] La insulina en ayunas fue mayor en veintidós de los veintisiete grupos (trece estadísticamente significativos), no varió en dos y fue menor en tres (no estadísticamente significativo). Egan y sus compañeros descubrieron que las dietas bajas en sal aumentan tanto la insulina en ayunas como la insulina posprandial en aproximadamente un 25 por ciento en comparación con las dietas altas en sal, un efecto que se ha replicado y confirmado —es decir, demostrado— en muchos estudios posteriores y metaanálisis de ensayos controlados aleatorizados.[360] Incluso las pocas personas cuya tensión arterial podría bajar con dietas bajas en sal —las «sensibles a la sal»— experimentan aumentos significativos de insulina.[361]

Uno de los mecanismos que podrían estar actuando aquí es la capacidad de la sal para mejorar realmente la capacidad de nuestras células para utilizar la glucosa. Los estudios en animales indican que la restricción de sal empeora la capacidad del organismo para utilizar correctamente la glucosa, al mismo tiempo que aumenta el peso corporal, la grasa corporal y los niveles de ácidos grasos. Es probable que una ingesta elevada de sal aumente el transportador de glucosa GLUT4 en los tejidos sensibles a la insulina y permita así una mayor eliminación de glucosa.[362] De hecho, se ha observado que las dietas ricas en sal aumentan la proteína GLUT4 tanto en el tejido adiposo como en el músculo. Esto es bueno, porque permite que el cuerpo extraiga más glucosa del torrente sanguíneo, lo que reduce los niveles de insulina y minimiza el daño que los niveles elevados de glucosa causarían en los vasos sanguíneos. Mientras que se ha demostrado que una dieta baja en sal perjudica la señalización de la insulina, se ha demostrado que una dieta rica en sal potencia la señalización de la insulina.[363] Los estudios de restricción de sal en humanos han encontrado efectos adversos en el metabolismo de la glucosa y los lípidos.[364] Un estudio con animales descubrió incluso que una dieta baja en sal aumentaba el peso corporal, la grasa abdominal y los niveles de glucosa en sangre e insulina plasmática, a la vez que inducía resistencia a la insulina en el hígado y el tejido muscular.[365]

También se ha descubierto que las dietas bajas en sal aumentan la síntesis de ácidos grasos en el hígado, lo que puede contribuir a la enfermedad del hígado graso no alcohólico (NAFLD), comúnmente conocida como «hígado graso», así como al almacenamiento de grasa en los órganos, en comparación con una ingesta normal de sal. Los investigadores descubrieron que la actividad del tejido adiposo marrón —la «grasa buena» que quema calorías— se reducía con una dieta baja en sal, lo que indica que las dietas bajas en sal pueden disminuir nuestra tasa metabólica basal y posiblemente contribuir a acelerar el envejecimiento.[366]

Peor aún, muchos pacientes obesos comienzan sus programas de pérdida de peso tratando de reducir su consumo de carbohidratos. La reducción de carbohidratos hace que te conviertas en un «derrochador de sal», excretando más sal de la que excretarías con una dieta más equilibrada, especialmente cuando alcanzas la cetosis (cerca de 50 gramos de carbohidratos al día o menos). Por lo tanto, si vas a reducir tu ingesta de carbohidratos, debes aumentar tu ingesta de sal para compensar la pérdida adicional de sal por los riñones y ayudar a prevenir el consiguiente aumento de los niveles de insulina para compensar esta pérdida. Lamentablemente, la mayoría de los médicos combinan las recomendaciones para perder peso con las recomendaciones para reducir la sal. Sin embargo, parece que la mayoría de las personas necesitan dos gramos más de sodio al día en comparación con su ingesta normal durante la primera semana de restricción de carbohidratos, y alrededor de un gramo más de sodio al día durante la segunda semana para compensar el aumento de las pérdidas de sal.

El peligro de los diuréticos

Afortunadamente, algunos médicos están empezando a sugerir un aumento de la ingesta de sal como forma de interrumpir el ciclo interno de inanición. Dave, un oficial veterano retirado de la marina con antecedentes de hipertensión, diabetes y obesidad central, había sufrido recientemente una insuficiencia renal. Llevaba años tomando un diurético para eliminar la sal y el agua de su cuerpo para tratar la hipertensión. Por desgracia, el medicamento le provocó una disminución del volumen intravascular —una preocupante reducción del volumen de sangre que circula por su sistema circulatorio— lo que probablemente empeoró su función renal. Para complicar aún más las cosas, la disminución del volumen intravascular de Dave estimuló la liberación de hormonas que retienen sal, lo que pudo haber duplicado la cantidad de grasa que absorbía de su dieta, aumentado sus niveles de insulina y ralentizado su metabolismo; todas las señales características de la inanición interna.

Dave dejó de tomar el diurético, pero lamentablemente, ese cambio por sí solo no bastó para corregir su déficit de sal ni su bajo volumen sanguíneo, ni para mejorar su insuficiencia renal. Así que su médico le prescribió una dieta más rica en sal, que incluía alimentos salados y bajos en carbohidratos, como pepinillos y aceitunas. Tras cuatro meses con la dieta rica en sal, la función renal y el estado de hidratación de Dave mejoraron y perdió 5 kilos, la mayoría de grasa corporal. El aumento de la ingesta de sal combinado con una reducción de la ingesta de carbohidratos refinados mejoró su función renal y su estado de fluidos internos, lo que permitió a Dave salir de un estado de inanición interna y mejorar su salud.

De hecho, estamos descubriendo que aumentar la ingesta de sal, incluso por encima de lo que se considera normal, puede ayudar a mejorar la sensibilidad a la insulina. Un ensayo clínico descubrió que, en comparación con el consumo de unos 3.000 miligramos de sodio al día, quienes consumían alrededor de 6.000 miligramos de sodio al día reducían significativamente su respuesta de glucosa a una prueba oral de tolerancia a la glucosa de 75 gramos. Además, los investigadores descubrieron que cuando los pacientes diabéticos seguían una dieta rica en sodio, su respuesta a la insulina mejoraba. Los autores fueron bastante enfáticos y sugirieron que algunas personas incluso tomaran suplemento de sodio, pues afirmaron que «una ingesta abundante de sodio puede mejorar la tolerancia a la glucosa y la resistencia a la insulina, especialmente en sujetos diabéticos, sensibles a la sal o hipertensos esenciales medicados».[367]

Sabemos que las dietas bajas en sal parecen provocar que las células grasas se vuelvan resistentes a los efectos de la insulina,[368] lo que a su vez aumenta el nivel de glucosa en sangre y provoca estrés oxidativo, inflamación y daños en las arterias, así como una mayor resistencia a la insulina. Es un círculo vicioso de inanición interna. Los médicos saben desde hace décadas que administrar diuréticos, que ayudan al organismo a eliminar la sal, también puede favorecer la resistencia a la insulina y la diabetes. Pues bien, cuando se restringe la ingesta de sal, básicamente se están produciendo los mismos efectos fisiológicos perjudiciales que si se tomara un medicamento diurético.[369]

Recapitulemos esta locura:

- La resistencia a la insulina y el aumento de los niveles de insulina son probablemente adaptaciones fisiológicas a la restricción de sal.
- La insulina ayuda a los riñones a reabsorber la sal, un mecanismo compensatorio para ayudar al organismo a retener más sal.
- El aumento de los niveles de insulina nos hace engordar y nos lleva a una inanición interna.
- El músculo esquelético y las células adiposas se vuelven resistentes a la insulina para evitar que el aumento de los niveles de insulina provoque un descenso excesivo del nivel de glucosa en sangre (hipoglucemia), que podría ser mortal.
- Esto conduce a niveles más altos de glucosa y ácidos grasos circulando por el cuerpo, lo que daña los vasos sanguíneos y hace que se almacene más grasa en y alrededor de nuestros órganos vitales en lugar de almacenarse donde debería estar la grasa, en nuestras células adiposas.
- Consumir muy poca sal, en lugar de demasiada, es lo que desencadena toda esta espiral innecesaria y retroalimentada que deteriora continuamente la salud.

En cualquier momento puedes empezar a invertir esta espiral descendente ¡con más sal! Consumir suficiente sal también puede ayudarte a controlar los antojos de azúcar y a mantener un equilibrio de líquidos adecuado en el organismo, lo que favorecerá un funcionamiento metabólico correcto.

5.2. La conexión con el azúcar

Si es importante aumentar el consumo de sal para evitar la inanición interna, evitar el azúcar lo es todavía más. Todos sabemos que las calorías procedentes del azúcar son especialmente perjudiciales para nuestra capacidad de controlar el peso y la salud en general.

Esto se debe en parte a que un mayor consumo de calorías azucaradas estimula más la resistencia a la insulina y el almacenamiento de grasa que otros tipos de calorías, incluso cuando la ingesta calórica total se mantiene igual.[370]

El consumo excesivo de fructosa puede hacer que se acumule demasiada grasa en el hígado, lo que provoca que este órgano vital se vuelva resistente a la insulina, y por tanto se desarrolle una resistencia general a la insulina en todo el organismo.[371] Un consumo elevado de fructosa también puede disminuir la capacidad de almacenamiento de grasa del tejido adiposo, haciendo que esa grasa se acumule alrededor de órganos como el corazón, el páncreas y el hígado. (De hecho, al consumir fructosa en exceso, el hígado almacena grasa en dos direcciones diferentes.) Esto es perjudicial para la salud a muchos niveles, ya que provoca inflamación crónica y estrés oxidativo, entre otros efectos perjudiciales.[372] Es más, dejar que tu gusto por lo dulce se apodere de tu dieta también puede dañar las mitocondrias, la fuente de energía de tus células, lo que provoca una disminución del ATP (adenosín trifosfato) que, a su vez, aumenta el hambre y te deja sin energía para hacer ejercicio.[373] Esos niveles altos de glucosa en la sangre incluso extraen agua de las células, lo que provoca deshidratación celular. El agua robada a las células y expulsada a la sangre —un fenómeno del que tradicionalmente se ha culpado a la sal, por cierto— conduce a un menor nivel de sal en la sangre.

Básicamente, una dieta rica en azúcares aumenta la necesidad de sal al diluir su concentración en la sangre.[374] Y, sin embargo, esto es una forma más de demostrar cómo más sal puede ayudarnos: consumir suficiente sal para satisfacer nuestros antojos de sal puede ser la clave para acabar con nuestros antojos de azúcar para siempre.

6

Rehabilitación cristalina: aprovechar los antojos de sal para superar la adicción al azúcar

La sal es una de nuestras cinco sensaciones gustativas innatas, y con razón: además de hacer que la comida sepa mejor, hemos visto lo vital que es para nuestra salud. Afortunadamente, el cuerpo humano tiene un sistema incorporado —un «termostato de sal»— que nos ayuda a obtener la cantidad adecuada. Nuestro termostato de sal envía señales al cerebro para que busque más sal cuando necesitamos más para satisfacer nuestras necesidades fisiológicas, así como para que deje de hacerlo cuando ya tenemos suficiente para cumplir nuestras funciones biológicas. Este sistema integrado ayuda a regular nuestro equilibrio interno de fluidos, sales y electrolitos y lo restablece cuando es necesario, y todo ello de forma automática, sin ningún esfuerzo por nuestra parte.

El azúcar es harina de otro costal. A diferencia de los antojos de sal, que están controlados por la necesidad innata de nuestro cuerpo, los antojos de azúcar se producen por un deseo psicológico (y, en algunas personas, por adicción) o por antojos fisiológicos (en respuesta a un nivel bajo de azúcar en sangre debido a una sobrecarga previa de azúcar). No son signos de que el cuerpo realmente necesite azúcar: de hecho, el cuerpo no necesita azúcar en la dieta para sobrevivir. En términos científicos, la ingesta de sal funciona como un sistema de retroalimentación negativa (en un momento determinado el cuerpo se dice a sí mismo que reduzca la ingesta), mientras que el azúcar es un sistema de retroalimentación positiva (cuanto más azúcar comes, más quieres, más ansías y, por tanto, sigues comiendo). Mientras que uno es la señal de un mandato biológico, el otro puede convertirse en una adicción autoinfligida, que acorta la vida y es extremadamente perjudicial.

Por suerte para nosotros, volver a aprender a escuchar al uno tiene el poder de ayudarnos a sanar al otro. Es hora de dejar claro que los antojos de sal protegen la salud y la vida, y de abandonar la culpa para siempre.

6.1. ¿La sal es adictiva?

La sal sabe bien y su consumo hace que nuestro cuerpo se sienta bien. Cuando necesitamos más sal, nos apetece más sal. Cuando la ingesta de sal es baja, somos más sensibles al sabor de la sal: la sal nos sabrá literalmente más salada. He aquí la razón: el sabor de la sal es una señal para el cuerpo, y si no fueras capaz de detectar la sal durante los períodos de bajo consumo, podrías incluso morir. Cuando reduces la cantidad de sal que comes, aumenta tu capacidad para detectarla, una adaptación evolutiva que ha garantizado la supervivencia de numerosas especies durante millones de años. Cuando los alimentos te saben más salados, es que tu cuerpo te está enviando un mensaje directo: «¡Eh, mira esto! Necesitas más de esto». Pero, sinceramente, no tienes por qué preocuparte por comer sal en exceso. Si normalmente añades sal a la comida, lo peor que te puede pasar es que tus papilas gustativas se acostumbren a ese nivel de sal, pero, aunque te des un atracón de sal, sabemos que nuestros riñones simplemente reabsorben menos. No hay mal que por bien no venga. De hecho, como hemos visto, consumir niveles más altos de sal puede ser incluso más saludable a largo plazo.

En la mayoría de los casos, los antojos de sal sugieren que tu equilibrio interno de líquidos, sales y electrolitos está alterado. La cafeína aumenta la excreción de sodio, lo que puede hacer que los adictos al café desarrollen una mayor predilección (y una necesidad fisiológica) por la sal. Lo mismo ocurre con los deportistas y las personas que hacen ejercicio con regularidad: si alguien entrena durante una hora, puede perder unos dos gramos de sodio, por lo que su ingesta debería ser mayor para reponer lo perdido.

Todo esto está demostrado científicamente, entonces, ¿por qué sigue existiendo el mito de la «adicción a la sal»? El origen del mito se remonta al momento en que dejamos de ver la sal como una fuerza esencial y vital y empezamos a considerarla un capricho hedonista, un apetito humano que hay que controlar en lugar de confiar en él.

6.2. Cuando la sal se convirtió en una especia

M. Lapicque, que estudió los hábitos de consumo de sal de los nativos africanos del distrito de Angoni,[375] fue acreditado por primera vez en 1896 por proponer la idea de que la sal era un condimento, similar a la pimienta, el curri, el pimentón (*capsicum*) y otros agentes saborizantes, cuyo propósito principal era un «estímulo gustativo».[376] Esta idea se deriva del hecho de que cuando se introduce sal a los nativos que consumen poca sal, su ingesta aumenta. El evangelista antisal Graham MacGregor fue uno de los mayores defensores de la idea de que «la «necesidad» de sal es un hábito [una forma leve de adicción] que puede cambiarse reduciendo gradualmente el contenido de sal de los alimentos consumidos».[377] Y otros defensores de las dietas bajas en sal creían —y siguen creyendo— que la sal es ligeramente adictiva. Por ejemplo, los responsables de las recomendaciones bajas en sal de 1977, George Meneely y Harold Battarbee, tuvieron una gran influencia en la promoción de la idea de que la sal es adictiva. Estos autores creían que la ingesta de sal era «inducida» por sus «efectos nocivos que comienzan en la infancia, cuando se adquieren hábitos de consumo excesivo de sal en la mesa familiar, y se perpetúan por hábito continuado».[378]

En realidad, esta idea procede de nuestro viejo amigo Lewis Dahl, quien, al igual que Meneely y Battarbee, consideraba la sal «un condimento, no un requisito».[379] Lewis Dahl sugirió que el consumo de sal estaba inducido por su ubicuidad en el suministro de alimentos. Sugirió que si se nos proporcionaba menos sal nos adaptaríamos y consumiríamos menos, y si se nos ofrecía más sal, nos acostumbraríamos rápidamente a ella y empezaríamos a consumir una dieta más rica en sal. Meneely y Battarbee siguieron el ejemplo de Dahl y sugirieron que «el apetito por la sal es inducido más que innato y que, al igual que la ingesta de sal, el apetito por la sal no guarda necesariamente relación con la necesidad». Así que, básicamente, la idea de que la sal es adictiva se remonta a esos pocos defensores del bajo consumo de sal que nos trajeron las directrices de bajo contenido en sal desde el principio, otra creencia común que proviene de su «opinión experta» más que de una ciencia sólida.

Nuestra «hambre» de sal se parece fisiológicamente a nuestra sed de agua; la cantidad que ingerimos está controlada por la cantidad que necesitamos. En verano, bebemos más agua porque perdemos más a través del sudor; en invierno, nuestra ingesta de agua disminuye.[380] Ajustamos la ingesta de agua escuchando nuestra sed. El consumo de sal funciona exactamente igual. De hecho, en varios experimentos se ha observado que los animales con carencias de sal aumentan su consumo cuando la tienen a su disposición, por eso los animales buscan los bloques de sal.[381] Lo mismo ocurre en los seres humanos a los que se les ha agotado la sal (como los deportistas en un día caluroso o alguien que recibe diálisis).[382]

Básicamente, tu cuerpo sabe mejor que los expertos cuánta sal necesita, y decirle a alguien que restrinja su consumo de sal es como decirle a alguien que restrinja su consumo de agua cuando tiene sed. No tiene ningún sentido biológico.

Entonces, ¿cómo surgió este mito? Algunos expertos utilizaron datos demográficos para sugerir que la ingesta de sal aumenta cuando se introduce en sociedades que no consumen mucha sal. Norman K. Hollenberg, de la Facultad de Medicina de Harvard, lo denominó «habituación», que puede desarrollarse con el consumo de sal, de forma similar a lo que ocurre con el alcohol, el tabaco y el café, que crean hábito. Sin embargo, este aumento de la ingesta no significa que la sal cree hábito; en realidad, es una prueba de que, si se dispone de suficiente sal, la gente consumirá más, pero sólo hasta un punto de equilibrio determinado fisiológicamente, el que proporciona una salud ideal y longevidad. De hecho, cuando la sal es de libre acceso, las personas de muchas poblaciones tienden a ingerir una cantidad que se mantiene dentro de un margen muy limitado, generalmente entre 3 y 4 gramos de sodio al día.[383] Cuando la sal está disponible libremente, incluso los animales consumen una cantidad casi exactamente proporcional a la ingesta instintiva de los humanos.[384] Esta coherencia apoya la idea de un «punto de ajuste de sal» evolutivo que reside tanto en humanos como en animales.

Nuestra ingesta de sal está controlada de forma inconsciente por nuestro termostato interno de sal.

Lo que desde fuera puede parecer «adicción» a la sal puede ser en realidad un reflejo de la fluctuación en el almacenamiento de sal. Curiosamente, la sal puede almacenarse en la piel —de forma similar a como un camello almacena grasa en su joroba, pero distribuida de forma amplia e invisible— mediante un mecanismo que parece estar controlado por determinadas hormonas que se producen en el organismo. Algunos han propuesto que la aldosterona aumenta esas reservas de sal en la piel, mientras que el cortisol puede agotarlas.[385] (Recordemos que la aldosterona también ayuda al cuerpo a retener sal durante la disminución de sal.) Cuando no comemos suficiente sal, aumenta la aldosterona, que a su vez almacena sal en la piel. Las personas que han seguido dietas bajas en sal durante toda su vida, como ocurre en algunas sociedades primitivas, pasan automáticamente a consumir más sal una vez que se les introduce, y esta mayor ingesta puede hacer que el cuerpo pierda parte de sus reservas de sal en la piel. La reducción de la cantidad de sal en la piel puede ser una señal para seguir consumiendo sal en el rango de 8 a 10 gramos por día. En resumen, el hecho de que algunas personas que consumen poca sal empiecen a consumir más una vez introducida puede no tener nada que ver con que la sal sea adictiva, sino con la fisiología humana. Simplemente están comiendo más porque esas reservas ocultas de sal en el cuerpo han disminuido debido al aumento de sal disponible en su entorno.

Además, no olvidemos que, en comparación con una dieta baja en sal, una dieta normal en sal parece suponer menos estrés para el organismo: en lugar de que el organismo intente continuamente retener más sal mediante la activación crónica de las hormonas de retención de sal (lo que requiere mucha energía), puede simplemente obtener la sal que necesita a través de la dieta y no preocuparse de tener que reabsorber tanta en los riñones. Y admitámoslo, ¿por qué iba el cuerpo a elegir ingerir menos sal si al hacerlo somete a sus órganos a un mayor estrés? De hecho, nuestro termostato interno de sal parece llevarnos a consumir una cantidad de sal que suponga el menor estrés para nuestro cuerpo.

Algunas personas sienten «menos deseo» de sal tras reducir su ingesta, un fenómeno que se ha propuesto como prueba de que las dietas bajas en sal son ideales.[386] Pero nunca se ha demostrado que esta teoría sea cierta; aunque algunas personas coman menos sal al restringírsela, se trata sin duda de una elección consciente. De hecho, incluso si hay una reducción en el deseo de sal con la restricción de sal, esto se debe a que los riñones detienen la excreción de sal (los riñones tratan de retener cada miligramo de sodio filtrado cuando se sigue una dieta baja en sal). Además, sólo un pequeño porcentaje de la población (en torno al 15 por ciento) puede reducir su consumo de sal a lo que recomiendan la mayoría de las directrices.[387] El cuerpo parece «luchar» contra la restricción de sal con todas sus fuerzas debido al estrés adicional que supone para él la restricción de sal. Quienes parecen consumir cantidades extremadamente elevadas de sal (poniendo sal en cada comida que ingieren) pueden estar protegiendo inconscientemente su volumen sanguíneo óptimo.[388] Así que la próxima vez que te encuentres mirando a alguien con esos «ojos prejuiciosos» al otro lado de la mesa o en un restaurante, mientras echa un montón de sal en su comida, deberías pensar: «El cuerpo de esa persona le está diciendo que necesita más sal».

Entonces, si tu cuerpo llegara a quedarse sin sal, ¿cómo lo sabría? Y lo que es más importante, ¿cómo te obligaría a comportarte para reponer lo perdido?

6.3. El lado oscuro de las dietas bajas en sal

El cuerpo tiene una forma muy elegante de asegurarse de que repones la sal perdida: hace que el sistema de recompensa del cerebro sea hipersensible y le permite recibir más placer al consumir sal. Esta «sensibilización» se produce durante el agotamiento de la sal, lo que te provoca un mayor antojo de sal para que la busques, y luego te ayuda a experimentar una recompensa aún mayor cuando consumes grandes cantidades.[389] La disminución de sal simplemente hace que nos guste más.[390] Este mecanismo de supervivencia se desarrolló a lo largo de cien millones de años de evolución y ha garantizado la supervivencia de casi todas las especies desde entonces.[391] Si nuestro organismo no pudiera potenciar el ansia y la recompensa cerebral por la sal durante los estados de déficit, nuestra especie (al igual que otras) se habría extinguido hace mucho tiempo.

Sin embargo, existe un lado negativo de esta recompensa cerebral aumentada cuando restringimos la ingesta de sal: la misma sensibilización que te impulsa a buscar y consumir más sal también podría preparar a tu cerebro para otras adicciones. Al aumentar la actividad de tu circuito de recompensa, tu cerebro puede experimentar un mayor placer al consumir otras sustancias alimentarias que activan el sistema de recompensa del cerebro. Esta sensibilización podría generar problemas con sustancias adictivas, especialmente el azúcar refinado y las drogas de abuso, ya que aumentaría su potencial adictivo.[392]

No es el exceso de sal lo que crea la «adicción a la sal». Es la restricción de sal, que aumenta nuestro riesgo de agotamiento de sal, lo que puede producir cambios en el centro de recompensa del cerebro. Restringir la sal lleva a modificaciones estructurales en el núcleo accumbens que hacen que el cerebro obtenga una mayor recompensa o «subidón» de la sal. Estas modificaciones se asemejan a los cambios que se producen en las personas que se han vuelto adictas a las drogas, y esta sensibilización puede ser aprovechada por otras sustancias adictivas.[393]

Que una mayor «hambre de sal», surgida durante períodos de carencia de sal, pueda «traspasarse» y aumentar nuestra recompensa por el azúcar refinado y las drogas adictivas, suena increíble, ¿no? Sin embargo, la evidencia en la literatura respalda firmemente esta idea. Por ejemplo, se ha encontrado que la depleción de sodio genera una sensibilización cruzada con la anfetamina, una droga que también se sabe que provoca sensibilización cruzada con la cocaína.[394] La sensibilización cruzada es un fenómeno que generalmente sólo se produce entre drogas adictivas, en el que el consumo de una droga provoca una potenciación de los efectos (y un aumento del potencial de abuso) de la otra.[395] En este caso, la depleción de sodio actúa por sí misma como una sustancia de abuso, lo que aumenta la recompensa y el potencial de abuso de otras sustancias adictivas. De hecho, esta vía cerebral compartida se demostró en un estudio de 2009 de la Facultad de Medicina de la Universidad de Florida en Gainesville. Los investigadores estaban estudiando la hipótesis de la adicción a la comida salada, que propone que la comida salada actúa en el cerebro como una droga opiácea, estimula los receptores de nuestro cerebro y produce sensaciones placenteras de recompensa y antojos cuando no hay comida salada disponible.[396] Descubrieron que los alimentos salados tienen un ligero efecto estimulante del apetito en las personas dependientes de opiáceos, pero no en las no adictas. Este punto enfatiza las vías compartidas en el cerebro y realmente pone de relieve lo peligrosa que puede ser la restricción de sal: al hacer más sensibles las vías adictivas del cerebro, es probable que la restricción de sal también haga a las personas más susceptibles a drogas adictivas peligrosas y a la adicción a la comida.

Los períodos en los que aumenta el deseo de consumir sal inducidos por la restricción no parecen conducir a un consumo excesivo prolongado; parecen durar sólo hasta que se corrige el agotamiento de sal. Y una vez corregido, las señales inhibitorias apagan el «gusto» por la sal y activan una señal de «aversión».[397] Se ha postulado que una ingesta elevada de sal en épocas de saciedad hace que los «receptores de sal de la lengua pasen de positivos a negativos, a diferencia de la respuesta de los otros cuatro sensores básicos del gusto y, por tanto, tiende a disminuir la ingesta de alimentos salados».[398] ¡He aquí el termostato de la sal en acción!

Revertir la inanición interna

Veamos el ejemplo de Julie, una trabajadora social jubilada con una gran vida familiar (nietos incluidos) que va al gimnasio cinco días a la semana. Como practica bicicleta estática tres o cuatro veces por semana, tiene unas piernas delgadas y fuertes y su peso está dentro de lo normal, por lo que no entendía por qué había engordado tanto últimamente. Hace dos años, fue al médico para una revisión y se enteró de que las estatinas que tomaba para controlar su colesterol ligeramente alto podían aumentar el riesgo de desarrollar diabetes; y lo que es peor, los resultados de sus análisis revelaron que su nivel de azúcar en sangre en ayunas ya estaba en la zona de prediabetes (elevado, pero no lo suficiente como para considerarse diabetes en estado avanzado).

La historia de Julie tiene un punto de «¿qué fue primero, el huevo o la gallina?», ya que no está claro si fue la estatina o su dieta lo que elevó su nivel de azúcar en sangre, pero el resultado fue el mismo: se encontraba en un estado de inanición interna y con un mayor riesgo de desarrollar diabetes de tipo 2. A petición suya, su médico accedió a retirarle las estatinas con la condición de que modificara aún más su dieta —optando por alimentos de bajo índice glucémico (menos carbohidratos)— y empezara a hacer ejercicios de fuerza tres veces por semana, además de sus ejercicios aeróbicos. Desde entonces, ha adelgazado, especialmente en el abdomen, ha ganado energía, y su glucemia en ayunas ha mejorado: señales de que ya no está en un estado de inanición interna.

Vivimos en una sociedad en la que las sustancias adictivas son fácilmente accesibles. Casi treinta mil personas mueren cada año en Estados Unidos por sobredosis de opiáceos con receta, cocaína y heroína.[399] Teniendo en cuenta el número real de víctimas mortales de esta asombrosa epidemia, si las reducciones de sal y su bajo consumo aumentan el potencial de abuso de sustancias adictivas, debemos preguntarnos seriamente: ¿los hipotéticos «beneficios», en gran medida desacreditados, de restringir nuestra ingesta de sal superan realmente los múltiples riesgos probados y potencialmente mortales? ¿O ha llegado el momento de responsabilizar a nuestros funcionarios de salud pública por su deliberada ignorancia de décadas de evidencia científica, y de proteger a las generaciones futuras de estos riesgos innecesarios?

Seguir el consejo de reducir la sal podría estar «predisponiendo» o «sensibilizando» a nuestro cerebro a una recompensa excesiva de azúcar refinado y drogas adictivas. Básicamente, nuestro mecanismo evolutivo de defensa para sobrevivir en épocas de escasez de sal puede estar actuando en nuestra contra, lo que aumenta el riesgo de que nos enganchemos a sustancias adictivas. Y cuanto más tiempo intentemos adherirnos al consejo de reducir la sal, más intencionadamente estaremos aumentando nuestro riesgo de abusar del azúcar refinado y de las drogas. Tenemos que hacer todo lo posible para evitar que nuestro termostato innato de sal se estropee.

6.4. De la cuna a la tumba: cómo se estropea nuestro termostato de sal

Dos de las formas más comunes de secuestrar nuestro termostato natural de sal son, en primer lugar, la falta de sal en los primeros años de vida; y, en segundo lugar, —sí, lo has adivinado—, seguir las directrices de una dieta baja en sal. Y todo empieza en el vientre materno.

Supongamos que tu madre consumió muy poca sal durante el embarazo, pensando que estaba haciendo lo correcto para ella y para su bebé. Como feto, tu cuerpo se desarrollaría en un estado de privación de sal, y los receptores de dopamina del centro de recompensa de tu cerebro se volverían altamente sensibles a la sal, lo que provocaría que experimentaras una gratificación amplificada al consumirla. Los estudios han señalado que un bajo consumo de sal en madres embarazadas puede hacer que sus hijos coman y deseen más sal durante la infancia y la adultez.[400] El aumento del apetito por la sal parece ayudar a garantizar la supervivencia de los hijos durante nuevos episodios de deshidratación repentina (como la pérdida drástica de sudor en un día caluroso). Por desgracia, también puede predisponer a la adicción a otras sustancias.

Esta adaptación empezó bien. Fessler introdujo la idea de que existe un «sistema de calibración temprana» prenatal para la preferencia por la sal. Creía que una «compleja maquinaria neurofisiológica» era la responsable de crear nuestros puntos de equilibrio innatos para la ingesta de sal, y que éstos nos ayudaban a mantener la homeostasis más adelante en la vida. Estos puntos de referencia podrían haber ayudado a salvar a nuestros antepasados de peligrosos episodios de deshidratación por diarreas y vómitos debidos a infecciones intestinales. Entonces, la selección natural garantizaría que esta adaptación se transmitiera a las generaciones futuras.[401]

Sin embargo, con la evolución, esta adaptación nos haría un poco más vulnerables en la vida moderna. Dado que la falta de sal en una etapa temprana de la vida (en el útero o poco después del nacimiento) parece predisponer a la descendencia a sentirse atraída por el consumo de niveles más altos de sal, es probable que también tengan un mayor riesgo de convertirse en adictos a las drogas, así como al azúcar refinado, debido a la activación crónica del sistema de recompensa del cerebro.[402]

Por desgracia, muchas madres embarazadas y lactantes bienintencionadas siguen los consejos de sus médicos sobre el bajo consumo de sal y, como consecuencia, pueden estar predisponiendo a sus hijos a la adicción a la sal, el azúcar y las drogas. Éste es sólo otro ejemplo de cómo el consejo de reducir la sal puede conducir a los mismos resultados que se pretenden evitar. Eso sí que son consecuencias imprevistas.

En lo que respecta a la ingesta de sal, tu cuerpo sabe mejor que nadie lo que necesita. Consumir la cantidad de sal que tu cuerpo te pide, en lugar de intentar restringirla conscientemente, ayudará a garantizar que evites daños durante los períodos de escasez de sal, y, al hacerlo, puede ayudarte a prevenir problemas con el azúcar y otras drogas de abuso.

6.5. La sal y la ansiedad

Un estudio de 2011 de la Universidad de Haifa (Israel) sugiere que un consumo elevado de sal puede ayudar a amortiguar los efectos del estrés y servir como mecanismo de adaptación para hacer frente a las adversidades psicológicas y emocionales. Como parte de la misma línea de estudio, los investigadores también descubrieron que la disminución del consumo de alimentos ricos en sodio provocaba ansiedad en los sujetos cuando se les presentaban retos mentales.[403] Del mismo modo, investigadores de la Universidad de Iowa descubrieron que cuando las ratas tienen carencia de cloruro sódico (sal de mesa), rehúyen actividades normalmente placenteras, lo que sugiere que la sal tiene un efecto positivo en el estado de ánimo.[404] Las dietas bajas en sal pueden suponer un sacrificio enorme y malestar general a quienes intentan seguirlas. Pines y sus compañeros incluso han sugerido que las dietas bajas en sal pueden inducir ansiedad grave, hipocondría e invalidez.[405] En otras palabras, las personas se sienten ansiosas y enfermas con las dietas bajas en sal.

Algunas personas pueden recurrir al azúcar para sobrellevar la situación. El aumento de la ansiedad psicológica por consumir dietas bajas en sal puede provocar antojos de azúcar, ya que éste desencadena la liberación de neuroquímicos en el cerebro que pueden ayudar a las personas a «controlar» temporalmente su ansiedad.[406] Se cree que el consumo de azúcar tiene un efecto positivo en el estado de ánimo pero, en el mejor de los casos, se trata de un efecto pasajero. Si la gente opta por el azúcar en lugar de la sal, puede acabar volviéndose dependiente del azúcar como solución a corto plazo para el estrés. El efecto negativo de este mecanismo de afrontamiento se acentuaría con una dieta baja en sal, lo que conduciría a un ciclo perpetuo de «medicación con azúcar» y, finalmente, a la adicción al azúcar.

6.6. Cómo una alimentación baja en sal hace que el azúcar sea más adictivo

Cuando se los deja a su aire, hemos visto cómo los animales (incluidos los humanos) consumen la cantidad justa de sal, y luego dejan de hacerlo. O bien desaparece el antojo de sal, o bien nuestro cuerpo excreta el exceso. Con el azúcar, en cambio, no ocurre lo mismo. Mientras que algunas personas consumen normalmente sólo un poco de azúcar, un grupo grande y creciente de personas, sobre todo niños, consumen azúcar refinado y/o jarabe de maíz de alta fructosa en cantidades masivas, sin un «interruptor de apagado». De hecho, el doctor John Yudkin, fundador del Departamento de Nutrición del Queen's College de Londres y uno de los primeros activistas contra el azúcar, señaló que hasta el 52 por ciento de las calorías totales en adolescentes de entre 14 y 18 años proceden del azúcar.[407]

Y, a diferencia de la ansiedad por la sal, que está controlada por la necesidad innata de nuestro cuerpo, la ansiedad por el azúcar se produce por un deseo psicológico o por una dependencia fisiológica. Independientemente de lo fuertes que sean esos antojos, no son señales de que tu cuerpo realmente necesite azúcar. Como vimos en el último capítulo, consumir mucho azúcar puede contribuir al estado de inanición interna, ya que estimula tu apetencia y te empuja a comer más, y especialmente más dulces. La fructosa, derivada principalmente de la remolacha azucarera, la caña de azúcar o el maíz, es una de las sustancias más perjudiciales a la hora de provocar la inanición interna. Cuando la fructosa se extrae de estos alimentos naturalmente ricos en carbohidratos, luego se concentra mediante ebullición y se añade a otros alimentos, se vuelve más adictiva y dañina que en su estado original. Si te parece una locura pensar que un producto vegetal se convierta en una droga adictiva, basta con pensar en la cocaína a partir de las hojas de coca o en la heroína de las semillas o vainas de adormidera: básicamente, todas son sustancias vegetales concentradas y adictivas.[408]

Con la sal, no vemos una escalada continua en su ingesta. En cambio, con el azúcar, sí. Tras la introducción del azúcar en la dieta de animales y seres humanos, los científicos han registrado un aumento definitivo de treinta veces en su consumo, con pruebas de atracones, tolerancia y cambios estructurales en el cerebro en respuesta a ese consumo, todos ellos criterios clave de adicción.[409] Pensemos en el alcohol: algunas personas se volverán alcohólicas y consumirán cantidades masivas, mientras que otras no. El poeta inglés John Gower inventó el término *goloso* en su crítica a las indulgencias de la vida cortesana, y ya a finales del siglo XIV comprendió que no era normal entregarse al azúcar o al dulce.[410] De hecho, una vez que se desarrolla el «gusto por lo dulce», la gente prefiere alimentos que antes sabían demasiado dulces, y lo que antes tenía un sabor agradable ahora puede parecer insípido, e incluso ligeramente amargo. Cuando los receptores del gusto cambian debido al consumo de una dieta rica en azúcares añadidos, al individuo puede resultarle más difícil disfrutar de alimentos no dulces, lo que precipita un mayor edulcoramiento de la dieta.

Antaño, nuestro gusto por los alimentos dulces era funcional porque garantizaba que nuestros antepasados consumieran suficientes calorías y nutrientes de alimentos naturalmente dulces como las bayas y otras frutas. Pero en nuestra alimentación moderna, el azúcar natural de los alimentos se ha extraído y despojado de su fibra, agua y fitoquímicos intrínsecos hasta que lo único que queda es un cristal blanco refinado o un jarabe elaborado químicamente. Por desgracia, este endulzamiento no suele traducirse en un mayor consumo de frutas o verduras más dulces, sino en un mayor consumo de azúcares refinados. Cuando consumimos alimentos y bebidas envasados cargados de este azúcar procesado, nuestro cuerpo lo absorbe rápidamente y el cerebro registra una recompensa descomunal, gracias a una intensa liberación de opioides naturales y dopamina que pueden anular nuestros mecanismos de autocontrol. Es más, las investigaciones con escáneres cerebrales realizadas en humanos y animales han demostrado que los alimentos procesados que contienen grandes cantidades de azúcar refinado estimulan los centros de recompensa del cerebro, lo que hace que se iluminen en los escáneres PET como máquinas de *pinball*, al igual que ocurre con drogas adictivas como la heroína, el opio y la morfina.

La gente también puede desarrollar tolerancia al azúcar, de modo que necesiten cada vez más para satisfacer sus ansias de dulce. Y quienes están enganchados al azúcar pueden experimentar cambios de humor y comportamientos compulsivos, así como síntomas de abstinencia cuando dejan de consumirlo repentinamente o pasan demasiado tiempo sin tomar. Al dejar de consumir azúcar, las personas pueden llegar a tener síntomas parecidos a los del TDAH (por una disminución de dopamina en el cerebro), como ser incapaces de concentrarse o pensar con claridad; experimentar temblores, nerviosismo, sudoración (por bajada de azúcar en sangre, resultado del síndrome de abstinencia y dependencia fisiológica) y ansiedad.

¿Te suena alguno de estos síntomas?

De hecho, las personas con obesidad, TDAH y adicción a la cocaína y la heroína comparten una firma cerebral similar. Los tres presentan la misma regulación a la baja de los receptores D2 de dopamina en el cerebro, lo que indica una falta de función de la dopamina normal en las tres afecciones. Dado que la dopamina es el «neurotransmisor de recompensa», las personas que tienen una dependencia del azúcar pueden experimentar una leve depresión cuando comen menos azúcar, que necesita ser «tratada» posteriormente consumiendo más cantidad de dulce. La intensa liberación de dopamina que sigue a la primera dosis de azúcar provoca un breve estallido de «felicidad», seguido de un período de «depresión», que puede «tratarse» con azúcar... y el ciclo suele repetirse a lo largo del día.

Mientras que esta dependencia emocional puede ser un hábito difícil de romper, el cuerpo puede desarrollar un estado de dependencia física. Las personas con resistencia a la insulina liberan una cantidad excesiva de insulina cuando comen azúcar, lo que provoca grandes caídas en los niveles de azúcar en sangre, que pueden provocar temblores, nerviosismo, sudoración, palpitaciones y ansiedad, lo que las empuja de nuevo al azúcar para «curar» sus males. Si se consiente con regularidad, esto podría crear un círculo vicioso de consumo continuado de azúcar (y una verdadera dependencia del azúcar) para tratar los niveles bajos de azúcar en sangre. Hasta 110 millones de estadounidenses padecen algún tipo de resistencia a la insulina,[411] por lo que gran parte de la población no sólo corre el riesgo de padecer diabetes de tipo 2, sino también de sufrir adicción al azúcar.

La adicción al azúcar puede ser incluso más intensa que la adicción a otras drogas. Los estudios han descubierto que cuando las ratas son adictas a la cocaína, si se les da a elegir entre cocaína y azúcar, optarán por el azúcar, probablemente porque la recompensa del azúcar supera incluso a la de la cocaína.[412] Una de las mejores pruebas que tenemos del verdadero poder adictivo del azúcar es cómo se puede tratar esa adicción. Los fármacos diseñados para bloquear los receptores opiáceos del cerebro y utilizados para tratar la adicción a los opiáceos (en los adictos a la heroína y la morfina) también pueden ayudar con la dependencia del azúcar. En la tabla 6.1 puedes ver las características compartidas entre las drogas adictivas y el azúcar, y después, en el recuadro, una posible estrategia eficaz que la Administración de Alimentos de Estados Unidos (FDA) debería considerar aprobar para el tratamiento de la adicción al azúcar. La gente no se coloca con el azúcar como con las drogas ilícitas; el azúcar no distorsiona la percepción de la realidad y, aunque a veces pueda parecerlo, nadie va a matar por una galleta. Sin embargo, sí pueden experimentar un fuerte síndrome de abstinencia.[413]

Tabla 6.1. Características comunes entre las drogas adictivas y el azúcar[414]

Efectos neuroquímicos/ comportamentales	Drogas adictivas	Azúcar
Síndrome de abstinencia al eliminar la sustancia	+++	+
Abstinencia tras un antagonista opioide	+++	++
Recompensa tras el consumo (liberación persistente e intensa de opioides y dopamina tras la administración, que conduce a un refuerzo del comportamiento)	++	+++

Aumento de la unión del receptor D1 de la dopamina	NCD	Disminución
Diminución de la unión del receptor D2	NCD	NCD
Disminución del ARNm del receptor D2 en el núcleo accumbens	NCD	NCD
Aumento de la unión del receptor opioide μ	NCD	NCD
Desequilibrio dopamina/acetilcolina tras la retirada de la naloxona	NCD	NCD
Dependencia de los opioides liberados endógenamente	+++	++
Sensibilización a estímulos que actúan sobre los receptores D1 y opioide μ (probablemente conduce a la adicción)	++	++
Dependencia debido a un estado cerebral de baja dopamina	+++	++

+ moderado, ++ fuerte, +++ muy fuerte, NCD: sin datos comparativos

Nota: Estas puntuaciones no indican necesariamente la intensidad exacta del efecto, sino que sirven de comparación general.

Una posible estrategia de tratamiento para la adicción grave al azúcar

Como farmacéutico, tengo una perspectiva única sobre el poder de los fármacos para ayudar a resolver nuestros problemas de salud más arraigados. Los medicamentos buprenorfina y naloxona sólo están indicados para el tratamiento de la dependencia a los opioides, pero considero que la FDA debería evaluar esta estrategia de tratamiento con receta para abordar la adicción al azúcar.

Nota: estos medicamentos se consideran sustancias controladas, por lo que sólo los médicos prescriptores certificados pueden recetarlos.

Tratamiento de inducción para la adicción al azúcar

- Al primer signo de abstinencia de azúcar, administrar buprenorfina (un agonista/antagonista opioide parcial) en tableta sublingual, 8 mg el primer día y 16 mg el segundo día.

Tratamiento de mantenimiento para la adicción al azúcar (normalmente el tercer día)

- Empezar con Suboxone (buprenorfina más naloxona), 2 mg/0,5 mg en películas o comprimidos sublinguales: una película o comprimido bajo la lengua de una a dos veces al día.
- El Suboxone puede inducir el síndrome de abstinencia si intentas ingerir azúcar (puede que no te suba el azúcar, lo que puede ayudar a mantener una dieta sin azúcar). Se sugiere un objetivo de 16 mg 4 mg para el mantenimiento; ajustar en incrementos de 2/4 mg de buprenorfina.

Como ya hemos comentado anteriormente, el consumo excesivo de azúcar refinado, especialmente de edulcorantes derivados de la fructosa como la sacarosa y el jarabe de maíz de alta fructosa, también puede desencadenar una resistencia a la hormona de la saciedad, la leptina, lo que desestabiliza el apetito y el sistema de regulación de la grasa del organismo.[415] Normalmente, la leptina, liberada por nuestras células adiposas, atraviesa la barrera hematoencefálica y se une a los receptores del centro regulador del apetito del cerebro, y ayuda a controlar la ingesta de calorías a largo plazo. La leptina te indica que dejes de comer y que aumentes la actividad física cuando sea apropiado; además, activa el sistema nervioso central, estimulando el tejido adiposo para quemar grasa y obtener energía. Así pues, cuando una persona se vuelve resistente a la leptina, se produce un doble efecto nocivo. El cerebro cree que el cuerpo está hambriento, lo que desencadena un hambre continua y la ingesta de calorías, la mayoría de las veces en forma de esos carbohidratos de acción rápida porque, recordemos, éstos son los únicos macronutrientes que tus células pueden quemar de manera eficiente mientras los niveles de insulina están elevados y tu cuerpo está en «inanición interna».[416] Un consumo elevado y constante de azúcar disminuirá el apetito por alimentos nutritivos, y los cambios que se producen en el cerebro durante este consumo excesivo de azúcar refinado pueden conducir a la dependencia del azúcar, lo que provoca antojos intensos y atracones, y luego síntomas de abstinencia cuando no se consume azúcar de forma regular.[417] Y todos estos mecanismos se acentúan aún más si no hay sal suficiente.

Por éstas y otras muchas razones, está claro que el azúcar, y no la sal, puede generar adicción. Lamentablemente, la asombrosa disponibilidad y consumo de azúcar nos convierte en presas fáciles para la adicción al azúcar, mientras que el prejuicio contra la sal podría estar bloqueando una cura que tanto necesitamos. Es hora de que nos informemos sobre la sal: quién realmente necesita menos, quién necesita más y cómo podemos aprovechar los subestimados poderes de la sal para recuperar la salud perdida de nuestro país.

7

¿Cuánta sal necesitas realmente?

Como ocurre con muchas otras cosas en la vida, existe un rango óptimo de consumo de sal. Ese nivel ideal varía de una persona a otra. Los partidarios de la restricción de sal no tienen en cuenta la cantidad de sodio que necesitamos para crecer bien; se centran únicamente en nuestras necesidades mínimas para sobrevivir. Entonces, ¿cómo puedes asegurarte de consumir lo suficiente, pero sin excederte?

La buena noticia es que muchas personas sanas no necesitan preocuparse por el exceso de sal. El cuerpo se encarga de eliminar cualquier exceso. Las investigaciones científicas sugieren que la ingesta óptima de sodio está entre 3 y 6 gramos al día (aproximadamente de 1 ⅓ a 2 ⅔ cucharaditas de sal) para adultos sanos, no los 2.300 miligramos de sodio (menos de una cucharadita) al día que suelen aconsejarse. Y algunas personas necesitan incluso más.

Pero antes de profundizar en el cálculo de tu ingesta de sal ideal y única, debo aclarar que algunas personas deberían preocuparse por consumir y retener demasiada sal, como aquellas que padecen las siguientes afecciones:

- **Hiperaldosteronismo**: trastorno de la aldosterona que implica un aumento de la secreción de la hormona que retiene la sal, llamada aldosterona.
- **Enfermedad de Cushing**: trastorno de la glándula pituitaria que provoca niveles elevados de cortisol en la sangre.

- **Síndrome de Liddle**: forma hereditaria de hipertensión arterial que provoca un exceso de reabsorción de sodio en los riñones.

Estas personas deberían vigilar y posiblemente limitar su consumo de sal, ya que pueden ser especialmente sensibles a los efectos negativos del sodio sobre la tensión arterial. Pero, incluso para estas personas, la sal no es el problema principal; si se trata eficazmente la enfermedad subyacente, se puede tratar la retención excesiva de sal.

La mayoría de nosotros, en cambio, tenemos una serie de mecanismos de defensa que entran en acción si empezamos a retener un exceso de sal en el organismo. Si los niveles de sodio en sangre y los líquidos aumentan, nuestros riñones reabsorben menos sal y también absorbemos menos sal de los alimentos que consumimos; nuestros intestinos hacen parte de ese ajuste por nosotros. Si el sodio empieza a acumularse, nuestro organismo también tiende a desviar el exceso de sodio de forma inofensiva hacia la piel o los órganos. Una investigación reciente del Centro Interdisciplinario de Investigación Clínica de la Universidad Friedrich-Alexander de Erlangen-Nuremberg, en Alemania, ha demostrado que nuestro cuerpo almacena cantidades significativas de sodio en la piel, lo que parece ayudar a prevenir la deshidratación y a bloquear la entrada de organismos infecciosos a través de la piel.

De hecho, es posible que nuestro organismo necesite más sal que nunca (incluso más de 3 a 6 gramos de sodio al día), a causa de hábitos modernos de salud y estilo de vida tales como éstos:

- El consumo excesivo de azúcar provoca problemas renales específicos que causan pérdida de sal.
- Las enfermedades crónicas como el hipotiroidismo, la insuficiencia suprarrenal y la insuficiencia cardiaca congestiva pueden provocar hiponatremia (es decir, un nivel bajo de sodio en la sangre).
- Los medicamentos que se prescriben habitualmente, como los diuréticos, los antidepresivos, los antipsicóticos e incluso algunos fármacos para la diabetes, nos hacen más susceptibles a la pérdida de sal.

- Nuestros hábitos de cafeteros empedernidos y nuestra dependencia de las bebidas energéticas, tés y otras bebidas con cafeína nos ponen en riesgo de pérdida de sal, ya que la cafeína actúa como un diurético natural, que elimina agua y sal a través de los riñones.
- El ejercicio intenso nos hace perder una cantidad considerable de sal y agua en el sudor.
- Las dietas bajas en carbohidratos, así como el ayuno intermitente (y especialmente el prolongado) provocan una gran pérdida de sodio y agua a través de los riñones y aumentan nuestra necesidad de sal.

Estoy seguro de que la mayoría de nosotros podemos reconocernos en algún punto de esa lista. Veamos más de cerca quién debería tomar menos sal, quién debería tomar más y cómo puedes determinar qué nivel es el mejor para ti. Después, en el último capítulo repasaremos un programa básico que ayudará a todo el mundo a obtener la cantidad óptima de sal.

7.1. ¿Cuánta sal necesitamos realmente?

Aunque con buenas intenciones, los departamentos gubernamentales y las autoridades sanitarias se han centrado principalmente en la relación entre el consumo de sal y la presión arterial, y en gran parte han pasado por alto las consecuencias no deseadas de no consumir suficiente sal. Como has leído a lo largo de estas páginas, los peligros de la falta de sal están lejos de ser triviales. Estos riesgos potenciales incluyen un aumento de la frecuencia cardiaca, deshidratación (lo que permite que cualquier azúcar que consumas cause más daño a los riñones), deterioro cognitivo, fracturas óseas, enfermedades transmitidas por los alimentos (ya que la sal inhibe el crecimiento de bacterias en la comida), alteración del flujo de oxígeno y nutrientes a los tejidos e incluso la muerte prematura. ¡No es moco de pavo! Además, una cantidad inadecuada de sal puede dificultar que el organismo active las reacciones de lucha o huida para hacer frente a situaciones fisiológicamente estresantes, como infecciones gastrointestinales, pérdidas de sangre, un ictus o un infarto de miocardio. Y, como acabamos de aprender, un bajo consumo de sal podría provocar adicción al azúcar e incluso dejarte más vulnerable a la drogadicción al sensibilizar los receptores de dopamina del cerebro.

La cantidad óptima de sal puede variar considerablemente de una persona a otra, dependiendo de su situación particular. A continuación, se presentan algunas definiciones importantes para comprender mejor la terminología que se tratará en este capítulo.

- **Punto de equilibrio de sal**. Este nivel de ingesta de sodio mantiene la salud ideal, la longevidad y las mejores probabilidades de supervivencia de la especie. Este punto de equilibrio lo determinan el cerebro y el cuerpo, y para la mayoría de nosotros, parece situarse entre 3 y 4 gramos de sodio al día. El punto de equilibrio de sal es un nivel inconsciente de ingesta de sodio, controlado por el termostato de sal de nuestro cuerpo, que puede ser mayor o menor en función de las necesidades del organismo. Por ejemplo, si alguien tiene riñones que pierden sal, puede estar consumiendo más sodio que una persona con riñones sanos porque está perdiendo más; la necesidad del cuerpo impulsa esta ingesta de sal en lugar de un impulso «adictivo» o hedónico.
- **Equilibrio de sodio**. Se alcanza este estado cuando el sodio en la orina coincide con la ingesta de sodio, teniendo en cuenta las pérdidas de sodio que no provienen de los riñones, como la excreción en las heces y el sudor. No se pierde sal del organismo ni se retiene sal adicional. Nuestro equilibrio de sodio se mantiene en el punto de equilibrio de sal, que para la mayoría de las personas corresponde a un nivel de ingesta de sodio de entre 3 y 4 gramos al día. El equilibrio de sodio en una persona sana puede mantenerse con ingestas de sodio tan bajas como entre 230 y 300 miligramos de sodio al día, pero esto no significa que éste sea el nivel óptimo de sodio para la salud y la longevidad. Más bien, esto indica que el cuerpo está en un «modo de crisis», un patrón de retención de sodio que provoca la activación de hormonas que retienen sal con el fin de mantener el equilibrio de sodio en una ingesta tan baja.
- **Déficit de sodio**. Una forma sencilla de saber si alguien tiene déficit de sodio, suponiendo que esté sano, es cuando ingiere

sodio pero no excreta nada —o mucho menos— de lo consumido en la orina.[418]

- **Termostato de sal**. El punto de equilibrio de sal está controlado por el termostato de sal del cuerpo. El termostato de sal es una metáfora de un conjunto complejo e interconectado de sensores localizados en el cerebro que trabajan juntos para garantizar las reservas óptimas de sodio en el cuerpo, con el fin de evitar la activación de las hormonas de retención de sal del sistema renina-angiotensina-aldosterona. Tu cerebro preferiría que simplemente comieras más sal en lugar de tener que acumularla o buscarla en partes vulnerables de tu cuerpo. Estos mecanismos de autoprotección ayudan al organismo a controlar estrictamente la ingesta de sal, lo que provoca antojos cuando se necesita. Así que, cuando tengas antojo de sal, recuerda: es tu termostato de sal, que te está diciendo que el contenido de sodio de tu cuerpo es demasiado bajo y que necesitas comer más sal hasta alcanzar el punto de equilibrio de sal, la cantidad adecuada de sodio almacenado en el organismo.

El equilibrio de sodio puede mantenerse en el punto de equilibrio de sal (consumiendo alrededor de 3.000 miligramos de sodio), pero también puede producirse tras unos cuatro o cinco días de restricción de sal (generalmente tras consumir alrededor de 300 miligramos de sodio o menos al día). Esto se debe a que los riñones tardan de cuatro a cinco días en detener lentamente la pérdida excesiva de sal. Sin embargo, después de esos cuatro o cinco días, el cuerpo finalmente «cierra el grifo», de modo que se puede mantener el equilibrio de sodio consumiendo tan sólo 300 miligramos de sodio al día (pero esto sólo vale si tienes riñones sanos). Una vez que se alcanza el equilibrio de sodio, la excreción de sodio es ligeramente inferior a la ingesta debido a las pérdidas de sal que no provienen de los riñones —como las que se producen por el sudor y las heces—.[419] Durante el equilibrio de sodio, si se ingiere más sodio del necesario, se excretará la mayor parte, si no todo. Sin embargo, la capacidad de una persona sana para mantener el equilibrio de sodio con una dieta baja en sodio (pero no por debajo de 300 miligramos al día) no significa que un consumo bajo de sodio sea ideal, ni que proporcione una salud y longevidad óptimas. De hecho, mantener el equilibrio de sodio con una dieta baja en sodio requiere la activación de ciertos sistemas de rescate u hormonas retenedoras de sal, los cuales se ha demostrado de manera consistente que causan daño. Las hormonas que retienen sal pueden dañar los órganos del cuerpo y provocar hipertensión y otras consecuencias para la salud al causar engrosamiento y rigidez (fibrosis) del corazón y los vasos sanguíneos.[420] Éste puede ser el motivo por el que las dietas bajas en sal se asocian a un mayor riesgo cardiovascular y mortalidad prematura. En general, una ingesta baja de sal expone al individuo a un mayor riesgo de déficit de sal durante la depleción de sodio. Y no hay una forma fácil de saber si alguien tiene unas reservas de sal adecuadas.

Detener la pérdida de sal

Las personas que hacen dieta no son las únicas que tienen problemas con la pérdida de sal; incluso quienes presentan problemas de salud graves probablemente se beneficiarían de añadir fuentes de sal de buena calidad. A una pariente mayor, que ahora ronda los ochenta y tantos años, le diagnosticaron cáncer de colon alrededor de los cuarenta años. Por suerte, sus médicos lo detectaron a tiempo y pudieron extirparlo, pero también tuvieron que quitarle la mayor parte del colon y colocarle una bolsa de colostomía. El colon es esencial para absorber la sal de la dieta, y los riñones son vitales para reabsorber la sal que filtran durante su tarea diaria de limpiar las toxinas de la sangre. A medida que envejecía, su función renal también disminuía y su capacidad para retener la sal en el cuerpo también se iba reduciendo con la edad. Todo esto la convirtió en una derrochadora de sal.

Cuando cumplió ochenta y tres años, seguía sintiéndose fatigada y mareada, y acudía constantemente al hospital por deshidratación, y nadie sabía por qué. Por suerte, yo sé un par de cosas sobre la sal. Le expliqué que el colon es muy importante para absorber la sal de la dieta y que los daños renales a lo largo de los años pueden provocar la pérdida de sal a través de la orina, exactamente lo que yo sospechaba que estaba ocurriendo. Le dije que aumentar su consumo de sal podría ayudar a mejorar su deshidratación, y efectivamente, funcionó. Desde que consume más sal, ya no se marea tanto.

Cuando se consume menos sodio, los riñones suelen excretar menos para mantener el equilibrio normal de sodio y el volumen normal de líquido extracelular. Pero si hay algún problema con la capacidad de los riñones para retener sodio, puede producirse una deficiencia con bastante rapidez. En la historia anterior sobre mi familiar; debido a sus riñones dañados probablemente no pueda mantener el equilibrio de sodio con una dieta baja en sal. Por ejemplo, durante una hemorragia, los riñones interrumpen casi inmediatamente la excreción de sodio para mantener el volumen sanguíneo normal.[421] Y si tus riñones no fueran capaces de hacer esto —por ejemplo, en pacientes que tienen daño tubulointersticial en sus riñones por consumir azúcar refinado en exceso durante décadas—, una hemorragia podría ser desastrosa, especialmente si se está restringiendo la ingesta de sal.

Un experimento fenomenal publicado a finales de la década de 1950 analizó lo que ocurriría en alguien que estaba en equilibrio de sodio mientras seguía una dieta baja en sodio si experimentara un déficit repentino de sal, tal vez por trabajar al aire libre durante horas en un día caluroso, por una nueva prescripción para controlar la presión arterial elevada como un diurético, un *shock* por traumatismo, quemaduras, vómitos o un episodio grave de diarrea. Para simular un déficit repentino de sal, al paciente se le administró un diurético y perdió 2.300 miligramos de sodio en la orina; el experimento descubrió que, después de que el paciente volviera a consumir sal, no hubo excreción de sodio hasta que se recuperaron los 2.300 miligramos de sodio perdidos. Esto demuestra que el organismo puede estar en equilibrio con una dieta baja en sal, pero si algo provocara una pérdida de sal, el cuerpo retendría ávidamente la sal hasta alcanzar de nuevo el equilibrio de sodio. Pero si tus riñones están dañados y eres incapaz de retener la sal extra, entonces tienes un gran problema. En otras palabras, cuando la vida te sorprende con un evento que agota tu sal, lo último que quieres es seguir el consejo de la Asociación Estadounidense del Corazón (AHA) de consumir menos de 1.500 miligramos de sodio al día. Por otro lado, es mucho menos probable que las pérdidas de sal en personas que siguen una dieta normal en sal las sitúen en déficit de sal y les causen daños posteriores. En resumen, mantener una ingesta normal de sodio (de 3 a 4 gramos) frente a una ingesta baja de sodio (menos de 2,3 gramos) disminuye las probabilidades de sufrir un déficit si se producen eventos que agotan la sal. Los expertos creen que evolucionamos con estos mecanismos de almacenamiento de sodio para poder soportar los acontecimientos que agotan la sal. Los sistemas funcionan mejor cuando superamos con creces la ingesta mínima de sodio (que, como recordarás, es de sólo 300 miligramos al día) para mantener el equilibrio.[422]

En 1936, McCance llevó a cabo el que puede ser uno de los estudios más importantes para determinar el contenido total ideal de sodio en el cuerpo. Experimentando consigo mismo, fue capaz de provocar una pérdida neta de 17,4 gramos de sodio en su cuerpo, principalmente a través de la sudoración inducida.[423] La orina de McCance quedó «prácticamente libre de sodio» (menos de 23 miligramos al día). Cuando comenzó la repleción de sodio, consumiendo alrededor de 11,5 gramos de sodio durante los dos días siguientes, la excreción urinaria de sodio seguía siendo de 23 miligramos al día; es decir, su cuerpo seguía recuperando toda la sal que consumía, lo que indicaba un verdadero déficit de sal. Al día siguiente, consumió 5.382 miligramos de sodio, con lo que su ingesta de sodio durante tres días ascendió a 16,836 gramos (o el 96,6 por ciento de lo perdido) e, incluso entonces, sólo 368 miligramos de sodio se excretaron en la orina. Recordemos que una ingesta normal de sodio es de unos 3.400 miligramos al día, y excretamos todo el sodio que ingerimos cada día en circunstancias normales, por lo que, si consumiéramos 5.382 miligramos de sodio, unos 5.000 miligramos de sodio se excretarían en la orina, y el resto saldría en el sudor y las heces del día. Pero el cuerpo de McCance retenía casi todo su sodio.

Aunque éste es sólo un ejemplo, su estudio sugiere que tan sólo una pérdida de un gramo de sodio del organismo ya supone un problema. Si la pérdida de más de un gramo de sodio fuera ideal para nuestro organismo, entonces, tras la repleción de sodio, seguiríamos excretando sodio después de reintroducir una gran cantidad de sal. Pero el cuerpo sigue reteniendo toda la sal ingerida hasta que alcanza un nivel a menos de unos pocos cientos de miligramos de lo que tenía antes de la depleción de sodio. Podemos sobrevivir a la pérdida de varias decenas de gramos de sodio del cuerpo, pero un cuerpo privado de sal se aferrará desesperadamente a las reservas reabastecidas. No tenemos mucho margen de error cuando se trata del nivel óptimo de sal en nuestro organismo.

De hecho, los estudios demuestran que el exceso de sodio parece ser el estado al que nuestro sistema biológico nos «impulsa» a estar. Sin lugar a duda, alguien con un exceso de sodio tendría muchas más probabilidades de sobrevivir a cualquier tipo de evento que provoque depleción de sodio (como una enfermedad, diarrea, infección, pérdida de sangre o sudoración). Y lo que es más importante, el superávit de sodio mantiene bajas las hormonas que retienen la sal, lo que protege al organismo del consiguiente desgaste de los órganos vitales.

Lamentablemente, los gobiernos y las directrices no parecen dar suficiente crédito al importante hecho de que las dietas bajas en sal suponen una fuente de estrés para el organismo. Analicemos algunas de las situaciones en las que consumir una dieta más rica en sal podría protegernos de graves problemas de salud.

7.2. Es posible que necesites más sal para evitar la deshidratación

Tal vez te preguntes: ¿cuál es la causa típica de la deshidratación? ¿Sucede a menudo? ¿Cuáles son los síntomas? Todos decimos «me estoy deshidratando» cuando estamos muertos de sed, pero ¿la deshidratación es eso? Cuando uno tiene sed, es sólo uno de los mecanismos del cuerpo para impulsarte a beber más agua, y nadie puede decir con certeza que una boca reseca indique deshidratación. La deshidratación suele estar causada por varios factores, principalmente por no consumir suficiente agua, pero también por el ejercicio y por no ingerir suficiente sal. La mejor manera de medir la deshidratación es analizar los niveles de sodio en sangre; si son altos, es un buen indicio de que estás deshidratado. Los niveles de sodio aumentan en la sangre por varias razones, pero sobre todo porque con la deshidratación disminuye el volumen sanguíneo, lo que aumenta la concentración de sodio en la sangre.

Síntomas que pueden indicar que necesitas más sal[424]

Extremidades frías

Orina oscura

Disminución de la turgencia cutánea (la piel permanece «tensa» cuando se pellizca)

Disminución de la excreción urinaria de sodio en relación con la ingesta

Disminución de la diuresis

Axilas y lengua secas

Llenado capilar deficiente (el lecho ungueal tarda más de 2 segundos en volver de blanco a rosa después de pellizcarlo)

Taquicardia/mareo/hipotensión postural (ocurre al incorporarse desde una posición sentada o reclinada)

Antojo de sal

Síncope (pérdida de conciencia por tensión arterial baja)

Sed

Durante estados de deshidratación, los riñones aumentan la reabsorción de sodio, un efecto conocido como reacción de deshidratación. El sodio ayuda a mantenernos hidratados controlando el movimiento de agua dentro y fuera de nuestras células. Cuando estamos deshidratados, el nivel de sodio en la sangre aumenta porque está trabajando duro, extrayendo agua de las células hacia la sangre, donde se necesita. Por eso, una concentración elevada de sodio en la sangre es casi siempre un signo de deshidratación.[425] Pero ese nivel de sodio no es peligroso en sí mismo: ¡en realidad nos está ayudando!

Funcionar con sal

Un amigo de la familia, hombre musculoso de mediana edad y gran aficionado a correr, suele hacer unos dieciséis kilómetros al día durante su entrenamiento. A pesar de haber mantenido el mismo régimen durante años, nunca había tomado sal antes ni durante sus carreras. Después de aconsejarle sobre los posibles beneficios de la sal antes de sus carreras de larga distancia, le pregunté si notaba algún efecto. Me explicó que notaba una clara diferencia en las carreras largas, que sentía menos deshidratación al terminar. También notó los beneficios de tomar sal cuando corría a temperaturas cálidas (por encima de los dieciocho grados). Señaló que, por lo general, es un «corredor de clima frío». Tiene sentido que él considere el clima más fresco como la temperatura óptima para correr: es menos probable que nos sobrecalentemos y perdamos sal y agua a temperaturas más frías porque sudamos menos. Tomar sal antes de correr puede ser especialmente beneficioso para quienes corren en climas cálidos/húmedos y quienes lo hacen a un ritmo rápido o durante un período prolongado.

Una ingesta baja de sodio reduce el volumen de orina,[426] lo que a su vez puede disminuir nuestra capacidad de eliminar los desechos metabólicos del organismo y aumentar el riesgo de infecciones del tracto urinario. Dependemos del flujo frecuente de orina en el tracto urinario para eliminar las bacterias; producir orina es la forma que tiene nuestro cuerpo de «limpiar el sistema». Seguir una dieta baja en sal también puede reducir la cantidad total de agua en el cuerpo, lo que provoca deshidratación y problemas en los sistemas cardiovascular y nervioso central, en la termorregulación, en el metabolismo y en el rendimiento (sobre todo en entornos militares y deportivos). Esto puede aumentar el riesgo de desmayos, vómitos, colapso circulatorio, golpe de calor e incluso la muerte.

7.3. Es posible que necesites más sal para manejar estados de *shock* (quemaduras, traumatismos y hemorragias)

La sal ayuda al cuerpo a aguantar accidentes y otros tipos de acontecimientos traumáticos. Además del sangrado excesivo (hemorragia), experimentamos una pérdida de líquidos en situaciones de *shock* por quemaduras o traumatismos.[427] Esta «pérdida» de líquido corporal se produce sin que el agua salga realmente del cuerpo, ya que las zonas lesionadas extraen líquido para acelerar el proceso de curación, lo que hace que ese líquido no esté disponible para otras zonas. Y puesto que el sodio es el principal determinante del estado de los líquidos corporales, los pacientes que sufren estos tipos de *shock* necesitan mayores cantidades de sal. De hecho, se ha demostrado que la pérdida de sal es en realidad más peligrosa que la pérdida de agua,[428] ya que disminuye la capacidad del organismo para hacer circular la sangre y reduce el volumen sanguíneo que sale del corazón más que la pérdida de agua. La depleción de sal, incluso en animales que no han sufrido un trauma físico, puede conducir a una forma de colapso vascular periférico que se asemeja a un *shock* traumático. Esto no ocurre con la depleción de agua.

7.4. Es posible que necesites más sal para contrarrestar los niveles bajos de sodio

Los niveles bajos de sodio en la sangre se denominan hiponatremia, y son la anomalía electrolítica más frecuente.[429] Aproximadamente el 65 por ciento de los casos de hiponatremia en urgencias están causados por trastornos gastrointestinales.[430] Cuando las personas buscan atención médica en un entorno ambulatorio, entre el 4 y el 7 por ciento presentan hiponatremia; en el hospital, la tasa puede llegar hasta el 42 por ciento (pero suele rondar entre el 15 y el 30 por ciento).[431] En los ancianos, la hiponatremia es más de 31 veces más frecuente que la hipernatremia (niveles elevados de sodio en la sangre),[432] y se asocia con un mayor riesgo de muerte, duración de la estancia hospitalaria, caídas, rabdomiólisis (necrosis muscular), fracturas óseas y aumento de los costes sanitarios.[433] Incluso una hiponatremia leve aumenta el riesgo de muerte por eventos cardiovasculares, así como el riesgo de caídas, fracturas óseas y osteoporosis.[434]

La hiponatremia también se da en el 18 por ciento de los pacientes de residencias de ancianos, y más del 50 por ciento sufre al menos un episodio de hiponatremia al año. Los pacientes de residencias de ancianos tienen un riesgo cuarenta veces mayor de ser hospitalizados por hiponatremia (con niveles de sodio en sangre inferiores a 135 mEq/L) y un riesgo dieciséis veces mayor de ser ingresados en el hospital por hiponatremia grave (con niveles en sangre inferiores a 125 mEq/L) en comparación con los pacientes que viven de forma independiente. Cabe preguntarse si las comidas bajas en sal que se sirven habitualmente a muchos pacientes en residencias de mayores contribuyen a este patrón.

Medicamentos como los inhibidores selectivos de la recaptación de serotonina (ISRS) pueden causar hiponatremia al desencadenar una secreción excesiva de la hormona antidiurética, lo que provoca retención de agua. El cáncer de pulmón de células pequeñas, la malnutrición y las infecciones como la tuberculosis y la neumonía tienen el mismo efecto.[435] La hiponatremia también puede estar causada por otras numerosas enfermedades: cirrosis hepática, neumonía y síndrome de inmunodeficiencia adquirida (sida), por citar sólo algunas.[436] Además de todos los síntomas terribles que acompañan a la hiponatremia —como anorexia, calambres, náuseas, vómitos, dolor de cabeza, irritabilidad, desorientación, confusión, debilidad, letargo y fracturas óseas—, las personas con valores inferiores a 125 mEq/L pueden sufrir convulsiones, coma, daño cerebral permanente, parada respiratoria e incluso la muerte. Uno de los problemas de la hiponatremia crónica es que los síntomas neurológicos pueden no manifestarse hasta que el sodio sérico desciende a 125 mEq/L o menos, debido a los mecanismos de adaptación del cerebro, por lo que alguien podría estar deambulando por ahí con niveles bajos de sodio en la sangre y ni siquiera saberlo.[437]

El hipotiroidismo, más frecuente con la edad, puede causar problemas renales de pérdida de sal, ya que las hormonas tiroideas son importantes para el funcionamiento de la Na-K-ATPasa, que ayuda a reabsorber la sal en los túbulos renales.[438] Los laxantes osmóticos como el polietilenglicol (por ejemplo, Miralax) pueden provocar pérdida de sal y de volumen.[439] La hiponatremia puede ser incluso una complicación al someterse a una colonoscopia, ya que la «preparación intestinal» induce diarrea masiva y pérdida de sal.[440]

Muchos medicamentos comunes que aumentan el riesgo de sangrado —como los antiinflamatorios no esteroideos (AINE), la aspirina, los antiagregantes plaquetarios y los anticoagulantes orales, por nombrar sólo algunos—, también aumentan el riesgo de pérdida de sal a través de la sangre. De hecho, se calcula que 16.500 personas mueren cada año en Estados Unidos por hemorragias gastrointestinales inducidas por AINE.[441] Una dieta más rica en sal podría haber sido de ayuda. Dado que no siempre es evidente cuándo alguien tiene una hemorragia gastrointestinal, no sería aconsejable que una persona que toma medicamentos que aumentan el riesgo de hemorragia siguiera el consejo de consumir poca sal. Lamentablemente, muchas de estas personas probablemente nunca supieron que tenían una hemorragia hasta que fue demasiado tarde.

7.5. Es posible que necesites más sal cuando sudas

El *fitness* como afición se ha vuelto algo generalizado, y los entrenamientos de resistencia y las competiciones son más populares que nunca. Como suelen ser más conscientes de su salud, es probable que los deportistas sigan las recomendaciones de comer menos sal. Desgraciadamente, estas personas pueden correr un riesgo especial de perder sal, no sólo por la disminución del consumo y el aumento de las pérdidas de sal a través del sudor, sino también por la sobrehidratación con agua corriente. Todo esto se traduce en niveles bajos de sodio en la sangre.

Sudar ayuda al cuerpo a mantener una temperatura corporal normal (también llamada termorregulación) para evitar los golpes de calor; es la forma que tiene nuestro cuerpo de refrescarse. Contar con suficiente sal en el organismo para poder sudar adecuadamente es de vital importancia para la termorregulación. La cantidad de sodio en nuestro sudor oscila entre 40 y 60 mEq/L, y sudamos entre un litro y un litro y medio por hora en climas moderados y de 2 a 3 litros por hora en climas cálidos.[442] Por lo tanto, en promedio, se pierden alrededor de 1.437 miligramos de sodio por hora al hacer ejercicio en climas moderados y alrededor de 2.875 en climas cálidos. Según la intensidad del ejercicio y la temperatura ambiente, podrías perder fácilmente en una hora de ejercicio más que toda la cantidad de sal recomendada para un día. En climas cálidos como el de la India, se pueden perder hasta 14.720 miligramos de sodio al día.[443] ¿Cómo vas a sobrevivir a estas condiciones consumiendo tan sólo 1.500 miligramos de sodio al día, o incluso 2.300? Por no hablar de mejorar tu salud...

En un estudio realizado por Mao y sus compañeros, una hora de práctica de fútbol a una temperatura de entre 32 °C y 37 °C con un 50 por ciento de humedad relativa provocó que los jugadores perdieran 1.896 miligramos de sodio a través del sudor. De hecho, un jugador perdió casi 6.000 miligramos de sodio en el sudor durante el partido de una hora. Es importante destacar que los futbolistas también perdieron una media de 52 microgramos de yodo en el sudor (y un jugador llegó a perder 100 microgramos); esta cantidad de pérdida de yodo es más de un tercio de la ingesta diaria recomendada (150 microgramos al día). Casi la mitad de los jugadores tenían bocio de grado 1, en comparación con sólo un 1 por ciento de los sujetos sedentarios del grupo de control. Es muy probable que, debido a la pérdida continua de yodo a través del sudor y a una ingesta insuficiente de sal yodada, los jugadores hubieran desarrollado bocio, un signo de problemas graves de tiroides. Esto ocurrió a pesar de que la ingesta estimada de yodo de los futbolistas, en general, cumplía las recomendaciones de las directrices (de 100 a 300 microgramos de yodo al día).[444] En resumen: cuando haces ejercicio, el cuerpo necesita más sal y yodo que cuando no lo haces, y algunas personas pueden necesitar más que otras.[445]

De media, un adulto no deportista excreta hasta unos 600 miligramos de sodio y unos 22 microgramos de yodo en su sudor diario. En cambio, un deportista que suda entre 3 y 5 litros al día puede perder entre 111 y 185 microgramos de yodo a través del sudor, lo que supone una pérdida total de yodo de entre 195 y 270 microgramos diarios (si se combina con la pérdida por sudor, orina y heces). Incluso consumiendo hasta 340 microgramos de yodo al día, que es más del doble de la cantidad diaria recomendada actualmente (150 microgramos al día), podría provocar bocio e hipotiroidismo en determinados deportistas. Y no sólo en el caso de los deportistas: las pérdidas de yodo durante el verano se correlacionan con una mayor prevalencia de bocio entre los niños en edad escolar.[446]

Especialmente durante los meses más calurosos, puedes asegurarte de que tu familia obtiene suficiente yodo incorporando más alimentos ricos en yodo, como las algas, los arándanos y el yogur.

El bocio no es el único riesgo. El agotamiento del sodio corporal puede provocar síntomas comparables al síndrome de sobreentrenamiento, incluso antes de que podamos detectar niveles bajos de sodio en sangre. La depleción de sal puede hacer que el cuerpo trabaje más de lo normal, empujándote a una sobrecarga de entrenamiento prematura. La fuerza física empieza a flaquear y el sistema nervioso simpático se agota hasta tal punto que la tensión arterial baja y corremos el riesgo de desmayarnos. Parte de la razón por la que la depleción de sodio puede provocar un deterioro de la fuerza muscular y del metabolismo energético es que aumenta la acidez de nuestras células.[447]

Las personas que no están tan en forma pueden tardar más en terminar las competiciones atléticas, y ese tiempo prolongado de ejercicio puede aumentar el riesgo de hiponatremia.[448] Las consecuencias de las pérdidas excesivas de sal (y otros minerales) en el sudor durante el ejercicio pueden incluir deshidratación, temblores, debilidad muscular e incluso arritmias cardiacas.[449] En un informe, la reducción de la ingesta de sodio durante el ejercicio de alta intensidad aumentó los calambres y la fatiga muscular, redujo el rendimiento de resistencia y provocó fatiga general, dolor articular, trastornos del sueño, alteraciones circulatorias y sed intensa. Pero estos síntomas mejoraron notablemente cuando las personas aumentaron su ingesta de sodio; aunque hicieran ejercicio más intensamente, los síntomas de sobrentrenamiento desaparecieron.[450]

La «sed» que sentimos durante las sesiones de ejercicio, sobre todo entre los deportistas de resistencia, podría deberse en realidad a la necesidad de reponer sal, y no agua. Si aumentamos la ingesta de sal, es posible que notemos que sentimos menos «sed».[451] El agua del grifo tiene un contenido de sodio de sólo 1-3 mmol/L,[452] mientras que el sudor contiene entre 20 y 80 mmol de sodio por litro. Básicamente, el sudor contiene entre siete y ochenta veces más sodio que el agua del grifo, por lo que conviene hidratarse con algo que aporte bastante más sal que el agua del grifo.

Los deportistas que sufren artritis podrían experimentar alivio con un aporte extra de sal. He aquí la razón: las células del cartílago (condrocitos) contienen sistemas antiportadores de sodio/hidrógeno (Na/H). Cuando no hay suficiente sodio en las células del cartílago, puede acumularse ácido (hidrógeno, H+). Y eso no es bueno ni para el cartílago ni para las articulaciones. En la artrosis y la artritis reumatoide, el exceso de líquido que rodea a las células del cartílago inflamado puede diluir el nivel de sodio en esas zonas, lo que podría provocar aún más dolor.[453] Por lo tanto, las dietas bajas en sal pueden empeorar la salud del cartílago tanto en personas con enfermedades autoinmunes como en quienes no las tienen, ya que su capacidad para proteger las articulaciones disminuye y el dolor articular aumenta, especialmente durante el ejercicio. Por lo tanto, las dietas bajas en sal tienen triple efecto negativo para los corredores: pierden sal a través del sudor, del líquido que rodea a las células del cartílago e incluso del interior de éstas.

Combatir el calor

El día que David Harris, un joven atlético, en forma y padre de dos hijos, corrió su primer maratón en Boston, la temperatura alcanzó unos 32 °C. Se había capacitado lo mejor que pudo desde el punto de vista del entrenamiento, haciendo muchas carreras largas como preparación. Pero ese día, con el calor que hacía, empezó a tener calambres en torno al kilómetro 12. Después de la carrera, David habló conmigo sobre sus calambres musculares y le sugerí que tomara un suplemento de sal antes y durante las carreras. Desde ese día, ha tomado pastillas de sal durante los entrenamientos y carreras más largos, así como en cada una de sus competiciones, que ahora incluyen dos Ironman, dos medios Ironman, dos maratones y una media maratón. En todas esas pruebas, los suplementos de sal le ayudaron mucho; desde entonces no ha vuelto a tener calambres.

7.6. Qué hacer cuando haces ejercicio

La respuesta es fácil: consume más sal antes y durante el ejercicio. Esto puede ayudar a tu cuerpo a enfriarse más rápido.[454] Se ha comprobado que añadir 2.300 miligramos de sodio (1 cucharadita de sal) por litro de agua reduce la pérdida total de líquidos durante el ejercicio.[455] En el estudio de campo más amplio, la prevalencia de hiponatremia en los que terminaban los triatlones fue del 18 por ciento, muy probablemente causada por la sobrehidratación.[456] Pero eso no significa que puedas o debas prevenir la hiponatremia bebiendo menos agua. Más bien, hay que beber más cantidad, pero añadir el nivel adecuado de sal a cualquier líquido que bebas.

Yo encuentro que tomar sal de ajo orgánica directamente de la cucharilla es más agradable que utilizar sal de mesa pura, con o sin agua. Una buena dosis de sal (si haces ejercicio en climas moderados) es media cucharadita de sal de mesa (un poco más si utilizas sal de ajo). Esto proporciona unos 1.150 miligramos de sodio y debería cubrir la mayor parte de las pérdidas de sal durante la primera hora de entrenamiento. Toma esta dosis profiláctica de sal unos treinta minutos antes del entrenamiento, con ½ cucharadita adicional de sal por cada hora a partir de entonces, y es posible que veas mejoras significativas en tu rendimiento. Verter la sal en una cucharilla y consumirla en seco (y enjuagarse después la boca con un poco de agua) es mucho más agradable que verter media cucharadita de sal en un litro de agua y bebértela (esto último sabe como si estuvieras bebiendo sudor; es bastante asqueroso). Diluir la sal en una mezcla de zumo de limón, lima y naranja también es bastante agradable. A veces incluso tomo una cucharadita o más de salsa de soja o bebo un poco de jugo de pepinillos antes de entrenar para aumentar mi nivel de sal.

Si vas a hacer una carrera de resistencia larga, puedes llevar contigo una bolsita de sal junto con una cucharita medidora de plástico de media cucharadita. Después de cada hora de ejercicio, simplemente toma la dosis de sal recomendada en la lista «Recomendaciones para el consumo de sal antes y durante el ejercicio» (véase página 160), en función de la temperatura ambiente, y tómatela. Reponer la cantidad de sal que se pierde a través del sudor ayuda al mecanismo de la sed del cuerpo. El cuerpo te dirá cuánta agua beber, y lo hará con mayor precisión cuando consumas la cantidad adecuada de sal, lo que también reducirá el riesgo de sobrehidratación.

Tomar sal antes y durante el ejercicio también debería ayudar al cuerpo a enfriarse más rápidamente y a mejorar la circulación sanguínea (y, por tanto, el suministro de nutrientes y oxígeno a los tejidos), así como la retención de agua (mejorando el estado de hidratación del cuerpo). También contribuye a mejorar el rendimiento general (con un mejor flujo sanguíneo y una mayor eliminación de la acumulación de ácido en los tejidos), al mismo tiempo que reduce el riesgo de calambres y fatiga. La primera lista que viene a continuación muestra algunos beneficios de los que puedes disfrutar tras añadir sal antes y durante tu rutina de entrenamiento. Las dos listas siguientes ofrecen recomendaciones sobre la ingesta de sal antes y durante el ejercicio.

Posibles beneficios de tomar sal antes y durante el ejercicio

Menos sed. Ayuda a calmar la «sed», por lo que se consume menos agua y se reduce el riesgo de hiponatremia por sobrehidratación.

Mayor capacidad de ejercicio. Mayor capacidad para entrenar durante más tiempo gracias a una mejor refrigeración corporal, una circulación y oxigenación de los tejidos/flujo sanguíneo más eficaces (mejor «bombeo»), una mejor hidratación, una disminución de la acidosis tisular/hiponatremia y una mejora de la salud de los cartílagos.

Mejor rendimiento.

Mejora de la ganancia muscular.

Menor riesgo de falta de yodo (si se utiliza sal yodada).

Mejora de la función renal. Aumenta la capacidad de excretar más agua, lo que disminuye el riesgo de hiponatremia por dilución, lo que hace que los riñones sean menos sensibles a los efectos de la hormona antidiurética (reduciendo así el riesgo de retención excesiva de agua y la consiguiente hiponatremia).[457]

Cómo consumir tu dosis de sal antes y durante el ejercicio

Mide tu dosis de sal con una cucharilla y tómatela en seco, después enjuágate la boca con agua o jugo de pepinillos.

Come tres pepinillos grandes —o cinco aceitunas grandes—, lavados con un poco de jugo de pepinillos/aceitunas.

Disuelve un cubito de caldo de pollo en agua tibia y tómatelo.

Disuelve media cucharilla de sal en un litro de agua (sabe a sudor, no lo recomiendo).

Disuelve la sal en una mezcla de zumo de limón/lima/naranja o limonada y tómatelo (es mi método preferido). Si entrenas mucho, te recomiendo utilizar una sal que también contenga yodo, pero la sal de mesa yodada también funcionará.

Recomendaciones para el consumo de sal antes y durante el ejercicio

Ejercicio en climas moderados (menos de 26 °C): consumir media cucharadita de sal antes del ejercicio y cada hora a partir de entonces.

Ejercicio en climas cálidos (de 26 a 31 °C): consumir entre media y una cucharadita de sal antes del ejercicio y cada hora a partir de entonces.

Ejercicio en climas muy cálidos (32 °C o más): consumir de una a dos cucharaditas de sal antes del ejercicio y cada hora a partir de entonces.

Esto son sólo estimaciones. La dosis de sal dependerá de cuánto sudes, lo que viene determinado por la genética, la ropa, el nivel de intensidad del ejercicio y la temperatura ambiente. Y, por supuesto, pregunta siempre a tu médico antes de cambiar tu dieta o hábitos de vida.

Nota: los pacientes que hacen ejercicio o actividades que provocan sudoración excesiva y que también toman medicamentos que reducen la sal como diuréticos —por ejemplo, hidroclorotiazida o furosemida—, inhibidores de la enzima convertidora de angiotensina —como ramipril o lisinopril—, o antagonistas de los receptores mineralocorticoides —como espironolactona o eplerenona—, pueden necesitar incluso más sal de la que se ha recomendado en la última lista.

Más sal cuando estés en la sauna

Aunque los beneficios para la salud del calor y la sudoración mediante saunas, baños de sol, cabinas de bronceado y *jacuzzis* han sido objeto de debate durante años, una cuestión que queda fuera de toda discusión es el aumento del riesgo de agotamiento del sodio en los tejidos. También puede ser una buena idea consumir sal antes de la deshidratación inducida por el calor. Sigue las recomendaciones de sal de la lista «Recomendaciones para el consumo de sal antes y durante el ejercicio» que hemos visto previamente antes de entrar en la sauna.

7.7. Es posible que necesites más sal durante el embarazo o la lactancia

Anteriormente en el libro, hablé sobre cómo una ingesta baja de sal tiene un vínculo comprobado con una menor fertilidad. De hecho, una dieta baja en sal parece actuar como anticonceptivo natural tanto en hombres como en mujeres. Puede disminuir el deseo sexual, reducir la probabilidad de quedar embarazada, así como disminuir el tamaño de las camadas —en el caso de los animales— y el peso de los bebés. Además, se asocia con un aumento de la disfunción eréctil, fatiga, problemas de sueño y retraso en la edad a la que las mujeres alcanzan la fertilidad.[458] Podemos ver la importancia de la sal en la fertilidad al analizar la baja incidencia de embarazos entre los indígenas yanomami, cuya dieta es baja en sal. A pesar de ser sexualmente activos y no utilizar ningún tipo de anticonceptivo, de media tienen sólo un nacimiento vivo cada cuatro a seis años.[459] Las mujeres con hiperplasia suprarrenal congénita —en concreto, las que padecen nefropatías por pérdida de sal— presentan una disminución de la fertilidad y una menor tasa de parto.[460]

El nivel de sal de una madre no sólo determina su capacidad para quedarse embarazada, sino que también puede influir en la futura salud de sus hijos. Dado que la sal es fundamental para diferentes funciones del organismo, una deficiencia de sal, ya sea por falta de ingesta dietética —siguiendo las recomendaciones de bajo consumo de sal— o por pérdida de sal —como en el caso de las náuseas y los vómitos durante el embarazo—, no sólo puede afectar a la salud de la madre, sino que puede perjudicar la salud del niño en crecimiento incluso hasta la edad adulta. El embarazo y la lactancia aumentan las exigencias nutricionales de la madre para proporcionar al bebé suficientes nutrientes para un crecimiento y desarrollo adecuados,[461] y la sal es uno de ellos. La restricción de sal en madres embarazadas o lactantes parece aumentar la vulnerabilidad de sus hijos a múltiples consecuencias peligrosas.

Por ejemplo, en los animales, el bajo consumo de sal durante el embarazo o la lactancia provoca un aumento de la masa grasa, resistencia a la insulina y niveles elevados de colesterol «malo» y triglicéridos en las crías, que pueden trasladarse a la edad adulta.[462] Lo más preocupante es que también se ha descubierto que una dieta baja en sal durante el embarazo causa hipertensión y enfermedades renales en la descendencia adulta.[463] Todo esto sugiere que un bajo consumo de sal durante el embarazo puede programar a nuestros hijos para desarrollar lípidos anormales, diabetes, obesidad, hipertensión y enfermedad renal crónica. Las mismas enfermedades que creemos que una dieta baja en sal prevendrá.

Lamentablemente, el aumento de la necesidad fisiológica de sal durante el embarazo entra en conflicto con el consejo de reducir la sal en toda la población, que nos han inculcado el gobierno y las instituciones sanitarias. La Asociación Estadounidense del Corazón, por ejemplo, recomienda que todos los estadounidenses reduzcan su ingesta diaria de sodio a menos de 1.500 miligramos, y las mujeres en edad fértil, embarazadas o lactantes no parecen exentas de este consejo. Incluso la Organización Mundial de la Salud (OMS) recomienda que las mujeres embarazadas y lactantes restrinjan su dieta de sodio a menos de 2 gramos al día.[464] Pero estas recomendaciones pueden tener consecuencias no deseadas. Las instituciones sanitarias y los organismos gubernamentales parecen haber olvidado que las necesidades dietéticas de yodo aumentan en un 50 por ciento o más durante el embarazo y la lactancia,[465] y que la sal yodada ha sido una forma importante de prevenir la carencia de yodo durante décadas. De hecho, la OMS recomienda que las mujeres embarazadas y lactantes consuman 250 microgramos de yodo al día.[466] Sin embargo, incluso si toda la ingesta de sal en la dieta materna durante el embarazo o la lactancia procede de sal yodada, la ingesta diaria recomendada de yodo (250 microgramos al día) seguirá sin alcanzarse siguiendo estas recomendaciones de dieta baja en sal. Y no podemos dar por sentado que las mujeres embarazadas o lactantes sepan que deben consumir suficientes alimentos ricos en yodo a diario para compensar la diferencia.

Teniendo en cuenta que la carencia de yodo durante el embarazo es la principal causa de discapacidad intelectual, las instituciones sanitarias podrían replantearse su recomendación de consumir poca sal durante esta etapa crítica del desarrollo humano. Una carencia de yodo durante el embarazo o la lactancia también puede provocar alteraciones de la función motora y del crecimiento, así como hipotiroidismo, e incluso la muerte perinatal y del lactante.[467] Además, los datos a nivel nacional indican que los bebés en destete podrían no estar recibiendo suficiente yodo y, por lo tanto, podrían beneficiarse de un mayor consumo de sal yodada.[468]

De hecho, lo que actualmente consideramos una ingesta «adecuada» de yodo durante el embarazo puede ser insuficiente, ya que los datos sugieren que más del 36 por ciento de las mujeres embarazadas desarrollan hipotiroidismo (o insuficiencia tiroidea), incluso entre las mujeres embarazadas con un estado de yodo «adecuado» en el primer trimestre.[469] Es importante señalar que la falta de yodo sigue siendo un problema sanitario importante en todo el mundo, que afecta tanto a los países industrializados como a los países en vías de desarrollo: cincuenta y cuatro países siguen teniendo déficit de yodo.[470] Quizá por ello, el Consejo para una Nutrición Responsable —CRN, por sus siglas en inglés— recomendó recientemente que los suplementos dietéticos incluyan al menos 150 microgramos de yodo en todos los destinados a mujeres embarazadas y lactantes en Estados Unidos.[471] Pero hasta entonces, indicar a las mujeres embarazadas y lactantes que restrinjan conscientemente su ingesta de sal aumenta su riesgo de falta de yodo y puede ser una recomendación claramente perjudicial.

Uno de los mitos que persisten es que el exceso de sal durante el embarazo puede provocar preeclampsia, una peligrosa afección caracterizada por la hipertensión que puede poner en peligro tanto a la madre como al niño y provocar un parto prematuro, entre otras complicaciones. Hace más de cincuenta años, un estudio publicado en *The Lancet* sobre más de dos mil mujeres embarazadas descubrió que una dieta baja en sal, en comparación con una dieta alta en sal, provocaba más abortos espontáneos, bebés prematuros (nacidos antes de las 34 semanas de gestación), mortinatos, muertes perinatales y neonatales, edemas, preeclampsia (antes conocida como toxemia) y hemorragias.[472] Y como había menos preeclampsia en las que seguían la dieta alta en sal, se decidió más tarde que los casos de preeclampsia se tratarían con sal dietética adicional. Entre finales de mayo y finales de septiembre de 1957, se diagnosticó a veintiocho mujeres lo que entonces se conocía como «toxemia del embarazo». A ocho no se les dio sal extra, mientras que a las otras veinte se les aconsejó ingerir más sal dietética. Las veinte mujeres tratadas con sal extra mejoraron y todas dieron a luz a bebés sanos y a término. Según un informe del estudio, «cuanto mayor era la dosis de sal ingerida, más rápida y completa era la recuperación. La dosis extra de sal debía tomarse hasta el momento del parto; de lo contrario, los síntomas de toxemia reaparecían». En otras palabras, dar más sal trataba la preeclampsia en lugar de causarla o empeorarla —un malentendido muy común—. Veamos este informe del investigador del estudio publicado en *The Lancet*:

> Se indicó a dieciséis pacientes que midieran cada mañana cuatro cucharaditas colmadas de sal de mesa y que se aseguraran de haberla consumido toda al final del día. Se calculó que ingerían *unos 200-300 granos de sal al día (13-19,5 gramos de sodio)* [énfasis añadido]. Cuanto mayor era la cantidad ingerida, más rápida era la recuperación. Les resultaba más fácil tomar la mayor parte de esta sal en zumo de naranja, limonada o zumo de lima, y el resto en la comida. Se las visitó diariamente hasta que desaparecieron todos los síntomas. Todas se recuperaron completamente y continuaron bien con al menos tres cucharaditas colmadas de sal de mesa al día. Ninguna de ellas tenía la placenta infartada y todas dieron a luz a bebés vivos a término.[473]

Por el contrario, también se observaron ciertos efectos secundarios en las ocho mujeres que siguieron la restricción de sal, como:

> Fuertes dolores de espalda, algunas se quejaban de irritación en la piel de los brazos, las piernas o el abdomen, y otras de cansancio y rigidez en las extremidades. Algunas se quejaban de caídas porque las piernas les fallaban de repente. A veces esto era tan grave que tenían miedo de salir de sus casas o de cruzar la calle, por temor a caerse. Estos sínto-

mas no se desarrollaron en el grupo al que se administró sal, y si estaban presentes en el primer examen, desaparecieron en cuanto las mujeres tomaron más sal.[474]

En otras palabras, las dietas bajas en sal durante el embarazo parecen provocar debilidad muscular, sobre todo en las piernas, que se trató dando más sal. Los autores concluyeron que un aporte extra de sal en la dieta parecía «esencial para la salud de la embarazada, el feto y la placenta».[475] Debido a los riesgos que conlleva, los comités éticos probablemente no aprobarían este tipo de estudio hoy en día. Con este tipo de resultados en sólo dos pequeños ensayos controlados aleatorizados que probaron una dieta baja en sal frente a una dieta normal en sal en sólo unos pocos cientos de mujeres embarazadas, es posible que queramos reconsiderar seriamente la práctica de recomendar dietas bajas en sal a las mujeres embarazadas.[476]

En otro artículo se describe la experiencia de una mujer embarazada con presión arterial elevada y niveles bajos de aldosterona a la que se le administraron 20 gramos de sal al día, lo que provocó un descenso de la presión arterial sistólica y diastólica de 16 y 12 mmHg, respectivamente. Los autores concluyeron que la hipovolemia (disminución del volumen sanguíneo) durante el embarazo podría deberse a una menor capacidad para producir aldosterona y que a las mujeres embarazadas probablemente les vendría bien un suplemento de sal.[477] Otro estudio confirmó estos resultados, afirmaba que «apoyan la importancia de la sal en un embarazo normal, una cuestión clave dado el entusiasmo de las campañas para reducir el consumo de sal en la población general». Los investigadores sugirieron que la sal podría ser una «intervención barata y fácil», sobre todo en zonas con menos recursos, para ayudar a evitar condiciones peligrosas durante el embarazo como la preeclampsia.[478] En la próxima lista se resumen los posibles perjuicios de una dieta baja en sal durante el embarazo o en las mujeres que intentan quedarse embarazadas.

Consumir más sal puede incluso ayudar a prevenir que las mujeres embarazadas con tensión arterial normal pasen a padecer hipertensión o preeclampsia, ya que el volumen plasmático bajo es un factor de riesgo para el desarrollo de la hipertensión en estas mujeres.[479] De hecho, se ha observado sistemáticamente que el volumen sanguíneo se reduce en la preeclampsia, y su mejora puede ser la razón por la que la sal es tan útil para tratar la preeclampsia en el embarazo.[480]

Posibles perjuicios de una dieta baja en sal durante el embarazo o en las mujeres que intentan quedarse embarazadas

Menor probabilidad de quedarse embarazada.

Mayor probabilidad de aborto espontáneo.

Mayor riesgo de parto prematuro.

Mayor riesgo de mortalidad infantil.

Mayor riesgo de hemorragia en la madre.

Mayor riesgo de preeclampsia.

Mayor riesgo de que los bebés nazcan con poco peso, lo que puede llevarlos a convertirse en grandes consumidores o incluso dependientes de la sal, con un riesgo más alto de obesidad, resistencia a la insulina, hipertensión y una función renal comprometida.

7.8. Es posible que necesites más sal para obtener energía y mantener los músculos sanos

Un efecto secundario de las dietas bajas en sal que se observa en casi todas las poblaciones es la reducción de la energía y el aumento de la fatiga. Analicemos los resultados del ensayo de intervenciones y gestión antihipertensivo (TAIM, por sus siglas en inglés), un ensayo clínico multicéntrico, aleatorizado y controlado con placebo que evaluó nueve combinaciones diferentes de dieta y medicación para el tratamiento de la hipertensión leve.[481] En el estudio TAIM, el cambio promedio de ingesta de sodio pasó de 3.128 miligramos al día al inicio a 2.484 miligramos diarios después de seis meses. Esta reducción de más de 600 miligramos al día se asoció con un empeoramiento de la fatiga, alteraciones del sueño y disfunción eréctil.[482] En otras palabras, la restricción de sal reduce drásticamente la calidad de vida. Además, por mucho que lo intentaron, sólo un 25 por ciento de las personas logró reducir su ingesta de sodio por debajo de los 1.610 miligramos al día.[483] En comparación con el grupo de control, el doble de personas que siguieron la dieta baja en sodio se quejó de fatiga, y más de uno de cada tres pacientes presentó un aumento de los síntomas de fatiga.[484]

Entre los pacientes con síndrome de fatiga crónica, el 61 por ciento ha declarado que «normalmente o siempre intentaba evitar la sal y los alimentos salados»,[485] presuntamente porque creen que es saludable hacerlo. Pero puede ser una decisión muy poco saludable.[486] Las dietas bajas en sal pueden debilitar los músculos y aumentar o empeorar el síndrome de fatiga crónica, y pueden ser especialmente perjudiciales en personas con enfermedades que comparten los síntomas de este síndrome, como la hipotensión, los mareos, la sensación de aturdimiento y los desmayos —pérdida temporal de conciencia—, entre ellas la enfermedad de Parkinson.[487]

Si padeces alguno de estos síntomas o afecciones, pero intentas combatirlos con ejercicio, las dietas bajas en sal pueden aumentar la probabilidad de lesiones durante los entrenamientos, provocar períodos de recuperación más largos y disminuir la ganancia muscular. Además, los efectos secundarios de ciertos medicamentos podrían empeorar. Por ejemplo, el dolor muscular es un efecto adverso de las estatinas, y las dietas bajas en sal pueden predisponer a este problema, lo que dificulta aún más que las personas que toman estatinas puedan hacer ejercicio y, en consecuencia, aumenta el riesgo de ganar peso.

7.9. Se necesita más sal cuando las dietas con alto contenido en azúcar provocan un desgaste de sal

Los niveles elevados de glucosa en la sangre no sólo agotan la cantidad de sodio en el organismo a través de una mayor excreción, sino que también pueden reducir la concentración total de sodio en la sangre. Se sabe que un nivel elevado de glucosa en sangre reduce los niveles de sodio porque extrae agua de las células y la lleva al torrente sanguíneo.[488] Las personas con diabetes mal controlada y niveles elevados de azúcar en sangre pueden correr el riesgo de sufrir depleción de sodio, ya que los niveles elevados de glucosa pueden provocar esta diuresis osmótica, así como pérdida de sal e hiponatremia.[489]

Todo esto sugiere que, una vez que los niveles de glucosa se elevan de forma crónica, dar más sal a una persona puede mejorar su salud e incluso salvarle la vida. En un estudio de pacientes con resistencia a la insulina, los investigadores descubrieron que administrar unos 6.000 miligramos de sodio al día, en comparación con 3.000 miligramos de sodio al día, mejoraba su resistencia a la insulina.[490] Con más del 50 por ciento de los adultos de Estados Unidos considerados diabéticos o prediabéticos, las dietas bajas en sal pueden estar perjudicando a más de la mitad de la población adulta.[491]

A continuación se incluye una lista con las veintidós formas en que el azúcar provoca el agotamiento de la sal.

Veintidós formas en que el azúcar provoca la pérdida de sal

1. **Azúcar** → daña las células intestinales → enfermedad celíaca/enfermedad de Crohn/colitis ulcerosa → disminución de la absorción de sal por vía intestinal.[492]
2. **Azúcar** → mala absorción de fructosa → síndrome del intestino irritable → diarrea → aumento de la excreción de sal.[493]
3. **Azúcar** → *Candida albicans* → síndrome del intestino irritable → diarrea → pérdida de sal del tracto intestinal.[494]
4. **Azúcar** → daña la capacidad de reabsorción de los riñones (daño tubulointersticial) → riñones con pérdida de sal.[495]
5. **Azúcar** → daña los riñones → reducción de la tasa de filtración glomerular → retención preferente de agua → bajos niveles de sodio y cloruro en sangre.[496]
6. **Azúcar** → daña las células yuxtaglomerulares (atrofia del aparato yuxtaglomerular) y los túbulos renales → disminución de la producción de renina (hipertensión de baja renina) → disminución de la aldosterona (y disminución de la respuesta de los

túbulos renales a la aldosterona) → aumento de la excreción de sodio → pérdida de sodio.[497]

7. **Azúcar** → disautonomía diabética (mal funcionamiento del sistema nervioso autónomo) → disminución de la conversión de pro-renina en renina por el riñón → renina baja → aldosterona baja → pérdida de sodio.[498]
8. **Azúcar** → daña el corazón → insuficiencia cardiaca congestiva → retención preferente de agua para mantener el gasto cardiaco → riesgo de niveles bajos de sodio y cloruro en sangre.[499]
9. **Azúcar** → daña el hígado → hígado graso → cirrosis hepática → retención excesiva de agua → niveles bajos de sodio y cloruro en sangre.[500]
10. **Azúcar** → aumenta los niveles de glucosa en sangre → mayor necesidad de agua en sangre para prevenir la hiperglucemia → niveles bajos de sodio y cloruro en sangre.[501]
11. **Azúcar** → hiperglucemia → diuresis osmótica (poliuria/natriuresis) → hiponatremia hipovolémica (eliminación de sodio por la orina cuando los niveles de glucosa no están controlados).[502] Por cada 100 mg/dL de aumento de glucosa plasmática por encima de 150 mg/dL, el sodio sérico disminuirá aproximadamente 2,4 mEq/L.[503] Los pacientes diabéticos con niveles de glucosa no controlados tienen un mayor riesgo de hiponatremia.[504]
12. **Azúcar** → cetoacidosis diabética → las cetonas favorecen la eliminación de sodio → pérdida renal de sodio.[505]
13. **Azúcar** → diabetes → medicamentos para la diabetes (inhibidores del cotransportador 2 de sodio-glucosa [SGLT2], acarbosa, metformina, sulfonilureas) → aumento de la eliminación de sodio y/o riesgo de hiponatremia (por reducción de los niveles de insulina, reducción de la absorción y aumento de la eliminación de sodio, aumento de la secreción de hormona antidiurética).[506]
14. **Azúcar** → diabetes → reabsorción de líquidos hipotónicos debido al retraso del vaciado gástrico → bajos niveles sanguíneos de sodio y cloruro.[507]
15. **Azúcar** → hipertensión → medicamentos antihipertensivos (muchos de los cuales agotan el sodio, como diuréticos, beta-

bloqueantes, inhibidores de la ECA, antagonistas de los receptores de mineralocorticoides) → riesgo de hiponatremia.

16. **Azúcar** → obesidad → aumento del ejercicio para intentar perder/mantener el peso → pérdida de sal por sudoración → agotamiento de sal.
17. **Azúcar** → inflamación, estrés oxidativo, daño celular, niveles de insulina elevados → cáncer → niveles bajos de sodio en la sangre[508] → ciertos medicamentos contra el cáncer (cisplatino) → nefropatía por pérdida de sal.[509]
18. **Azúcar** → obesidad → cirugía bariátrica → reducción de la absorción de sal → riesgo de depleción de sal.[510]
19. **Azúcar** → *Candida albicans* → las proteínas de *Candida albicans* pueden unirse a la tiroxina → la respuesta alérgica a *Candida albicans* produce reacciones cruzadas con la tiroxina → tiroiditis autoinmune → hipotiroidismo → depleción salina.[511]
20. **Azúcar** → *Candida albicans* → reducción de la actividad de la lactasa en el intestino → intolerancia a la lactosa → diarrea → aumento de la excreción de sal.[512] Es importante destacar que los compuestos azucarados son necesarios para que la *Candida* se una a las membranas de la mucosa intestinal y, por tanto, el azúcar es necesario para que la *Candida* provoque intolerancia a la lactosa.[513]
21. **Azúcar** → *Candida albicans* → respuesta inmunitaria → alergia cruzada al gluten → enfermedad celíaca → daño a las microvellosidades intestinales → reducción de la absorción de sal.[514]
22. **Azúcar** → estenosis de la arteria renal de un riñón → isquemia renal → renina elevada → angiotensina-II elevada (conduce a hormona antidiurética [ADH] elevada) → sed y retención de agua → hiponatremia → aumento de la presión arterial → natriuresis por presión a través del riñón normal → depleción de volumen → mayor liberación de ADH → síndrome hiponatrémico-hipertensivo.[515]

7.10. Es posible que necesites más sal si padeces una enfermedad renal

A medida que envejecemos, nuestros niveles de renina y aldosterona se reducen y, con ellos, la capacidad de los riñones para retener sal, lo que aumenta el riesgo de déficit de sodio.[516] Las personas con insuficiencia renal crónica —riñones que no funcionan de manera óptima— no pueden mantener el nivel adecuado de sodio en el organismo, aunque sigan una ingesta normal o promedio de sodio. Un estudio encontró déficits de entre 5.750 y 6.900 miligramos de sodio después de sólo tres o cuatro días cuando la ingesta de sodio se redujo a entre 690 y 920 miligramos de sodio al día.

Una señal de que podrías tener enfermedad renal con pérdida de sal es que la orina contenga más sodio del que ingieres. Si padeces este tipo de enfermedad renal, es posible que necesites más de 6 o 7 gramos de sodio al día para mantener una función renal estable. Si reduces el consumo de sodio a entre 1.610 y 2.300 miligramos de sodio al día, podrías enfermar gravemente en poco tiempo debido al bajo volumen sanguíneo y a una función renal comprometida.[517] Básicamente, seguir las recomendaciones de dieta baja en sal (menos de 2.300 miligramos de sodio al día) puede provocar insuficiencia renal, colapso circulatorio e incluso la muerte en pacientes con enfermedad renal con pérdida de sal. Las personas que presentan niveles de aldosterona crónicamente elevados cuando ingieren una cantidad normal de sal, o niveles de aldosterona hasta diez veces superiores cuando siguen una dieta baja en sodio, podrían estar mostrando signos de enfermedad renal con pérdida de sal.

Las bombas de sodio del riñón no sólo ayudan a eliminar potasio, sino que también reabsorben sodio. El daño estructural o los cambios en los riñones pueden reducir la capacidad de estas bombas de sodio para absorber sodio y excretar potasio. Si éste es el caso, un nivel de potasio en sangre inapropiadamente alto puede indicar daños en las bombas de sodio y puede ser más fácil de detectar que la pérdida de sodio a través del riñón.[518]

A medida que los riñones envejecen, disminuye su capacidad para excretar agua, lo que predispone a las personas mayores a la hiponatremia.[519] Además, a medida que envejecemos, aumenta el riesgo de acidosis metabólica, que se considera un efecto secundario de la dieta occidental.[520] El ácido sobrante (iones de hidrógeno) debe secretarse a través de la orina, lo que aumenta el riesgo de acidosis tubular renal y disminuye la capacidad de los riñones para retener sodio.[521] Los riñones de los pacientes con hipertensión pueden retener agua en exceso o reabsorber cantidades insuficientes de sal (cloruro sódico), o ambas cosas.[522] Esto significa que los pacientes con hipertensión o ciertas enfermedades renales pueden necesitar más sal, para equilibrar no sólo las elevadas cantidades de agua retenida, sino también la pérdida de sal a través de los riñones.

Se ha comprobado que una reducción de la ingesta de sodio puede alterar la función renal y disminuir el flujo plasmático renal y la tasa de filtración del riñón.[523] Incluso en casos de hipertensión sin complicaciones, las dietas bajas en sal pueden provocar descensos significativos de sodio y cloro en sangre[524] e incluso inducir un *shock* debido a descensos bruscos de la presión arterial.[525] En las personas cuya función renal se ha visto afectada y que además tienen la tensión arterial baja, el aumento de la ingesta de sal puede mostrar una mejoría inmediata de los síntomas de *shock*.[526] Un grupo de autores concluyó que los beneficios de las dietas bajas en sal para la hipertensión no estaban probados, pero advirtieron de que «las dietas estrictamente bajas en sodio son poco apetecibles, requieren amplios ajustes ambientales y psicológicos, y conllevan riesgos ocasionales de inanición y —especialmente si hay daño renal— de colapso, uremia e incluso muerte».[527]

Las dietas bajas en sal también pueden reducir la tasa de filtración de los riñones, lo que puede aumentar la retención de nitrógeno en el organismo e incluso provocar la muerte en pacientes con uremia, una condición caracterizada por un desequilibrio de líquidos, hormonas y electrolitos en el que se acumulan productos tóxicos en la sangre. De hecho, un grupo de autores señaló los perjuicios de la privación de sal: «Se ha notificado retención de nitrógeno significativa y muerte por uremia en al menos dos pacientes hipertensos con este régimen».[528] Muchos de los medicamentos que se recetan habitualmente, incluidos los que reducen la frecuencia cardiaca (atenolol, por ejemplo) o previenen el ictus en pacientes con fibrilación auricular (como el dabigatrán), se eliminan por vía renal. Si las personas empiezan a reducir su consumo de sal mientras toman medicamentos que se eliminan por los riñones, esto podría reducir dicha eliminación, lo que aumentaría la concentración de estos fármacos en la sangre y, por tanto, aumentaría el riesgo de efectos secundarios graves (e incluso posiblemente la muerte). Por supuesto, las directrices sobre el bajo contenido en sal no mencionan este importante efecto secundario para los riñones de la restricción de sodio, por lo que los médicos y los pacientes no suelen ser conscientes de este riesgo.

La capacidad de nuestros riñones para diluir la orina disminuye a medida que la enfermedad renal avanza.[529] Y puesto que los pacientes con enfermedad renal crónica presentan una reducción de la tasa de filtración renal, empezamos a retener agua, lo que aumenta el riesgo tanto de aumento peligroso del volumen sanguíneo como de hiponatremia. Dado que la función principal de los riñones es reabsorber todo el sodio que se filtra, una reducción de la filtración glomerular no parece causar retención de sodio (ya que reabsorbemos aproximadamente el 99 por ciento del sodio que filtran los riñones; el 1 por ciento restante procede de la dieta). Aunque exista una verdadera retención excesiva de sodio por los riñones, el hígado puede indicar al intestino que reduzca la absorción de sodio, y tanto el hígado como el sistema gastrointestinal pueden indicar a los riñones que reabsorban menos sodio.[530] Además, el organismo puede desviar el exceso de sal hacia la piel y los órganos, e incluso posiblemente hacia los cartílagos y los huesos.[531] Todos estos mecanismos secundarios sugieren que el cuerpo humano está bien adaptado para manejar la sobrecarga de sal, pero no su déficit.

La restricción de sodio es especialmente perjudicial en la enfermedad renal crónica, ya que la hiponatremia es extremadamente frecuente (13,5 por ciento). De hecho, más de uno de cada cuatro pacientes con enfermedad renal crónica (26 por ciento) experimentará al menos un episodio de hiponatremia durante un período de cinco años, mientras que la tasa de hipernatremia es inferior a una de cada catorce personas (7 por ciento). La prevalencia de la hiponatremia parece disminuir ligeramente a medida que avanza la enfermedad renal, pero sigue siendo mucho más frecuente que la hipernatremia. La hiponatremia es de veinte a treinta veces más frecuente que la hipernatremia en los estadios 1 y 2 de la enfermedad renal crónica, de cinco a siete veces más frecuente en el estadio 3, y unas cuatro veces más en los estadios 4 y 5.[532]

Curiosamente, el impacto de la hiponatremia en la mortalidad tiene una magnitud similar independientemente del estadio de la enfermedad renal crónica, mientras que la magnitud de la mortalidad con hipernatremia es menos pronunciada cuando se hace más prevalente (durante los estadios más avanzados de la enfermedad renal). Esto indica que, aunque los niveles elevados de sodio en sangre pueden ser ligeramente más frecuentes en las fases avanzadas de la enfermedad renal (fases 4 y 5), no son tan perjudiciales. Esto puede deberse a que el organismo dispone de tiempo suficiente para adaptarse a los niveles elevados de sodio en sangre, lo que no parece ocurrir con los niveles bajos de sodio en sangre.[533]

En un estudio, tanto la hiponatremia como la hipernatremia pronosticaron un aumento de la mortalidad, con el menor riesgo de mortalidad encontrado en un nivel de sodio sérico de 140 a 144 mEq/L.[534] Otros expertos han definido el rango óptimo de sodio en sangre entre 139 y 143 mEq/L.[535] Si tu nivel de sodio en sangre no se encuentra dentro de este rango óptimo, puede que necesites consumir más (o menos) sal. Los riesgos de morir con niveles séricos de sodio superiores a 145 mEq/L (hipernatremia) y entre 130 y 135,9 mEq/L (hiponatremia) no parecen diferir significativamente entre sí en pacientes con enfermedad renal crónica. Sin embargo, una vez que los niveles de sodio en sangre descienden por debajo de 130 mEq/L, el riesgo de muerte casi se duplica en comparación a sólo 1,3 veces con un nivel de sodio en sangre superior a 145 mEq/L.

En resumen, la hiponatremia es extremadamente frecuente en la enfermedad renal crónica, especialmente en comparación con la hipernatremia. Restringir la ingesta de sodio en pacientes con enfermedad renal crónica no es necesariamente una buena idea y puede tener consecuencias negativas para la salud. De hecho, los pacientes con enfermedad renal crónica podrían beneficiarse de consumir más sal. Incluso los pacientes en hemodiálisis (que generalmente carecen de la capacidad de excretar sal entre las sesiones de diálisis) podrían beneficiarse de comer más sal, ya que la hiponatremia también aumenta el riesgo de mortalidad en estos pacientes.[536] Además, una ingesta baja de sodio en la dieta también se asocia con un mayor riesgo de muerte en pacientes en diálisis peritoneal,[537] y la hiponatremia constituye una complicación en este tipo de diálisis.[538]

Las dietas bajas en sal también pueden hacer que el azúcar sea más perjudicial para los riñones, ya que pueden provocar deshidratación, lo que activa la «vía del poliol» en los riñones que hace que formemos más fructosa a partir de la glucosa, metabolicemos la fructosa más rápidamente y aumente nuestro estrés oxidativo y el daño a los riñones.[539] Y, de nuevo, todo esto puede conducir a riñones que pierden sal. En resumen, si además de una dieta alta en azúcares se opta por una ingesta baja en sal, se obtiene la fórmula perfecta para que los riñones ya no puedan retener la sal.[540] Por eso, las dietas bajas en sal son potencialmente muy perjudiciales en quienes consumen dietas ricas en azúcar, especialmente en pacientes con diabetes.[541]

7.11. Es posible que necesites más sal si padeces enfermedad inflamatoria intestinal

La extirpación quirúrgica del intestino delgado puede provocar insuficiencia intestinal, el «síndrome del intestino corto», y reducir la capacidad de una persona para absorber sal.[542] Sin embargo, el intestino también puede fallar por inflamación, isquemia o trastornos de la motilidad. La función principal del colon, además de mover la materia fecal fuera del cuerpo, es absorber sal y agua. Los pacientes con enfermedad inflamatoria intestinal (como la enfermedad de Crohn o la colitis ulcerosa) tienen problemas considerables para absorber sal en el intestino y el colon, respectivamente, lo que los lleva a excretar más sal y a reducir los niveles de sodio en sangre, incluso en momentos de remisión.[543] Las personas a las que se les ha extirpado parte del colon (durante el tratamiento del cáncer de colon, por ejemplo) también corren el riesgo de desarrollar una depleción de sodio y agua.[544] De hecho, cualquier daño en la mucosa intestinal, como ocurre en la enfermedad celíaca, reducirá la absorción de sal y aumentará los riesgos de seguir una dieta baja en sal.

Solución a los calambres provocados por comer pocos carbohidratos

Un amigo mío, médico de atención primaria, David Unwin, empezó recientemente a lidiar con un problema doloroso. Llevaba un tiempo siguiendo un plan de alimentación bajo en carbohidratos cuando empezó a sufrir calambres dolorosos e incómodos en las piernas que podían hacerle gritar sin previo aviso. Estos calambres le sobrevenían en los momentos más inoportunos, como cuando estaba en consulta con un paciente, por ejemplo. Los calambres se debían probablemente a la dieta baja en carbohidratos que había empezado a seguir. Todos estos síntomas dolorosos, molestos e incómodos desaparecieron en cuanto añadió sal extra a su alimentación.

7.12. Es posible que necesites más sal si sigues una dieta baja en carbohidratos

Los pacientes que siguen dietas bajas en carbohidratos necesitarán más sal (especialmente durante las dos primeras semanas de la dieta) en comparación con alguien que tiene niveles más altos de insulina, es decir, alguien que consuma más de 50 gramos de carbohidratos al día. Los niveles más altos de cetonas, una mayor liberación de glucagón y niveles más bajos de insulina, que son todos cambios que se producen en una dieta baja en carbohidratos, aumentan la excreción de sodio.[545]

Cuando se restringe la ingesta de carbohidratos a 50 gramos al día, se produce la misma excreción de sodio que durante la inanición.[546] En un estudio de pacientes sanos, a pesar de consumir más de 100 gramos de proteínas y entre 1.500 y 2.000 calorías al día, la eliminación de los hidratos de carbono provocó una pérdida significativa de sodio de entre aproximadamente 4,7 y 5,6 gramos en sólo tres días. La depleción de sodio que anteriormente se atribuía a la falta de calorías durante el ayuno resultó ser el efecto de la restricción de carbohidratos.[547] Otro estudio realizado en sujetos obesos demostró que se eliminaron 4.266 miligramos de sodio del cuerpo en sólo siete días siguiendo una dieta baja en carbohidratos (40 gramos al día).[548] Eliminar por completo la ingesta de carbohidratos en pacientes sanos, reduciéndola a 0 gramos por día (según se observó en un estudio sobre ayuno/inanición) durante diez días, provocó una pérdida de 18,72 gramos de sodio del cuerpo, únicamente a través de la excreción urinaria.[549] En otro estudio con cuarenta pacientes obesos, las personas perdieron una media de entre 8 y 19 gramos de sodio en diez días.[550] Otro estudio de ayuno con siete mujeres obesas descubrió que pasaban por ciclos de excreción de sodio de cinco a seis días, perdiendo entre 18,6 y 57,3 gramos de sodio en un período de treinta días.[551] Está claro que las dietas bajas en carbohidratos (así como el ayuno prolongado) pueden provocar una reducción drástica del contenido total de sodio corporal (y, por tanto, un mayor riesgo de déficit de sodio). Las pérdidas de sodio en la orina en las dietas bajas en carbohidratos parecen disiparse al cabo de unas dos semanas, a medida que el organismo se adapta. Sin embargo, en comparación con cuando seguían una dieta más rica en carbohidratos, los individuos que siguen dietas bajas en carbohidratos siguen perdiendo más sal en la orina debido a la reducción de los niveles de insulina. Pueden experimentar síntomas como mareos, fatiga y antojos de carbohidratos, que podrían mejorar considerablemente si aumentaran su consumo de sal.

Añadir sal a una dieta baja en carbohidratos

La mayoría de los pacientes que inician una dieta baja en carbohidratos (menos de 50 gramos de carbohidratos al día) perderán entre 4 y 8 gramos de sodio en diez días, pero algunos pueden perder hasta 20 gramos durante ese período. Por eso es buena idea aumentar la ingesta de sodio en al menos un gramo al día durante las dos primeras semanas de una dieta baja en carbohidratos, o dos gramos al día durante la primera semana. Esto se puede conseguir comiendo tres pepinillos grandes en vinagre, cinco aceitunas grandes o un cubito de caldo de pollo disuelto en agua al día.

El doctor E. S. Garnett y sus compañeros hicieron un estudio en una unidad metabólica en el que siete mujeres obesas siguieron dietas de ayuno total (consumían sólo 115 miligramos de sodio al día). Estos autores descubrieron que, si bien el sodio intercambiable (el que puede entrar y salir del líquido extracelular) disminuyó durante la primera semana de ayuno, aumentó progresivamente hasta alcanzar los niveles previos al ayuno a pesar de continuar con el ayuno y la restricción de sodio.[552] Esto ocurrió a pesar de un gran balance negativo de sodio, lo que indica que el sodio almacenado (ya sea en los huesos, la piel o los órganos) se movía hacia el espacio de sodio intercambiable. Estos hallazgos sugieren que el ayuno prolongado, sumado a una ingesta baja de sodio, extrae sodio de las reservas corporales (como los huesos) para reponer el espacio de sodio intercambiable. Básicamente, el ayuno prolongado, especialmente acompañado de una ingesta baja de sodio, puede poner a los pacientes en riesgo de osteoporosis, ya que el sodio es un componente importante en la formación ósea y parece agotarse durante el ayuno.

En realidad, no podemos basarnos en los niveles de sodio en sangre para saber si una persona tiene falta de sal, porque el organismo mantiene un nivel normal de sodio en sangre a expensas del agotamiento de sodio en otras partes del cuerpo. A pesar de comenzar con diferentes niveles de sodio corporal total, casi todos los pacientes dejan de perder sodio una vez que alcanzan alrededor de 69 gramos de sodio corporal total. De hecho, entre 63 y 69 gramos de sodio corporal total pueden indicar el nivel mínimo de sodio corporal necesario para la supervivencia humana. Es importante destacar que, en un estudio, un paciente que comenzó con 151 gramos de sodio corporal total perdió 82 gramos de sodio durante el ayuno total, mientras que los demás pacientes perdieron mucho menos. Este estudio sugiere que ciertos individuos funcionan con un mayor contenido total de sodio corporal en comparación con otros y, por tanto, algunos corren menos riesgo de tener déficit de sal. Esto significa que algunas personas son probablemente más susceptibles a los efectos nocivos de las dietas bajas en sal que otras, y debemos determinar quiénes son esas personas antes de publicar recomendaciones generales sobre el consumo de sal.[553]

7.13. Es posible que necesites más sal para prevenir la deficiencia de yodo

La yodación de la sal ha sido una victoria importante de la salud pública para eliminar el bocio en todo el mundo. En un estudio se evaluó a 133 personas para ver si la restricción de sal estaba relacionada con la carencia de yodo.[554] A la mitad de los participantes se les asignó una dieta con sodio normal y a la otra mitad, una dieta con ingesta reducida de sodio; luego se midieron las excreciones de sodio y yoduro durante veinticuatro horas. Los resultados indicaron que los del grupo de restricción de sal consumían sólo 1,9 gramos de sodio al día, y el 50 por ciento de los pacientes excretaba 100 microgramos o menos de yoduro al día a los ocho meses. En otras palabras, más de la mitad de los sujetos que restringieron su consumo de sal probablemente no estaban ingiriendo la cantidad de yodo recomendada, y estos sujetos consumían más sodio del que recomienda actualmente la Asociación Estadounidense del Corazón (1,9 gramos al día frente a menos de 1,5 gramos al día, respectivamente) y cumplían las recomendaciones de la OMS (menos de 2 gramos de sodio al día). Sin embargo, sólo el 25 por ciento de los pacientes que seguían una dieta normal en sodio excretaban 100 microgramos o menos de yoduro al día a los ocho meses. Básicamente, en comparación con las personas que no restringen su consumo de sal, las que siguen el consejo de consumir poca sal pueden tener el doble de probabilidades de no ingerir la cantidad diaria recomendada de yodo.

Para prevenir el bocio es necesario consumir entre 50 y 70 microgramos de yodo al día. Según los niveles de yoduro en la orina durante veinticuatro horas, el 15 por ciento de las personas del grupo con baja ingesta de sal corrían el riesgo de padecer bocio, frente al 10 por ciento del grupo de control, lo que sugiere que el riesgo de desarrollar bocio aumenta en un 50 por ciento con una dieta baja en sal (alrededor de 1,9 gramos de sodio) frente a una dieta normal. El riesgo es ciertamente mayor en quienes no consumen alimentos naturalmente ricos en yodo. Es importante señalar que aproximadamente el 50 por ciento de los participantes en este estudio comían marisco al menos una vez a la semana, por lo que es posible que este estudio subestime el riesgo de desarrollar bocio por carencia de yodo en quienes no comen regularmente la misma cantidad de marisco. Curiosamente, en la época en que se llevó a cabo este estudio (1983-1984), los yodóforos todavía se utilizaban mucho como agentes de limpieza en la industria láctea, lo que garantizaba que los productos lácteos aportaran más yodo.[555] Así, las poblaciones actuales, que consumen productos lácteos sin los mismos niveles de yodóforos, pueden correr un riesgo aún mayor de padecer carencia de yodo y bocio que el grupo del estudio.

7.14. Es posible que necesites más sal para combatir las infecciones

Nuestro sistema de defensa del organismo puede estar impulsado por la sal, que podría activar otros sistemas de defensa antimicrobianos. Sin la sal no podríamos eliminar eficazmente los patógenos de la piel, ya que un entorno hipertónico aumenta la producción de óxido nítrico, lo que ayuda a eliminar dichos patógenos.[556] La razón por la que la excreción de sal se reduce de forma considerable en los pacientes que tienen fiebre e infección puede ser la de ayudar a combatir a los invasores microbianos. Consumir suficiente sal puede garantizar unos depósitos adecuados de sal en nuestra piel, lo que puede favorecer la acción de macrófagos protectores para atacar las infecciones bacterianas. Los autores de un estudio concluyeron: «Nuestros hallazgos sugieren que la formación de edema en una infección no sólo se caracteriza por la retención de agua e hinchazón, sino que también crea un microambiente de alta concentración de sodio». Los investigadores descubrieron que, en los ratones alimentados con una dieta rica en sal, su «reserva de sodio» resultaba especialmente eficaz para combatir las infecciones por *L. major*, y que la sal cumplía una función de barrera antimicrobiana en la piel.

Seguir una dieta normal en sal puede ayudarnos a prevenir infecciones cutáneas. A medida que entramos en la era de la resistencia a los antibióticos, las infecciones cutáneas pueden llegar a ser letales si se vuelven sistémicas. Aún más aterrador: las dietas bajas en sal pueden predisponernos a un mayor riesgo de complicaciones, o incluso de muerte, por *Staphylococcus aureus* resistente a la meticilina (SARM) y otras infecciones cutáneas o bacterias carnívoras. El SARM suele tratarse con un medicamento llamado Bactrim/Septra (una combinación de trimetoprima y sulfametoxazol), que puede causar daño renal y acidosis metabólica, lo que también puede provocar pérdida de sal. El sulfametoxazol provoca un aumento de la excreción de sodio por los riñones, por lo que los pacientes que reciben dosis elevadas de este medicamento pueden correr el riesgo de sufrir una depleción de sodio.[557] Además, dado que la sal es tan importante para combatir las infecciones cutáneas, una dieta más rica en sal puede ayudar a los pacientes diabéticos a curar sus úlceras cutáneas (una complicación frecuente). En resumen, los pacientes diabéticos pueden necesitar aún más sal para prevenir y tratar las úlceras cutáneas. Pero la piel no es el único órgano al que la sal ayuda a combatir infecciones. Altas concentraciones de sal en los órganos linfáticos (ganglios linfáticos, bazo, tiroides) y en los tejidos inflamados pueden ayudar al cuerpo a combatir las infecciones.[558] Una dieta rica en sal también puede ayudar en casos de sepsis, ya que la solución salina hipertónica aumenta la función de las células T,[559] y puede ayudar en otras infecciones sistémicas, como el virus de la inmunodeficiencia humana (VIH) u otros virus peligrosos, como el Ébola, o en enfermedades como la hepatitis.

Las infecciones también pueden llegar a través de los alimentos. Cada año se producen más de un millón de casos de intoxicación alimentaria en Estados Unidos (casi quinientos de ellos mortales), y las versiones «bajas en sal» de los productos alimenticios envasados pueden tener un recuento microbiano más alto que las versiones con sal normal, lo que aumenta el riesgo de intoxicación alimentaria.[560] Por lo tanto, los alimentos envasados bajos en sal pueden aumentar el riesgo de enfermedades transmitidas por los alimentos. Además, cuando se sufre una intoxicación alimentaria se pierde mucha sal a través de los vómitos y la diarrea. Básicamente, las dietas bajas en sal pueden aumentar el riesgo de muerte en más de un millón de casos de intoxicación alimentaria que se producen cada año sólo en Estados Unidos.

Un estudio en Australia estimó que reducir ligeramente las tasas de crecimiento microbiano puede tener un gran impacto en el riesgo de listeriosis derivada de las carnes procesadas. Los autores del estudio afirmaron que «reducir la tasa de crecimiento de *L. monocytogenes* en un 50 por ciento disminuyó el riesgo de enfermedad en la población entre un 80 y un 90 por ciento».[561] Esto sugiere que incluso un pequeño aumento en la tasa de crecimiento, como resultado de una disminución de la sal sin un ajuste adecuado de otros factores conservantes, podría aumentar considerablemente el riesgo para la población susceptible.

Todo esto indica que reducir el contenido de sal de los alimentos, en un esfuerzo por cumplir con directrices poco científicas sobre el consumo reducido de sal, puede aumentar el riesgo de enfermedades transmitidas por los alimentos y el grado de desperdicio alimentario. «Un fabricante que produce beicon con bajo contenido en sal ya ha utilizado esta técnica; cuando el contenido de sal del beicon se redujo del 3,5 por ciento al 2,3 por ciento, la vida útil se redujo de 56 a 28 días.»[562] Reducir el contenido de sal en los alimentos envasados con el fin de mantener la estabilidad microbiana también puede requerir un mayor uso de conservantes cuestionables, como fosfatos, nitratos y nitritos, los cuales probablemente son más perjudiciales para nuestra salud que la sal.[563]

Puede que también se necesite más sal para...

- **Autismo**: el autismo es un trastorno complejo, con muchas causas probables y vínculos genéticos. Sin embargo, una teoría sostiene que el autismo podría ser un trastorno por sobrehidratación, en el que los bajos niveles de sodio en la sangre agotan ciertos nutrientes esenciales para el cerebro, como la taurina y la glutamina.[564] Ésta podría ser una de las razones por las que los niños con trastornos del espectro autista tienden a tener antojos de sal. Los niños con autismo podrían beneficiarse de consumir más sal, mientras que las dietas bajas en sal podrían empeorar su condición. Las sales de rehidratación oral también podrían ser beneficiosas en el autismo.[565]
- **Cafeína**: las bebidas con cafeína, al actuar como diuréticos naturales, pueden aumentar la pérdida de agua y sal por los riñones. El café es la segunda bebida más consumida en todo el mundo, y el té la tercera, sin mencionar otras bebidas con cafeína, como los refrescos y las bebidas energéticas o deportivas que inundan el mercado. Ahora más que nunca, debido a nuestra adicción a la cafeína, somos una sociedad que excreta sal.
- **Ciertas condiciones**: la hiponatremia hipotónica puede darse en casos de polidipsia grave —frecuente entre pacientes con esquizofrenia— o en la «hiponatremia del bebedor de cerveza», también conocida como «síndrome de potomanía cervecera»: las personas

que consumen cerveza en exceso básicamente se provocan a sí mismas una hiponatremia por dilución. Ciertos tipos de acidosis tubular renal y alcalosis metabólica provocan hiponatremia, ya que el aumento de bicarbonato en la orina obliga al sodio a salir de los riñones.[566] El síndrome de pérdida de sal cerebral (derivado de una hemorragia subaracnoidea) también puede causar niveles bajos de sodio en la sangre. La hiponatremia euvolémica puede estar causada por hipotiroidismo, insuficiencia suprarrenal primaria e hipopituitarismo con insuficiencia suprarrenal secundaria. La enfermedad autoinmune de Addison también puede provocar hiponatremia, así como otros trastornos de insuficiencia suprarrenal, como la fatiga suprarrenal.[567] El déficit de cortisol también puede provocar hiponatremia.[568]

- **Nicotina**: las personas que consumen formas de tabaco que contienen nicotina (cigarrillos, puros, pipa y tabaco de mascar) tienen un mayor riesgo de presentar niveles bajos de sodio en sangre debido a la capacidad de la nicotina de aumentar la retención de agua (mediante un incremento en la producción de la hormona antidiurética).[569]

Debido a los numerosos estados de enfermedades crónicas y medicamentos que provocan una disminución de la sal en el mundo occidental, ahora corremos un riesgo mucho mayor de déficit de sal que incluso las sociedades primitivas que consumen muy poca sal. Afortunadamente, ahora que somos conscientes de ello, podemos hacer algo al respecto y, al hacerlo, podemos ayudarnos a prevenir o incluso revertir muchas de las condiciones más debilitantes de hoy en día. Es hora de recuperar la sal. En el próximo capítulo, te guiaré paso a paso por un plan para corregir el equilibrio de sal en tu cuerpo, reconectar con tu termostato de sal innato, elegir las mejores fuentes de sal de alta calidad para tu situación y liberarte de la culpa por el consumo de sal, para que puedas volver a disfrutar de la vitalidad, la energía y la deliciosa satisfacción salada que la sal puede aportar.

8

La solución está en la sal: dale a tu cuerpo lo que realmente necesita

Ya hemos visto la evidencia: ¡tu cuerpo necesita más sal! Por suerte, revertir tu déficit de sal es sencillo; simplemente cediendo a tus antojos naturales e innatos, puedes guiarte de forma natural de vuelta hacia la cantidad ideal de sal que tu cuerpo necesita para funcionar de manera óptima. Te han enseñado a ignorar esos antojos y a hacer caso omiso del termostato de sal de tu cuerpo, por lo que puede llevar un poco de tiempo y experimentación reajustar esos mecanismos de protección internos. Por suerte, con sólo algunos cambios en tu alimentación y estilo de vida actuales puedes mejorar tu salud de forma notable y duradera.

He creado un plan de cinco pasos para ayudarte a simplificar el proceso de reajustar tu termostato salino innato, revertir cualquier estado actual de inanición interna y devolver tu cuerpo a su estado natural de equilibrio. Planteo estos cambios en cinco pasos para que sean más fáciles de llevar a cabo, de forma que cada paso se apoye en el anterior. Pero puedes seguir estos pasos en un orden diferente si lo consideras más adecuado para tu vida. Puedes incluso hacer todos estos cambios ahora mismo. Haz lo que te parezca mejor. Pero intenta incorporar algún aspecto de cada uno de estos pasos, ya que así te asegurarás de restaurar los niveles de sal que tu cuerpo necesita para funcionar correctamente.

Este programa no tiene inconvenientes. Disfrutarás de más energía, menos infecciones, un mejor rendimiento sexual y deportivo y un metabolismo más rápido. Tu cuerpo tendrá mayor inmunidad, mejor funcionamiento celular y mucho menos estrés en los órganos vitales. Lo único que tienes que hacer es comer alimentos deliciosos sin calorías añadidas. ¿Qué hay mejor que eso? A continuación, te explico cómo conseguirlo.

8.1. Paso 1: visita a tu médico para comprobar si padeces inanición interna

Si acumulas grasa en la zona abdominal o tienes un hambre voraz todo el tiempo, y tu consumo de sodio es bajo o tu ingesta de azúcar es alta, es posible que estés empeorando tu resistencia a la insulina subyacente. Y tus niveles elevados de insulina podrían estar llevándote progresivamente hacia un estado de inanición interna. Si estos patrones te resultan familiares, considera programar una visita con tu médico de cabecera.

Otros signos de que tus niveles de insulina están desequilibrados y están provocando inanición interna son los siguientes:

- Si comes o bebes algo con un alto contenido de azúcares añadidos —generalmente más de 20 gramos— y después te sientes tembloroso, nervioso o sudoroso, puede significar que tu cuerpo está produciendo insulina en exceso y provocando una caída brusca de tu nivel de azúcar en sangre.
- Si se te ha diagnosticado la enfermedad del hígado graso no alcohólico, que afecta aproximadamente al 30 por ciento de los adultos en Estados Unidos, es otra pista de que probablemente estés sufriendo un estado de inanición interna.

Si esto te suena familiar, esto es lo que debes hacer:

Controlar tus niveles de insulina. Cuando conciertes una cita con el médico, asegúrate de solicitar con antelación un análisis del nivel de insulina en ayunas. Esto permitirá detectar niveles elevados de insulina y, de manera indirecta, saber si estás experimentando un estado de inanición interna, por lo que podrás hablar de los siguientes pasos durante la visita al médico.

Generalmente, un nivel de óptimo de insulina en ayunas es de

5 uIU/mL o menos; si es superior, probablemente almacenarás más grasa que alguien que tenga un nivel de insulina en ayunas más bajo, aunque ambos consumáis el mismo número y tipo de calorías. Para poner esta cifra en perspectiva, las sociedades menos desarrolladas suelen tener un nivel de insulina en ayunas de 3 a 5 uIU/Ml; en cambio, en Estados Unidos la media de insulina en ayunas es de 9 a 11 uIU/mL, aunque ha variado un poco a lo largo de los años.[570]

Buscar pruebas más detalladas. Para obtener resultados más precisos, puedes plantearte solicitar lo que suele denominarse una «prueba de tolerancia a la glucosa» junto con un análisis de insulina. En esta prueba se miden tus niveles de insulina y azúcar en sangre dos horas después de consumir una bebida que contiene 75 gramos de glucosa. La prueba ayuda a determinar si tienes un gran pico de azúcar e insulina en sangre después de una comida, lo cual suele ser un indicador más preciso de inanición interna. Si tienes niveles elevados de insulina en ayunas o niveles altos de insulina posprandial (después de comer), probablemente tengas cierto grado de inanición interna, y esos niveles elevados de insulina harán que almacenes una cantidad anormal de grasa por cada caloría consumida.

Revaluar tu medicación. Si las pruebas detectan niveles elevados de insulina, es conveniente que hables con tu médico para reducirlos. El primer paso es que tu médico evalúe si algún medicamento que tomas podría estar causando resistencia a la insulina o niveles elevados de insulina. Muchos fármacos comunes —incluidos los antidepresivos ISRS, ciertos antipsicóticos, diuréticos y betabloqueantes para la hipertensión, etcétera— pueden empeorar la resistencia a la insulina. Para cada una de estas enfermedades subyacentes puede haber otros fármacos, o bien mejores opciones dentro de la misma clase que puedan tratar eficazmente lo que te produce malestar sin provocar niveles elevados de insulina. Según tus niveles de insulina en ayunas y de azúcar en sangre, también puede que te interese saber si te convendría tomar un medicamento sensibilizador a la insulina (como metformina, acarbosa o pioglitazona). La tabla 8.1 proporciona medicamentos alternativos que pueden ayudar a prevenir o revertir la resistencia a la insulina.

Tabla 8.1. Cambios de medicación para prevenir (o revertir) la resistencia a la insulina

Medicación actual	Alternativa
Diuréticos	
Hidroclorotiazida	Indapamida
Betabloqueantes	
Atenolol o Metoprolol	Carvedilol o Nebivolol
Estatinas	
Atorvastatina, Simvastatina, Rosuvastatina	Livalo® o pravastatina
Medicamentos antidiabéticos	
Gliburida, glipizida, glimeperida, insulina, repaglinida	Acarbosa, metformina, pioglitazona
Inhibidores de la enzima convertidora de angiotensina (ECA)	
Enalapril o Lisinopril	Perindopril

8.2. Paso 2: reemplaza los azúcares simples por sal

El dicho de «todo con moderación» se aplica al consumo de sal y azúcar, pero la definición de «moderación» puede ser más amplia de lo que pensabas en el caso de la sal y mucho más restrictiva de lo que creías para el azúcar. Busca el equilibrio:

- La cantidad total de sal que deseas, suficiente para satisfacer las necesidades de tu cuerpo y complacer a tu paladar, sin excederte (no más de unos 6.000 miligramos de sodio al día para alguien que no elimina la sal por los riñones o no la absorbe bien).
- La cantidad mínima de azúcar para satisfacer tu gusto por lo dulce, tratando de reducirla siempre que sea posible, y sólo en ocasiones muy puntuales consumiendo más de 30 gramos de azúcar añadido, ya que una cantidad superior puede poner en riesgo tu salud.

Cuando los pacientes acuden a la consulta del médico con presión arterial alta, la primera recomendación que hacen muchos médicos es reducir el consumo de sal, pero creo que se podrían salvar muchas vidas si instáramos a los pacientes a disfrutar de una cantidad abundante de sal y a reducir considerablemente el consumo de azúcar. Permitirte comer tanta sal como desees puede ayudarte a dejar tu adicción al dulce.

Durante años se te ha dicho que, para mantener tu consumo de sal dentro de los límites adecuados, debes reeducar tus papilas gustativas para acostumbrarte a consumir menos. Pero ahora sabes que tus papilas gustativas no son las que controlan tu consumo de sal: tu termostato interno de sal regula tus papilas gustativas para aumentar o disminuir la ingesta total de sal.

Si consumes más sal de lo normal —si se te va la mano con el salero— es probable que tu cuerpo te esté diciendo que necesita esa sal extra para gozar de una salud óptima. En cambio, ocurre lo contrario con el azúcar: lo dulce puede secuestrar tu cuerpo y tu cerebro, y hacer que tu consumo de azúcar aumente constantemente hasta alcanzar niveles peligrosos, todo ello impulsado por los antojos y la dependencia. Una vez más, a diferencia de la sal, puedes romper esa adicción reeducando tus papilas gustativas y, como vimos en el capítulo 6, aumentar la sal a medida que reduces el azúcar puede ayudar a tu cuerpo a manejar esta transición de varias otras maneras también.

Hay gente que considera que un enfoque radical para reducir el consumo de azúcar funciona bien; otras prefieren un enfoque gradual. Creo que es un poco más fácil y sostenible reducir el consumo de azúcar poco a poco, a medida que se aumenta el consumo de sal. Independientemente del enfoque que elijas, éstas son las pautas óptimas de consumo de azúcar que debes seguir:

Consume 20 gramos de azúcar o menos. Intenta limitarte a no más de 20 gramos (unas cinco cucharaditas) al día de «azúcares añadidos» o «azúcares libres» (en zumos de frutas, siropes y miel; esto puede no aplicarse necesariamente a la miel silvestre cruda, que contiene una gran cantidad de antioxidantes). Ten en cuenta que esta recomendación es independiente de los azúcares naturales que puedas consumir en frutas, verduras y otros alimentos integrales. En general, recomiendo seguir la regla del 20/80: no consumir más de

20 gramos de azúcar refinado al día y seguir esta regla al menos el 80 por ciento del tiempo (ocho de cada diez días, por ejemplo). Si lo consigues, estarás en el buen camino para superar tu adicción al azúcar y mejorar tu salud.

Nunca te bebas el azúcar. Para reducir el azúcar en tu dieta, lo primero que tienes que hacer es eliminar cualquier fuente de azúcares añadidos líquidos o libres, como refrescos, zumos de fruta (incluso los ciento por ciento naturales), batidos, tés helados endulzados, bebidas energéticas, bebidas isotónicas y cafés con leche o moka, e incluso las cucharaditas de azúcar que añades al café. El azúcar líquido es el peor porque se absorbe más rápidamente y, por lo tanto, tiene peores consecuencias metabólicas que las fuentes sólidas. Los 40 gramos de azúcar que puedes beber en cuestión de segundos con una sola lata de refresco te inundan con una enorme carga de azúcar. Todo ese azúcar puede superar la capacidad del cuerpo para metabolizarlo, por lo que reducir el consumo de estas bebidas azucaradas (o, idealmente, renunciar a ellas por completo) es la medida que más impacto tendrá en tu cuerpo con un solo cambio. Los edulcorantes artificiales tampoco son la solución; sigue leyendo para obtener más información al respecto.

Elimina los azúcares ocultos. Una vez que hayas eliminado las fuentes obvias de azúcar añadido, empieza a evitar azucares añadidos, como el jarabe de maíz con alto contenido en fructosa y la sacarosa, presentes en otros alimentos procesados. Las investigaciones han demostrado que el simple hecho de reducir la ingesta de fructosa añadida disminuye los niveles crónicamente elevados de insulina y reduce la resistencia a la insulina, por lo que se trata de un cambio esencial que debes hacer.[571] Adquirir el hábito de leer las etiquetas de los alimentos y los ingredientes de los productos envasados puede ayudar a descubrir los azúcares ocultos. El azúcar tiene muchos nombres diferentes: además del azúcar blanco granulado, el azúcar extrafino, el azúcar moreno y el azúcar sin refinar, también está el jugo de caña evaporado, el jarabe de maíz, el néctar de agave, el jarabe de arce, el azúcar de coco y la mayoría de los que terminan en *-osa* (maltosa, dextrosa, etcétera).

Ten cuidado con los azúcares «saludables». Algunas formas de azúcar se promocionan como «más saludables» que otras, y en realidad hay algo de verdad en ello, pero es más correcto decir que algunos azúcares son más perjudiciales que otros. Desde el punto de vista fisiológico, la fructosa y la glucosa se metabolizan de forma diferente en el organismo, por lo que los azúcares que contienen fructosa no son iguales a los que contienen glucosa pura. A pesar de sus diferentes sabores, texturas y colores, el valor nutricional de la mayoría de las formas de azúcar es bastante comparable, aunque la melaza contiene trazas de calcio, hierro y potasio, y la miel destaca por su mayor contenido de propiedades antioxidantes y antibacterianas. Y aunque una cantidad determinada de cualquier forma de azúcar tiene el mismo número de calorías (16 por cucharadita), las calorías de la fructosa son mucho más perjudiciales.[572]

El sirope de agave solía tener una reputación saludable porque tiene un índice glucémico bajo, lo que significa que provoca un aumento más suave del azúcar en sangre cuando se consume. Sin embargo, recientemente ha sido vilipendiado porque contiene cantidades muy elevadas de fructosa, incluso más que el sirope de maíz con alto contenido en fructosa (y que lleva mucho tiempo en lo más alto de la lista de productos prohibidos). El problema es que el sirope de agave y otros azúcares que contienen fructosa pueden favorecer la inflamación no saludable e interferir con las hormonas que regulan el apetito (como la leptina y la grelina), lo que puede provocar aumento de peso, especialmente en la zona abdominal. Además, consumir grandes cantidades de sirope de agave probablemente aumente las posibilidades de desarrollar resistencia a la insulina, lo que te pone en riesgo de padecer diabetes o dificulta su control si ya la padeces. Básicamente, cuando se consume, la fructosa del jarabe de agave, la sacarosa (azúcar de mesa) o el jarabe de maíz con alto contenido en fructosa entran en las células como un tren de mercancías fuera de control, sobrecargando el sistema de regulación del azúcar en sangre, lo que provoca estrés oxidativo, inflamación, agotamiento del ATP (adenosín trifosfato, que suministra energía para numerosos procesos bioquímicos celulares) y resistencia a la insulina. Es una cascada de efectos perjudiciales, se mire como se mire. Cualquier combinación de fructosa y glucosa puede poner en marcha este efecto dominó. Aprender los más de sesenta nombres de los diferentes tipos de azúcar es un paso en la dirección correcta y te ayudará a evitar consumir azúcar sin darte cuenta. Aunque el azúcar que sólo contiene glucosa (como la dextrosa o el jarabe de maíz) no es tan perjudicial para la salud como otras formas que contienen tanto fructosa como glucosa —como el jarabe de maíz con alto contenido en fructosa, la sacarosa, el jugo de caña evaporado, el azúcar moreno y posiblemente incluso la melaza—, sigue pudiendo provocar resistencia a la insulina y un aumento de peso no deseado.

Evita por completo los azúcares artificiales. La mayoría de los sustitutos del azúcar no son necesariamente la solución. Básicamente, los edulcorantes artificiales confunden a tu cuerpo: cuando el sabor dulce de los sustitutos no va acompañado de azúcar real, tu apetito se dispara para que el cuerpo pueda obtener el azúcar que cree que merece. Esto puede llevarte a buscar azúcar real en tu dieta, e incluso puedes terminar consumiendo más dulces. Además, cualquier carbohidrato que acompañe a las bebidas dietéticas (pan de hamburguesa, patatas fritas, etcétera) puede absorberse más fácilmente, lo que provoca picos de glucosa y conduce a peores resultados de salud.

Haz que tu gusto por lo dulce se acostumbre a fruta apenas madura. Mientras rehabilitas tus papilas gustativas, si sientes antojo de un rápido aporte de azúcar, opta por pequeñas cantidades en forma sólida, y come despacio y saboreando. Comer una pieza de fruta apenas madura (algunas frutas del bosque, un melocotón o nectarina, cubitos de melón o incluso una manzana o pera) puede ayudar. La fruta completamente madura o demasiado madura tiene un mayor contenido de azúcar porque carece de almidón resistente. Además, consumir azúcar junto con proteína puede aumentar la sensación de saciedad y disminuir el rápido aumento de glucosa en sangre que se produciría de otro modo. Una pequeña porción de chocolate negro con almendras y sal marina debería ser suficiente, ya que el chocolate negro te proporcionará el dulzor que deseas, la sal marina estimulará la liberación del neurotransmisor dopamina —que controla los centros de recompensa y placer del cerebro— y las almendras te proporcionarán una saciedad duradera. Tomar un batido de proteína de chocolate orgánico de buena calidad —como los de la marca Svelte, que contiene estevia en lugar de azúcar—, también es una buena forma de frenar tus antojos de azúcar de forma saludable, a la vez que favorece la sensación de saciedad (gracias a la proteína). La estevia es un compuesto vegetal natural que se ha consumido durante miles de años, a diferencia de los edulcorantes artificiales producidos químicamente. Svelte me ayudó cuando sentía una necesidad repentina de azúcar. Con sólo unos sorbos, mi antojo de dulce desaparecía, y al cabo de unos meses ya ni siquiera lo necesitaba. La estevia en pequeñas dosis —como máximo 10 gramos al día— puede ayudarte a dejar tu adicción a los dulces.

No caigas en el «azúcar» de los carbohidratos sabrosos. Para ello, reduce considerablemente el consumo de carbohidratos refinados, como el pan blanco, el arroz blanco, la pasta e incluso las verduras con almidón, como las patatas blancas. Aunque hay una excepción: lee el recuadro siguiente —«Patatas sin remordimientos»— para conocerla. Otras estrategias incluyen comer carbohidratos saludables en pequeñas cantidades, como una rebanada de pan esenio —de granos germinados— con aceite de oliva virgen extra. Este pan sin harina proporciona la «dosis de azúcar» necesaria, y el aceite de oliva aporta saciedad adicional, así como compuestos fenólicos saludables.

Patatas sin remordimientos

Aunque las preparaciones tradicionales de las patatas blancas pueden provocar enormes picos de glucosa en sangre, si modificas un poco su preparación, podrás seguir disfrutando de este alimento reconfortante en ocasiones especiales. Si cocinas las patatas menos de lo habitual y las dejas enfriar durante ocho horas en la nevera antes de consumirlas, el proceso de enfriamiento convierte las patatas «almidonadas» en patatas «fibrosas». Puedes comprar patatas pequeñas —preferiblemente ecológicas— y prepararlas lavándolas y cortándolas en cuartos. Precalienta el horno a 180 °C. Coloca las patatas previamente cortadas en un bol grande junto con cebollas picadas y rocíalas ligeramente con aceite de oliva virgen extra. Mezcla las patatas y las cebollas y colócalas en una fuente de cristal para horno. Salpimiéntalas y mételas en el horno durante 40-45 minutos, hasta que queden ligeramente poco cocidas. Cocinar y luego enfriar las patatas aumenta sus niveles de almidón resistente, lo que reduce su índice glucémico y ayuda a favorecer la pérdida de peso.

Puedes utilizar este proceso con cualquier tipo de patata, desde las blancas hasta las dulces. Y, por supuesto, no dudes en echarle sal a tu gusto a tu plato de patatas.

Una rebanada de pan esenio contiene sólo 14 gramos de carbohidratos (3 gramos de los cuales son fibra, lo que proporciona un contenido neto efectivo de carbohidratos de apenas 11 gramos por rebanada). Además, el pan esenio parece causar menos picos de glucosa en sangre en comparación con otros panes más refinados, y también es orgánico (por lo que no contiene conservantes artificiales ni aceites vegetales). Además, incluye otros tipos de sustancias saludables (como cebada, lentejas y semillas de sésamo orgánicas, dependiendo del tipo de pan esenio que compres. ¡La versión con semillas de sésamo es mi favorita!). Guardar el pan esenio en el frigorífico y luego tostarlo realza su sabor, y mojarlo en aceite de oliva virgen extra lo convierte en un excelente tentempié saludable y saciante, sin causar el daño que causaría un tentempié azucarado de rápida absorción. Asegúrate de condimentar el aceite de oliva con un poco de sal de ajo, especias y quizá una pizca de pimienta antes de mojar.

Nota: si tienes diabetes o prediabetes, o tomas algún medicamento que pueda bajar tus niveles de glucosa en sangre, asegúrate de que tu médico sepa que tienes intención de reducir el consumo de azúcares refinados y carbohidratos, especialmente si usas insulina. Aunque existe un debate sobre si existe una necesidad real —requisito— de consumir carbohidratos en la dieta, esto no significa que no pueda haber consecuencias al reducir su ingesta —como la hipoglucemia, también conocida como bajo nivel de azúcar en sangre—, así que asegúrate de que tu médico esté al tanto.

La sal ayuda a las personas que siguen una dieta baja en carbohidratos a rendir al máximo

Si estás intentando perder peso de forma activa tienes que asegurarte de que comes suficiente sal saludable. Recuerda que uno de los métodos más comunes para perder peso —reducir los carbohidratos— hace que pierdas sal, ya que eliminas más sal de la que excretarías con una dieta más equilibrada durante los primeros tres a diez días, especialmente cuando alcanzas la cetosis (cerca de 50 gramos de carbohidratos al día o menos). Cuando tus niveles de insulina comienzan a descender, tu cuerpo excreta más sal, especialmente si has tenido resistencia a la insulina durante un tiempo; es casi como si tus riñones necesitaran volver a aprender a reabsorber sodio sin la ayuda del exceso de insulina. Es posible que hayas experimentado lo que a veces se conoce como «la gripe Atkins»: las dietas bajas en carbohidratos, como la dieta Atkins, pueden provocar una disminución de los niveles de sodio y agua, lo que puede causar mareos, aturdimiento y presión arterial baja.

Debes aumentar la ingesta de sal para compensar la pérdida adicional de sal por los riñones y ayudar a prevenir el consiguiente aumento de los niveles de insulina que se produce para compensar esta pérdida. La mayoría de las personas necesitan beber más agua y obtener 2.000 miligramos adicionales de sodio al día, en comparación con su ingesta normal de sodio, durante la primera semana de restricción de carbohidratos —de nuevo, unos 50 gramos de carbohidratos al día o menos—. Después deben añadir 1.000 miligramos adicionales de sodio al día durante la segunda semana para compensar el aumento de la pérdida de sal. Este exceso de sodio se puede obtener fácilmente consumiendo 85 gramos de pepinillos, una pastilla de caldo de pollo o ternera (disuelta en agua caliente), cinco aceitunas grandes, 170 gramos de ostras o 340 gramos de carne de cangrejo.

Considera tomar suplementos para controlar el azúcar

Además, si tienes sobrepeso, diabetes o prediabetes, o si padeces enfermedad del hígado graso, podrías obtener un «impulso» adicional al tomar ciertos suplementos mientras intentas reducir tu consumo de azúcar.

- Se ha descubierto que la L-carnitina mejora el hígado graso y puede ayudar a perder peso y grasa y a reducir el hambre.[573] Tomar un suplemento de 1.000 miligramos de L-carnitina dos o tres veces al día (con el estómago vacío) durante unos meses puede ser útil.
- La glicina, que es el aminoácido más pequeño, también ha demostrado ayudar a mitigar algunos de los daños metabólicos del azú-

car. Consumir cinco gramos de glicina (preferiblemente en polvo mezclado con agua) tres veces al día, entre treinta y cuarenta y cinco minutos antes de las comidas, puede ayudar a reducir la hipertensión, mejorar la enfermedad del hígado graso y perder unos kilos de grasa.[574]

- Consumir alrededor de 1.000 miligramos de EPA/DHA —los ingredientes activos del aceite de pescado— también aumentará tu capacidad para quemar grasa y se ha descubierto que ayuda a perder peso, especialmente la grasa rebelde alrededor del abdomen y el hígado.
- Si tu ingesta dietética de yodo no es adecuada, no consumes alimentos ricos en yodo, como arándanos, algas —como las que se utilizan para envolver el *sushi*— o yogur, tomar suplementos de yodo puede ser la mejor opción. Los suplementos de Pure Encapsulations pueden ser una buena opción, ya que pasan controles de calidad.[575]

8.3. Paso 3: céntrate en alimentos completos y salados

Una de las mejores cosas de seguir los consejos sobre la sal que te doy en este libro es que te permite volver a disfrutar sin remordimientos de deliciosos alimentos con alto contenido de sal. No hace falta sacrificar el sabor con versiones insatisfactorias de tus comidas favoritas. De hecho, como ya sabes, las versiones bajas en sal de los alimentos procesados pueden ser perjudiciales para la salud a largo plazo, ya que podrían aumentar el riesgo de padecer enfermedades transmitidas por los alimentos, diabetes, obesidad, síndrome metabólico e hipertensión. Por ejemplo, la salsa para pasta que se compra en las tiendas suele contener mucho azúcar, y no es necesario que sea así. Si sigues los principios que te he explicado, puedes preparar rápidamente tu propia salsa con concentrado de tomate, tomates picados, hierbas, ajo picado, sal al gusto y, quizá, sólo un poco de azúcar. Así tu versión casera será deliciosa y tendrá mucho menos azúcar que la que viene en el bote del supermercado.

Además, no olvides que, por lo general, el cuerpo nos pide consumir entre 3.000 y 5.000 miligramos de sodio al día, por lo que, si evitas la sal en tus comidas, es probable que acabes consumiendo más comida a lo largo del día para obtener la cantidad de sal que tu cuerpo necesita. Tu cuerpo te llevará a consumir más sal hasta que alcances los 3.000-5.000 miligramos de sodio, por lo que, si consumes versiones bajas en sal de los alimentos, es posible que termines comiendo dos o tres veces más porque tu cuerpo sigue hambriento de sal. Lo que, obviamente, podría traducirse en más kilos en el futuro cercano, así que trata de evitar las versiones bajas en sal a menos que tu cuerpo te indique que ya ha tenido suficiente.

Añadir la cantidad adecuada de sal a tus comidas puede ayudarte a controlar mejor la composición de tu plato. La sal adecuada puede animarte a aumentar el consumo de frutas y verduras (especialmente las amargas) al mejorar su sabor. Cuando obtienes más satisfacción al potenciar los sabores de los alimentos de alta calidad, comerás más de lo que es bueno para ti y menos de lo que es malo, lo que te permite dejar de comer en exceso alimentos refinados que te hacen engordar.

Inspírate en las gastronomías más deliciosas del mundo. Muchas poblaciones que siguen una dieta rica en sal viven mucho tiempo y gozan de buena salud, como las de Francia, Italia, Corea del Sur y Japón. La diferencia es que estas culturas consumen alimentos reales y no procesados y añaden sal, en lugar de depender de alimentos procesados que, además, suelen tener un alto contenido de sal. La dieta mediterránea, ampliamente considerada como la más saludable para el corazón, no es baja en sal: piensa en las aceitunas, las sardinas, las anchoas, las carnes saladas y curadas, los quesos añejos, las sopas, etcétera. Anímate y vuelve a incluir en tu dieta aquellos alimentos con alto contenido de sal que hasta ahora evitabas. Disfruta de los frutos secos, los encurtidos, el chucrut, el marisco, los crustáceos, la remolacha, las acelgas, las algas y las alcachofas, todos ellos fuentes naturales de sodio muy nutritivas. Bonus: muchos de estos alimentos también son ricos en potasio, magnesio y calcio, minerales que ayudan a regular la presión arterial.

Busca fuentes alternativas de yodo. Para imitar esas cocinas ricas en sal, intenta comer alimentos integrales que te ayuden a cubrir tus necesidades de yodo, como lácteos, huevos, mariscos, *sushi*, algas, arándanos y patatas poco cocidas y enfriadas (anteriormente hemos visto cómo prepararlas). Cíñete lo máximo posible a los productos naturales, como el pescado del mar en lugar del de piscifactoría, y los lácteos y huevos procedentes de animales alimentados con hierba y criados en libertad.

Incorpora sales en todas las comidas. Para el desayuno, empieza con unos frutos secos salados ecológicos, especialmente útiles si tomas café, para reemplazar lo que se pierde en la orina. Para la comida, crea tu propio aderezo casero con aceite de oliva virgen extra —preferiblemente orgánico—, sal de ajo orgánica, pimienta y hierbas; mézclalo bien y habrás creado un aliño saludable. Viértelo sobre verduras amargas o ensaladas. Puedes también utilizarlo para mojar la carne. Otra buena opción para la comida son los embutidos orgánicos curados con sal junto con quesos añejos —preferiblemente de animales criados en libertad o con hierba— con encurtidos ecológicos u olivas como acompañamiento. Para la cena, si te apetece carne de animales alimentados con hierba, unta ambos lados con aceite de oliva, espolvorea generosamente sal de ajo orgánica por ambos lados con una pizca de pimienta y dora cada lado a fuego medio-alto; luego baja la temperatura a medio para evitar que la carne se queme demasiado.

Utiliza sal para condimentar los alimentos sin etiqueta. La sal es la clave para realzar el sabor de tus comidas, lo que te permite disfrutar de alimentos amargos más saludables, preparar aderezos y salsas caseras saludables y, en definitiva, comer más alimentos reales. Los alimentos reales y completos, como las frutas, las verduras, los frutos secos y las semillas, las legumbres y el pescado, no necesitan etiquetas nutricionales, por lo que nunca te equivocarás al comer alimentos sin etiqueta. Las sales y grasas naturales pueden realzar los sabores naturales de los alimentos completos y ayudar a que resulten más satisfactorios.

En concreto, los pescados oceánicos que se alimentan de algas y tienen un alto contenido en ácidos grasos omega-3 y sal —como el salmón, la caballa, el atún y las sardinas— favorecen la saciedad y la pérdida de grasa. Si tu apetito está descontrolado debido al hambre interna y a los altos niveles de insulina, consumir grasas saludables y proteínas magras —presentes en pescados grasos, frutos secos, carne de vacuno alimentado con hierba, quesos orgánicos, aceitunas y similares— te ayudará a sentirte saciado y a mejorar la sensibilidad a la insulina y la resistencia a la leptina.[576] Y añadir sal a alimentos saludables, pero generalmente menos apetecibles (como las coles de Bruselas, el repollo y los nabos) te permitirá comer más cantidad.

Diversifica los sabores para dejar el azúcar. Una vez que empieces a consumir más alimentos reales y menos productos con azúcares añadidos, tu paladar se acostumbrará a sabores menos dulces; estarás realmente reeducando tus papilas gustativas, ¡esta vez en la dirección correcta! Y antes de que te des cuenta, los alimentos con cantidades modestas de azúcar añadido que antes te sabían bien te parecerán demasiado dulces, y eso es genial. La clave está en aprender a elegir conscientemente alimentos completos y saludables, combinar los ingredientes de forma inteligente y utilizar hierbas y especias de manera estratégica. Y cuando no tengas antojo de sal, pero necesites un poco más de sabor, añade especias y hierbas en lugar de azúcar.

El uso de la sal en la batalla entre bacterias buenas y malas

Una teoría que ha ido ganando terreno en los últimos años es la idea de que un desequilibrio entre las bacterias buenas y malas en el sistema gastrointestinal —tu «microbioma intestinal»— puede influir en la aparición de la obesidad. En pocas palabras, consumir mucho azúcar puede favorecer el crecimiento de bacterias intestinales nocivas y de *Candida albicans* —un tipo de levadura—, microorganismos que pueden dificultar la absorción de nutrientes por parte de las células, lo que constituye otra forma de inanición interna.[577]

Por el contrario, la sal desempeña un papel esencial en la promoción del crecimiento de bacterias beneficiosas en determinados alimentos, lo que puede favorecer la salud intestinal una vez que se consumen dichos alimentos. Por ejemplo, el uso de sal marina o salmuera para fermentar alimentos como verduras (por ejemplo, en la preparación de *kimchi* o chucrut) ayuda a conservar estos alimentos de forma natural y crear un entorno en el que pueden prosperar los probióticos —las bacterias «buenas»—. Estas bacterias beneficiosas para la salud están presentes de forma natural en alimentos como el yogur y el kéfir, pero también pueden crearse mediante el proceso de fermentación. Las investigaciones sugieren que el consumo regular de probióticos puede mejorar la función inmunitaria, la salud digestiva y, posiblemente, la capacidad para controlar el peso.

8.4. Paso 4: añade sal naturalmente más rica en nutrientes

La mayoría de las cocinas tiene un salero con la modesta sal de mesa blanca cerca del fuego o la mesa. Estamos tan acostumbrados a considerarla nuestra sal habitual que a veces olvidamos que la sal no aparece por arte de magia blanca y perfectamente granulada en la naturaleza. No es de extrañar que los tipos de sal más saludables que se encuentran en la naturaleza tiendan a estar libres de contaminantes y sean menos refinadas o procesadas. La sal se presenta naturalmente en muchos sabores diferentes: ahumada, terrosa, con matices a nuez, picante, dulce o incluso sulfúrica —¡huele a huevos podridos!—. Prueba diferentes sabores hasta encontrar tu favorito. Algunas sales pueden tener un contenido mineral adicional. A continuación, te muestro un desglose de algunas sales «naturales» populares y cómo se comparan con la sal de mesa convencional.

8.4.1. Tipo de sal: sal Redmond Real (una sal natural sin refinar de Redmond)

Características: sal marina con diferentes texturas (gruesa, granulada o en polvo); se dice que tiene un sabor más dulce que la sal del Himalaya.

Perfil nutricional: aporta sesenta oligoelementos y parece tener el mayor contenido en calcio de entre las sales marinas más populares. Si toda la cantidad de sal que consumes en un día (3.450 miligramos de sodio) procediera de sal Redmond Real, obtendrías alrededor de 45 miligramos de calcio, 8 miligramos de magnesio, 9 gramos de potasio y 178 microgramos de yodo. Si el análisis elemental realizado por la propia empresa es correcto, la sal Redmond Real puede ser una excelente forma de ayudarte a alcanzar la ingesta diaria recomendada de yodo.

Cuestiones relacionadas con la pureza: al parecer, esta sal no contiene agentes antiaglomerantes y carece de los elementos radiactivos que se encuentran en la sal del Himalaya. También parece estar menos expuesta a los contaminantes ambientales en comparación con la sal obtenida de los océanos modernos.[578]

Recolección: se extrae de un antiguo lecho marino en Redmond, Utah.[579]

8.4.2. Tipo de sal: sal marina celta

Características: de color gris claro y textura gruesa, puede estar ligeramente húmeda y requerir secado al aire antes de colocarla en un salero.

Perfil nutricional: aporta ochenta y dos oligoelementos esenciales, aunque en cantidades bastante bajas. La sal marina celta es conocida por tener el mayor contenido de magnesio de todas las sales, pero sólo aporta unos 40 miligramos de magnesio al día. Otros oligoelementos presentes en la cantidad diaria recomendada de sal marina celta incluyen apenas 17 miligramos de calcio, 9 miligramos de potasio y sólo 6 microgramos de yodo. En resumen, la cantidad real de casi todos estos oligoelementos —excepto quizá el magnesio— es tan ínfima que el beneficio adicional puede no compensar el coste extra.[580]

Cuestiones relacionadas con la pureza: se supone que esta sal no se somete a procesos de refinado ni blanqueado, y no contiene aditivos. Sin embargo, se extrae de mares actuales, lo que significa que puede contener trazas de metales tóxicos como el mercurio. No obstante, se dice que la sal marina pura Makai de la colección Selina Naturally Celtic Sea Salt se extrae de las profundidades del mar —600 metros por debajo de la superficie del océano—. Se cree que esta parte del océano no se mezcla con otras debido a las corrientes oceánicas frías y profundas, por lo tanto, es posible que esa sal marina celta en particular contenga menos contaminación.[581]

Recolección: proviene de un océano moderno y se evapora en estanques situados frente a las costas de Francia, por lo tanto, no se somete a temperaturas muy altas como la sal de mesa común.[582]

8.4.3. Tipo de sal: sal rosa del Himalaya

Características: color rosado, textura cristalizada o grumosa y sabor terroso.

Perfil nutricional: contiene ochenta y cuatro minerales y oligoelementos y puede ser la sal marina con mayor contenido en potasio (aproximadamente tres veces más potasio que la Redmond Real Salt). Sin embargo, para ser justos, incluso si toda la sal que consumieras fuera sal del Himalaya, sólo te aportaría entre 28 y 32 miligramos de potasio —una fracción de la cantidad diaria recomendada, que es de 4.700 miligramos—.[583] Para poner esto en perspectiva, una taza de alubias negras proporciona 2.877 miligramos de potasio. La sal del Himalaya es la más cara de todas las variedades de sal populares.

Cuestiones relacionadas con la pureza: por lo general, se extrae y se lava a mano después de recolectarse de fuentes subterráneas vírgenes; por lo tanto, es probable que esté menos contaminada por metales tóxicos, aunque puede contener otros elementos radiactivos como radio, uranio, polonio y plutonio. En todo caso, las concentraciones son inferiores a 0,001 partes por millón.[584]

Recolección: se extrae en diferentes regiones de Pakistán. Proviene de un antiguo océano seco.[585]

8.4.4. Tipo de sal: sal negra del Himalaya [*kala namak*]

Características: se dice que la sal de roca india huele a huevos podridos debido a su contenido en azufre. Su color varía del marrón rosado al violeta oscuro cuando está entera, y de violeta claro a rosa cuando está molida.

Perfil nutricional: se compone principalmente de cloruro de sodio, así como de bisulfato de sodio, bisulfito de sodio, sulfuro de sodio, sulfuro de hierro y sulfuro de hidrógeno.

Cuestiones relacionadas con la pureza: la pureza depende de cómo se produzca. Al parecer, la sal *kala namak* se utiliza ampliamente en Bangladés, la India y Pakistán como condimento.

Recolección: al parecer, la sal *kala namak* se puede producir de varias formas: a partir de halita natural —sal de roca— de las cordilleras salinas del Himalaya (extraída en Bangladés, la India, Nepal y Pakistán) y de los lagos salinos del norte de la India —como el lago Sambhar o Didwana, así como el distrito de Mustang, en Nepal—, o bien de forma sintética mediante la combinación de cloruro de sodio con sulfato de sodio, bisulfato de sodio y sulfato férrico, al parecer, ésta es la forma más común de producción en la actualidad.[586]

8.4.5. Tipo de sal: sales marinas hawaianas negras y rojas

Características: la sal negra de lava hawaiana no es en realidad una sal volcánica procedente de las profundidades de la tierra. Está compuesta por cristales de sal marina blanca del Pacífico mezclados con carbón activado procedente de cáscaras de coco quemadas.[587] El carbón activado supuestamente proporciona antioxidantes, tiene propiedades desintoxicantes y puede ser bueno para la digestión.[588] Se dice que la sal negra de lava hawaiana tiene un sabor a nuez o ahumado. La sal roja *alaea* de Hawái también está compuesta por cristales de sal marina blanca, pero está impregnada de arcilla volcánica (rica en óxidos de hierro). Se dice que la sal roja *alaea* de Hawái tiene un sabor dulce.[589] Estas sales se presentan en forma de cristales finos o gruesos que pueden estar húmedos.

Perfil nutricional: aproximadamente el 94 por ciento está compuesto por cloruro de sodio. Una ración diaria de sal marina hawaiana puede aportar entre 30 y 35 miligramos de magnesio, 18 miligramos de potasio, entre 11 y 14 miligramos de calcio y muy poco o nada de yodo. La sal marina negra de Hawái parece contener la mayor cantidad de hierro de todas las sales naturales (hasta tres miligramos de hierro en la cantidad de sal que se consume en un día completo).

Cuestiones relacionadas con la pureza: el océano Pacífico cerca de Hawái puede estar menos contaminado que otras partes del océano. La página web de Hawaii Kai Corporation ofrece sal hawaiana auténtica procedente de Molokai —supuestamente la isla más aislada, por lo que la sal de esta zona puede ser la menos contaminada—, aunque también puede encontrarse sales de buena calidad procedentes de otras islas. La sal marina recolectada por Hawaii Kai Corporation está «aparentemente bajo la supervisión de maestros salineros certificados, que son miembros del Salt Masters Guild of Hawaii [Gremio de Maestros Salineros de Hawái), una asociación creada con el objetivo de revitalizar la tradición milenaria de la producción de sal tal y como se practicaba en la antigua cultura hawaiana».[590]

Junto a estas dos sales, también pueden encontrarse sales marinas hawaianas de color rosa, verde, blanco y gris, pero no son tan populares ni tan tradicionales en las islas como las sales negras y rojas.[591, 592]

Hay que tener cuidado con las sales de imitación que se «producen mezclando mecánicamente sal marina barata y altamente refinada de California —aproximadamente un 99,8 por ciento de cloruro de sodio puro— con arcilla *alaea* procedente de China o Hawái. Por lo general, cuanto más oscuro es el color rojo, mayor es la calidad de la arcilla *alaea* utilizada para elaborarla».[593]

Recolección: sal marina del Pacífico evaporada al sol.[594]

8.4.6. Tipo de sal: sal de mesa (también conocida como cloruro de sodio)

Características: cristales finos y blancos.

Perfil nutricional: sólo contiene dos minerales, sodio y cloruro, ya que el resto se han eliminado; pero si está yodada, también contendrá yodo, que se añadió a la sal de mesa en la década de 1920 para prevenir el bocio —agrandamiento anormal de la glándula tiroidea— por deficiencia de yodo.

Cuestiones relacionadas con la pureza: por lo general, es muy refinada y está muy molida, y se le han eliminado la mayoría de las impurezas. El problema es que la sal finamente molida tiende a aglutinarse, por lo que se le añaden diversos aditivos, llamados antiaglomerantes, para garantizar que fluya libremente; la seguridad de estos aditivos es cuestionable, pero hasta ahora no parece haber mucha preocupación al respecto.

Recolección: se extrae en diversas partes del mundo.[595]

Tabla 8.2. Comparación nutricional de las sales más populares

	Sal de mesa yodada	Sal Redmond Real	Sal marina celta	Sales marinas de Hawái	Sal rosa del Himalaya
Yodo	450 mcg*	178 mcg	6 mcg	Poco o nada	< 100-250 mcg
Calcio	0 mg	45 mg*	17 mg	11-14 mg	37 mg
Magnesio	0 mg	8 mg	40 mg*	30-35 mg	1,4 mg
Potasio	0 mg	9 mg	9 mg	18 mg	28-32 mg*

Nota: Esta tabla contiene el contenido mineral estimado (que puede variar de un producto a otro) y se basa en la ingesta diaria completa de sal de cada tipo.

*Indica la sal con mayor contenido de ese mineral.

Como se ha comentado anteriormente, las cantidades reales de oligoelementos adicionales que aportan las sales marinas son bastante pequeñas, excepto el yodo —y quizá el calcio— que contiene la sal Redmond Real y tal vez el magnesio que contienen la sal marina celta y las sales marinas hawaianas. Si no estás ingiriendo una cantidad adecuada de yodo, el uso de sal Redmond Real puede ofrecerte algunas ventajas. Si tu dieta carece de calcio o magnesio, la sal Redmond Real y la sal marina celta, respectivamente, pueden aportar algunos beneficios adicionales para la salud en comparación con la sal de mesa común. Sin embargo, consumir alimentos reales te proporcionará al menos diez veces la cantidad de estos oligoelementos.

Quizá la diferencia más significativa entre la sal de mesa y las populares sales marinas que se enumeran aquí radica en el procesamiento. Se dice que la sal de mesa se blanquea —para que sea de color blanco puro— y se trata con altas temperaturas —alrededor de 650 °C— y se le añaden agentes antiaglomerantes para que no se apelmace.[596] Sin embargo, las sales marinas parecen carecer de este tipo de procesamiento, lo que puede proporcionar un mayor nivel de garantía en cuanto a su seguridad. En mi opinión, la mejor sal sería la Redmond Real por cinco razones:

1. Parece ser la más barata de las sales marinas populares.
2. Aporta una cantidad significativa de yodo.
3. Es posible que sea la menos contaminada, ya que proviene de un antiguo mar muerto, mientras que la sal marina celta, por ejemplo, proviene de un océano moderno.
4. Parece tener menos elementos radiactivos que la sal del Himalaya.
5. No se presenta en forma de cristales húmedos —a diferencia de las sales marinas de los océanos modernos— y, por lo tanto, no requiere secado al aire.

Si crees que no vas a conseguir la cantidad diaria recomendada de yodo —150 microgramos al día para la mayoría de las personas— con tu dieta, tanto la sal Redmond Real como la sal de mesa yodada pueden ser buenas opciones para ti. Si no, quizá podrías tomar un suplemento de yodo.

Las personas que siguen una dieta vegana corren un riesgo especial de deficiencia de yodo, ya que algunas de las fuentes alimentarias más comunes que contienen cantidades importantes de yodo incluyen productos lácteos, huevos, marisco y *sushi* (los veganos pueden obtener yodo a partir de algas, arándanos y patatas asadas). Por ejemplo, se estima que un rollito de *sushi* contiene alrededor de 92 microgramos de yodo, principalmente procedente de las algas (según Food Standards Australia New Zealand).[597]

Mi recomendación sería intentar primero obtener el yodo a través de la dieta. Dado que aún no se han efectuado estudios rigurosos, probablemente no deberías depender únicamente de la sal yodada para obtener tu ingesta diaria de yodo. El objetivo principal de consumir sal es obtener sodio y cloruro. Si tu dieta no es adecuada en yodo (o si pierdes grandes cantidades de yodo a través del sudor) y no quieres utilizar suplementos de yodo, entonces consumir Redmond Real Salt o sal de mesa yodada puede ser una buena opción para ti.

Si el consumo de yodo no es una preocupación para ti, utilizar cualquier sal orgánica o sal de ajo orgánica también es una buena opción, ya que puede suponer un ahorro de dinero en comparación con las sales marinas populares y, además, debería estar menos procesada que la sal de mesa. El beneficio real de estas sales menos procesadas podría provenir de la menor contaminación ambiental y del reducido procesamiento, aunque esto es ciertamente discutible. El coste adicional de estas sales marinas más caras varía entre tres y diez veces el precio de la sal de mesa común.

No aceptes sustitutos

A veces, las personas que evitan la sal por recomendación médica recurren a sustitutos de la sal. Pero tampoco son necesariamente la solución. Por un lado, muchos sustitutos de la sal contienen potasio y cloruro —como AlsoSalt—[598] en lugar de cloruro sódico, y las personas con problemas renales suelen tener dificultades para procesar el cloruro potásico o eliminar el exceso. Si padeces una enfermedad renal crónica o tomas determinados medicamentos antihipertensivos (como inhibidores de la ECA o diuréticos ahorradores de potasio), la acumulación adicional de potasio puede provocar una sobrecarga de potasio —hiperpotasemia—, que puede ser mortal si no se trata a tiempo. Opta por la opción más saludable: ¡la sal de verdad!

8.5. Paso 5: deja que la sal potencie tu ejercicio

Si has notado que te falta energía y entusiasmo para hacer ejercicio, una vez que empieces a abordar estos problemas dietéticos básicos, puede que te sientas renovado y con ganas de ir al gimnasio.

Si has llevado un estilo de vida sedentario durante un tiempo, un buen punto de partida es aumentar tu nivel de actividad física (bajo la supervisión de tu médico) con actividades moderadas y accesibles, como salir a caminar a paso ligero o montar en bicicleta durante veinte minutos. Pero no te limites a eso; haz también ejercicios de fuerza, ya que levantar peso o hacer ejercicios de resistencia (con bandas elásticas, máquinas de pesas o el propio peso corporal) es una de las mejores formas de reducir la resistencia a la insulina. Mientras que el ejercicio aeróbico ayuda al organismo a utilizar mejor la insulina y disminuye el almacenamiento de grasa visceral (abdominal), el entrenamiento de resistencia hace que tu cuerpo sea más sensible a la insulina y ayuda a que tus músculos absorban más glucosa (azúcar) de la sangre, con lo que disminuye la glucemia. Incluso el simple hecho de hacer ejercicio antes o justo después de comer algo con altos niveles de carbohidratos puede ayudar a reducir las oscilaciones resultantes en el azúcar en sangre y la liberación de insulina.

Empieza despacio y poco a poco. Empieza caminando y sube el ritmo poco a poco para trotar y después correr; empieza con pesas ligeras y ve subiendo gradualmente el peso. En un estudio de 2012, investigadores de la Universidad de Verona (Italia) descubrieron que después de que cuarenta personas con diabetes tipo 2 realizaran entrenamiento aeróbico o de resistencia durante cuatro meses, ambos grupos mejoraron su sensibilidad a la insulina y redujeron su grasa abdominal.[599] Mientras tanto, un estudio de la Universidad Noruega de Ciencia y Tecnología de Trondheim descubrió que tanto el entrenamiento de resistencia máxima como el de resistencia aeróbica reducían la resistencia a la insulina en personas con riesgo de desarrollar diabetes de tipo 2. Curiosamente, el enfoque maximalista, que utiliza cargas pesadas para aumentar la potencia y la fuerza muscular, provocó un mayor aumento de la capacidad de los músculos para absorber glucosa (azúcar) de la sangre, mientras que el entrenamiento de resistencia de tipo prolongado aportó una mayor sensibilidad a la insulina.[600] De un modo u otro, con el aumento del ejercicio, tu cuerpo absorberá mejor el azúcar de la sangre, y los hidratos de carbono que consumas serán menos perjudiciales.

Por supuesto, cuanto más ejercicio hagas, más sal necesitará tu cuerpo, ya que perderás sal a través del sudor. Y lo que es más importante, ingerir la cantidad adecuada de sal te ayudará a retener la cantidad adecuada de agua, por lo que estarás más hidratado y, por tanto, tendrás más energía para hacer ejercicio. Sólo una cucharadita de sal mejora tu resistencia; te proporciona un «bombeo» mucho más intenso debido al aumento de la circulación sanguínea, el volumen de sangre en las arterias se incrementa al atraer agua hacia ellas y se perfunde mejor a tus órganos. Al evitar la sal, los deportistas se limitan a sí mismos, lo que aumenta los efectos secundarios y los peligrosos riesgos de «colapso circulatorio», y disminuye las ganancias en el gimnasio. Se lo digo a todos mis amigos deportistas: la sal es la puerta de entrada a músculos más fuertes, mayor resistencia y un físico cada vez más escultural.

Aunque todavía no estés en plena forma, comer suficiente sal es una manera estupenda de aumentar tus niveles de energía, lo que te ayudará a querer hacer ejercicio, una de las mejores cosas que puedes hacer para mejorar la inanición interna.

La sal salvó mi rutina de ejercicio

Volví a aprender esta lección por las malas. Hace unos años, hacía ocho meses que no iba al gimnasio. Lo dejé a finales del verano y sólo levantaba pesas ligeras en casa durante el largo invierno de ocho meses. El primer día que volví, le pregunté a la mujer de la recepción si podía inscribirme otro año, y me dijo que hiciera mi entrenamiento y que volviera al acabar. Después de aproximadamente una hora levantando pesas, me dirigía de nuevo al mostrador cuando me empecé a sentir extremadamente mareado y la habitación parecía dar vueltas. Le dije a la mujer que tenía que sentarme un momento, aunque no quería que supiera lo mal que me encontraba en realidad.

Pero no podía ocultarlo: me desplomé sobre un banco de pesas porque mi cuerpo estaba agotado. Me quedé completamente flojo, boca abajo, con los ojos cerrados, lo único que podía hacer era respirar hondo. Sentía como si tuviera encima un peso de cien kilos que me impedía moverme. Me sentía como un pez fuera del agua, con el cuello girado hacia un lado, tomando bocanadas de aire mientras yacía postrado. Nunca me había sentido tan indefenso.

Después de unos tres minutos de completo agotamiento y de no poder moverme, conseguí las fuerzas suficientes para caminar de nuevo hacia el mostrador, y fue entonces cuando me acordé: había olvidado tomar sal antes de entrenar.

Al día siguiente, antes de ir al gimnasio, me tomé una cucharadita entera de sal de ajo seca y la acompañé con agua. Inmediatamente me sentí revitalizado. En el gimnasio, no sólo pude levantar más peso, durante más tiempo y con mayor intensidad, sino que además corrí durante un kilómetro y medio después del entrenamiento sin sentir cansancio. No como el día anterior, que no terminé el entrenamiento corriendo, sino al borde de perder el conocimiento.

Lo mejor de todo es que cuando dejas de restringir tu consumo de sal tus niveles de insulina pueden empezar a descender hacia un rango normal, y tu cuerpo empezará a utilizar la energía almacenada; en otras palabras, ¡quemarás más grasa! Además, tu cuerpo utilizará las calorías que ingieres de los alimentos para obtener energía, en lugar de acumularlas inmediatamente en forma de grasa. Y lo que es más importante, las hormonas que retienen sal disminuirán, lo que mejorará la sensibilidad de tus células grasas a la insulina. Debido a esto, tus células adiposas podrán empezar a absorber el exceso de grasa y glucosa, exactamente donde se supone que debe ir, en lugar de ir a parar a tu barriga y órganos internos. Tu cerebro se volverá más sensible a la leptina, volverás a controlar tu apetito natural y tendrás suficiente energía para hacer ejercicio y sentirte bien. Por último, al reiniciar tu termostato interno de sal y alcanzar tu consumo normal de sal, perdido durante tanto tiempo, ayudarás a recuperar tu vitalidad y energía, evitarás volver a un estado de inanición interna, acelerarás tu metabolismo lento y recuperarás el control de tu peso. Por fin dejarás de estar «delgado por fuera, pero gordo por dentro» y pasarás a estar «delgado tanto por fuera como por dentro». Y lo mejor de todo, podrás dejar ese hábito tóxico del azúcar de una vez por todas.

Todos estos beneficios se derivan directamente de respetar tus antojos innatos de sal, de volver a disfrutar de alimentos reales y saludables, y de permitir que tu cuerpo consuma la sal que tanto desea y necesita, en lugar de privarte de una de las necesidades más elementales de tu organismo.

Una vez que hayas completado este programa, estarás deseando comer durante toda la vida alimentos buenos, sabrosos y saludables que favorezcan tu salud. Te librarás del hambre constante y de los destructivos antojos de azúcar. Aprenderás a escuchar tu termostato de sal; te administrarás la sal de manera adecuada para rendir al máximo y prestarás atención a los derrochadores de sal que pueden colarse en tu estilo de vida, como la cafeína, la sudoración intensa y algunos medicamentos. Con el tiempo, desarrollarás un sentido intuitivo para saber cuándo necesitas un poco más de sal. Vivirás en sintonía con tu cuerpo.

No está mal por una pizca de sal, ¿no?

Epílogo

Elige el cristal blanco adecuado

Espero que después de leer este libro te hayas dado cuenta del engaño dietético que se ha perpetrado contra todos nosotros y tengas una idea del tremendo efecto que las guerras de la sal han tenido sobre nuestro cuerpo y nuestra salud durante más de cuatro décadas. En lugar de privarte de los placeres de este mineral esencial, ha llegado el momento de volver a darle la bienvenida a la sal en la mesa y considerarla un aliado para que tu cuerpo se sienta y funcione mejor. Tenemos que dejar atrás la hipótesis de la presión arterial salina, que ha quedado desfasada y desmentida, y tener en cuenta lo que la sal ha hecho por nosotros a lo largo de la evolución humana. Debemos recordar:

La sal hace que los alimentos sepan mejor. Consumir más sal permite comer más alimentos sanos, que a menudo son amargos y mejoran mucho con la sal. La sal es nuestra puerta de entrada a una alimentación sana. Cuando se consumen alimentos ricos en magnesio, calcio y potasio, la sal no debería aumentar la tensión arterial.

La restricción de sal puede reducir la presión arterial, ¡pero esto no es bueno! Una reducción de la presión arterial mediante la restricción de sal no es necesariamente saludable. Suele indicar problemas de bajo volumen sanguíneo o deshidratación. Por tanto, aunque tu tensión arterial pueda ser más baja, tu circulación disminuye, los órganos trabajan más y el suministro de oxígeno y nutrientes a los órganos disminuye; todo lo contrario a la salud a largo plazo que las directrices pretenden proteger.

La restricción de sal aumenta la frecuencia cardiaca. Cualquier reducción de la presión arterial relacionada con la deshidratación que puedas conseguir al restringir la sal se verá contrarrestada por un aumento aún mayor de la frecuencia cardiaca. Así que, aunque es posible que veas una reducción del 2 por ciento en tu presión arterial, la mayoría de las personas experimenta un aumento del 10 por ciento en la frecuencia cardiaca. Los prejuicios que acarrea este aumento son probablemente más importantes que el leve descenso de la presión arterial, ya que aumenta la carga sobre el corazón y las arterias, lo que puede provocar hipertensión, insuficiencia cardiaca y episodios cardiovasculares.

La restricción de sal aumenta los niveles de hormonas dañinas. Restringir la ingesta de sal aumenta los niveles de hormonas que se sabe que agrandan y endurecen el corazón y las arterias. En otras palabras, consumir más sal puede prevenir el desarrollo de hipertensión e insuficiencia cardiaca, mientras que restringirla puede, de hecho, causar estas enfermedades. Las dietas bajas en sal también aumentan el riesgo de obesidad al elevar los niveles de insulina. En pocas palabras: consumir más sal puede ayudarnos a mantenernos delgados.

La sal puede ser una solución a la crisis de enfermedades crónicas que sufre nuestro país, en lugar de una causa de ella. Hemos visto que un consumo bajo de sal podría estar promoviendo el aumento de peso, la hipertensión, la diabetes tipo 2, problemas renales, infartos y accidentes cerebrovasculares, trastornos tiroideos, caídas y lesiones, e incluso la muerte prematura. Es importante recordar que los mismos riesgos aparecen cuando se vive en un estado de déficit de sal, ya sea porque has seguido diligentemente las pautas de bajo consumo de sal, porque eres deportista, porque padeces una enfermedad subyacente o porque tomas un medicamento que elimina la sal del organismo. Es momento de pensar detenidamente y de forma crítica sobre nuestros niveles de sal, en lugar de obsesionarnos con limitar su ingesta. De hecho, en lugar de establecer directrices que limiten la cantidad de sal en los alimentos procesados, la FDA debería renunciar por completo a limitar la sal. De este modo se evitaría que los fabricantes de alimentos se vean obligados a sustituirla por otras sustancias potencialmente más peligrosas, como conservantes artificiales o azúcar. Hasta que la FDA tome nota, ahí van algunas formas en que todos podemos luchar contra la propaganda en contra de la sal.

¿Qué puedes hacer tú?

- Empieza a comer alimentos reales y a salar al gusto.
- Habla con tus amigos y familiares sobre las ideas de este libro.
- Comenta las ideas de este libro con tus profesionales sanitarios.
- Deja de consumir azúcar refinado, que es el verdadero culpable de la hipertensión.

¿Qué pueden hacer los médicos?

- Dejar de decirles a sus pacientes que deben restringir conscientemente su consumo de sal; sus cuerpos saben mejor que cualquier guía cuánto sodio necesitan.
- Informarse sobre las contraindicaciones de las directrices de bajo consumo de sal y comentar estos conflictos con sus compañeros y los administradores del hospital o la consulta.
- Convertirse en defensores activos de eliminar las recomendaciones de dietas bajas en sal entre sus compañeros de la comunidad médica.

¿Qué pueden hacer los responsables políticos?

- Hablar de las ideas de este libro con compañeros y expertos. Cuestionar a quienes se basan en «conocimientos aceptados» para que respalden sus suposiciones con pruebas y estudios de calidad.
- Unirse al creciente coro de voces que instan a la FDA a eliminar su política voluntaria de reducción de sodio dirigida a los fabricantes de alimentos.
- Solicitar a los legisladores de la ciudad de Nueva York que eliminen las advertencias sobre los alimentos con «alto contenido en sal» (el símbolo del salero rodeado por un siniestro triángulo negro) en restaurantes, estadios y cines.

Mientras tanto, todos deberíamos centrarnos en limitar el consumo del cristal blanco más dañino —el azúcar— por el bien de nuestra cintura, nuestra salud y nuestra longevidad. Aunque consumir mucho azúcar no te provoque obesidad, tu afición por lo dulce podría estar matándote silenciosa y sigilosamente al desencadenar inflamación crónica en tu cuerpo, alterar tus hormonas, causar estrés oxidativo y provocar otras formas de daño coronario o inflamatorio que pueden aumentar el riesgo de sufrir un infarto o un accidente cerebrovascular, desarrollar hipertensión o diabetes tipo 2, o padecer la enfermedad de Alzheimer, hígado graso o ciertos tipos de cáncer. Nunca se obtiene nada bueno por consumir grandes cantidades de azúcar.

Y, sin embargo, es difícil resistirse, y los fabricantes de alimentos lo saben. Su objetivo es diseñar alimentos procesados y envasados que sean de por sí irresistibles para que sigas comprándolos, por lo que añaden de forma rutinaria, consciente y deliberada azúcar adictivo a sus productos. Las políticas gubernamentales deben dejar de subvencionar alimentos poco saludables y empezar a apoyar los alimentos saludables. Fomentar y apoyar propuestas para gravar los alimentos azucarados, como los impuestos sobre los refrescos aplicados en Berkeley (California) y en México, que son excelentes ejemplos de cómo gravar las bebidas azucaradas reduce su consumo. Poner etiquetas gráficas de advertencia en los alimentos ultraprocesados también sería un paso en la dirección correcta. Imagina ver una úlcera diabética en una lata de refresco, un hígado graso junto a un hígado normal en un paquete de galletas, o un bebé de seis meses que se ha vuelto obeso por beber leche de fórmula azucarada en la etiqueta. Seguramente te lo pensarías dos veces antes de comprar ese producto, ¿no?

Mientras esas medidas disuasorias se hacen realidad, hay muchas formas diferentes de dejar el hábito del azúcar por tu cuenta, como has visto en este libro. Una de las medidas más poderosas y eficaces es simplemente consumir más sal. Barata, deliciosa, versátil y salvavidas: la sal es una poderosa aliada en nuestra lucha por un suministro de alimentos limpio y saludable. Recuerda: podrías vivir el resto de tu vida sin comer ni un solo grano de azúcar, pero no podrías sobrevivir mucho tiempo sin sal.

Esperemos que la situación esté cambiando y que nuestros responsables de la política de salud pública lo reconozcan. Tenemos que eliminar el azúcar y empezar a celebrar la sal. Hago un llamamiento a todos —individuos, padres, madres, médicos, responsables políticos— para que nos preocupemos menos por la sal y prestemos mucha más atención al azúcar, el verdadero cristal blanco tóxico. Nuestro futuro depende de ello.

Mientras tanto, disfruta sin remordimientos de uno de los guardianes de la salud más antiguos y placenteros que nos ofrece la naturaleza en cada comida. Saca el salero por el bien de tu paladar y tu salud.

Apéndice 1

Cronología de cien años que abarca los acontecimientos históricos importantes relacionados con la sal y el azúcar

1904 y 1905: a Ambard y Beauchard se les atribuye el mérito de haber propuesto la hipótesis de la sal y la presión arterial, y la creencia de que la hipertensión está causada por la retención de sal.[601]

1907: Lowenstein no confirmó los beneficios de una dieta baja en sal para la hipertensión.[602]

1920: inicio de las guerras de la sal en Estados Unidos.[603]

1920/1922: Allen, Scherrill y sus colaboradores promueven la idea de que la sal aumenta la presión arterial en personas con y sin enfermedad renal.[604]

1929: Berger y Fineberg concluyen que las dietas bajas en sal —menos de un gramo de sal al día— son ineficaces para tratar la hipertensión en casi tres de cada cuatro pacientes con hipertensión esencial.[605]

1930-1944: las dietas bajas en sal dejaron de ser populares para el tratamiento de la hipertensión.[606]

1944-1948: Kempner demuestra los beneficios de su dieta del arroz, que, entre otras cosas, era baja en sal.[607]

1945: se atribuye a Grollman el mérito de haber confirmado que fue la parte baja en sal de la dieta del arroz de Kempner la que reducía la presión arterial.[608] Sin embargo, el estudio demostró que no todos los pacientes se beneficiaron, otros sufrieron daños —un paciente falleció— y otro sufrió un colapso circulatorio, que se solucionó administrándole sal.[609]

1950: Lewis Dahl y George Meneely comienzan a sugerir que la sal es importante en la hipertensión y las enfermedades crónicas.[610]

1950: inicio de un debate, principalmente entre las ideas de Ancel Keys y John Yudkin, sobre las grasas saturadas frente al azúcar como causa de enfermedades cardiacas.[611]

1960: Lewis Dahl publica un famoso artículo en el que correlaciona una mayor ingesta de sodio con una mayor prevalencia de hipertensión en sólo cinco poblaciones.[612] Este gráfico es muy similar a las pruebas que Ancel Keys utilizó para demonizar las grasas alimentarias como causa de la enfermedad coronaria en 1953.[613]

1961: la Asociación Americana del Corazón acepta la «hipótesis dieta-corazón» de Keys. La idea era que el exceso de grasas saturadas, y no el azúcar, era el culpable de las enfermedades cardiacas.[614] En consecuencia, la Asociación Americana del Corazón recomienda restringir las grasas animales y aumentar el consumo de aceites vegetales para reducir el riesgo de enfermedades cardiacas.

1966: Hall y Hall demuestran que el azúcar tiene un efecto hipertensor en ratas.[615]

1972: la revista *New England Journal of Medicine* publica un artículo de John Laragh y sus colaboradores en el que se afirma que «la actividad de la renina plasmática emerge como un posible factor de riesgo para los pacientes con hipertensión esencial». Además, el estudio mostró que una menor ingesta de sodio se correlacionaba con una mayor actividad de la renina plasmática.[616]

1974: Richard A. Ahrens publica un artículo de revisión en el que sugiere que el azúcar es un factor impulsor de la hipertensión y las enfermedades cardiacas.[617]

1974: la Junta de Alimentación y Nutrición indica que hay poca evidencia directa de que la hipertensión se produzca en personas con presión arterial normal que siguen una dieta con un contenido normal de sodio.[618]

1975: Alexander Walker afirma que no hay datos definitivos que demuestren que una dieta rica en azúcar sea un factor impulsor de las enfermedades cardiacas o la hipertensión. Su investigación parece haber recibido subvenciones parciales de la industria azucarera.[619]

1976: Edward Freis, Meneely y Battarbee publican influyentes artículos de revisión sobre los efectos perjudiciales de la sal.[620]

1977: los Objetivos Dietéticos recomiendan que todos los estadounidenses limiten su consumo de sal a tres gramos por día.[621]

1978: A. E. Harper publica una crítica de los Objetivos Dietéticos de 1977 en la que demuestra que las pruebas sobre las dietas bajas en sal en pacientes hipertensos se extrapolaron de forma inadecuada al público en general y que una ingesta diaria de tres gramos de sal era poco realista e inalcanzable.[622]

1979: F. Olaf Simpson publica un artículo de revisión en el que se muestra escéptico sobre los beneficios derivados de una dieta baja en sal.[623]

1980: J. D. Swales publica un artículo de revisión en el que concluye que era prematuro recomendar la reducción del consumo de sodio en toda la población.[624]

1980: Preuss y Preuss demuestran que el azúcar sin una ingesta elevada de sal aumenta la presión arterial en ratas con función renal normal.[625]

1981: Yamori demuestra que, siempre que la relación Na/K sea inferior a 6 —a pesar de una ingesta elevada de sodio— en los japoneses, la presión arterial media no es hipertensiva.[626]

1982: la revista *Time* publica su número titulado «Salt: A New Villain?» [La sal: ¿un nuevo villano?].[627]

1983: Tessio Rebello y sus compañeros pueden haber sido los primeros en demostrar que el azúcar aumenta significativamente la presión arterial en los seres humanos.[628] Esto fue después de que hubiéramos vilipendiado a la sal como la principal culpable de la hipertensión dietética.

1983: Robert E. Hodges y Tessio Rebello publican un artículo de revisión en el que demuestran que el azúcar aumenta la presión arterial tanto en animales como en seres humanos.[629]

1985: el artículo de revisión de Boon y Aronson concluye que la cantidad de sal que debía restringirse para obtener un efecto medible sobre la presión arterial era intolerable para la mayoría de los pacientes.[630]

1988: el estudio Intersalt muestra que cuando se eliminaron las cuatro sociedades primitivas (dejando un total de cuarenta y ocho poblaciones), una mayor ingesta de sodio no se correlacionó con una presión arterial media más alta ni con una mayor prevalencia de hipertensión. Es importante destacar que «el índice de masa corporal tenía una relación fuerte y significativa con la presión arterial en sujetos individuales».[631]

1989: Harriet P. Dustan afirma que no existe relación entre la presión arterial y la disminución o el aumento de la ingesta de sal, y que la «hipertensión dependiente de la sal» no está estrictamente controlada por la ingesta de sal, sino probablemente por la aldosterona, la norepinefrina y la epinefrina.[632]

1991: se publica el primer metaanálisis —que incluyó ensayos aleatorizados y no aleatorizados— sobre la restricción de sodio y la presión arterial.[633] Basándose únicamente en la reducción de la presión arterial, los autores concluyeron que «una reducción de la sal de 100 mmol/24 h reduciría la mortalidad por cardiopatía isquémica en un 30 por ciento a largo plazo» y que «una reducción de 50 mmol/24 h en la ingesta de sodio reduciría la incidencia de accidentes cerebrovasculares en una quinta parte y la de cardiopatía isquémica en una sexta parte».

1993: el Quinto Informe del Comité Nacional Conjunto sobre Prevención, Detección, Evaluación y Tratamiento de la Hipertensión Arterial (JNC-V) cita el metaanálisis publicado recientemente en 1991 para respaldar la reducción del consumo de sodio.[634]

1995: Michael Alderman y sus compañeros publican un artículo en el que demuestran que «los niveles bajos de sodio en la orina se asocian con un mayor riesgo de infarto de miocardio entre los hombres hipertensos tratados».[635]

1998: Niels Graudal publica un metaanálisis de ensayos estrictamente aleatorios que evalúan una dieta baja en sodio. Los resultados mostraron reducciones mínimas en la presión arterial, mientras que el colesterol de lipoproteínas de baja densidad (LDL), el colesterol total, la noradrenalina, la renina y la aldosterona aumentaron con una dieta baja en sodio. Su conclusión fue: «Estos resultados no respaldan una recomendación general de reducir la ingesta de sodio».[636]

2001: se publica el ensayo DASH-Sodio. Se trata de un estudio aleatorio de treinta días que demuestra que reducir la ingesta de sodio puede ayudar a bajar la presión arterial.[637] Sin embargo, aportó pocos beneficios en aquellas personas que tenían una presión arterial normal y en las que no presentaban hipertensión y tenían 45 años o menos.[638] Además, se observaron aumentos en los triglicéridos, las lipoproteínas de baja densidad (LDL) y la relación entre el colesterol total y las lipoproteínas de alta densidad (TC:HDL) en las personas que seguían la dieta de control cuando restringían su consumo de sal.[639]

2002: Raben y sus compañeros demuestran que una dieta alta en azúcar aumenta considerablemente la presión arterial en humanos.[640]

2008: Brown y sus compañeros demuestran que el azúcar aumenta la presión arterial, la frecuencia y el gasto cardiacos en los seres humanos, y también la variabilidad de la presión arterial y la demanda del oxígeno del miocardio.[641] Estos autores también demuestran que el efecto hipertensivo del azúcar se produce tras su ingestión.

2010: Pérez-Pozo y sus colaboradores demuestran que una dieta rica en azúcar aumenta significativamente la presión arterial ambulatoria durante veinticuatro horas en tan sólo unas semanas.[642]

2011: Stolarz-Skrzypek y sus compañeros publican un estudio prospectivo de población en el que concluyen que «una menor excreción de sodio se asoció con una mayor mortalidad por enfermedades cardiovasculares».[643]

2014: Malik y sus compañeros publican una revisión sistemática de doce estudios (transversales y prospectivos de cohortes) que abarcan más de 400.000 participantes, en la que se demuestra que el consumo de bebidas azucaradas está significativamente asociado con una presión arterial más alta y una mayor incidencia de hipertensión.[644]

2014: Te Morenga y sus colaboradores publican un metaanálisis de ensayos controlados aleatorios que muestra que una dieta rica en azúcar aumenta considerablemente la presión arterial en comparación con una dieta baja en azúcar, el efecto es aproximadamente el doble del que se observa al modificar la ingesta de sodio.[645]

2014: Adler y sus compañeros publican el metaanálisis Cochrane más actualizado de ensayos controlados aleatorios que indican reducciones mínimas de la presión arterial con una dieta baja en sodio y sin reducciones significativas en la mortalidad general ni en la mortalidad por enfermedades cardiovasculares.[646]

2014: Graudal y sus compañeros publican un metaanálisis de veintitrés estudios de cohortes y dos estudios de seguimiento de ensayos controlados aleatorios en 274.683 pacientes, en el que concluyen que «en comparación con la ingesta habitual de sodio, las dietas bajas o excesivas en sodio se asocian con un aumento de la mortalidad».[647]

2015: las Guías Alimentarias para los estadounidenses eliminaron el límite estricto de ingesta de sodio —es decir, 1.500 miligramos al día—, pero se mantiene el límite de 2.300 miligramos.[648]

2016: un consumo bajo de sodio se asocia con un mayor riesgo de sufrir eventos cardiovasculares y de mortalidad en personas con o sin hipertensión, mientras que el consumo alto de sodio se asocia con estas consecuencias sólo en pacientes hipertensos, según un análisis combinado de cuatro estudios.[649]

2016: los pacientes sin hipertensión no experimentan una reducción significativa de la presión arterial con la restricción de sodio, según un metaanálisis de estudios clínicos.[650]

Cronología de las recomendaciones sobre la ingesta de sodio

1977: la primera edición de los Objetivos Dietéticos fija un consumo máximo de sodio de 1,2 gramos (3 gramos de sal).[651]

1977: la segunda edición de los Objetivos Dietéticos fija un consumo máximo de sodio de dos gramos (**5 gramos de sal**).[652]

1980: las Guías Alimentarias para los estadounidenses señalan: «**Utilice menos sal de mesa**», evite «los alimentos encurtidos y los frutos secos salados, no añada sal a los alimentos para bebés», «consumimos mucho más sodio del que necesitamos, y el principal peligro del exceso de sodio es para las personas que padecen hipertensión».[653]

1985: las Guías Alimentarias para los estadounidenses aconsejan: «**Evite el consumo excesivo de sodio**».[654]

1990: las Guías Alimentarias para los estadounidenses recomiendan: «**Consuma sal o sodio con moderación**».[655]

1995: las Guías Alimentarias para los estadounidenses indican: **el valor diario recomendado de sodio es de 2.400 miligramos al día (6 gramos de sal)**.[656]

2000: según las Guías Alimentarias para los estadounidenses, «**los niños y adultos sanos sólo necesitan consumir** pequeñas cantidades de sal para cubrir sus necesidades de sodio, **menos de ¼ de cucharadita de sal al día**».[657]

2005: el Instituto de Medicina (IOM) establece una **ingesta adecuada** (IA) de 1.500 miligramos y un **nivel máximo de ingesta** de 2.300 miligramos de sodio.[658]

2005: las Guías Alimentarias para los estadounidenses aseveran: todos los estadounidenses deben consumir menos de 2.300 miligramos de sodio (aproximadamente una cucharadita de sal) al día —según el informe del IOM—.[659] «Las personas con hipertensión, los afroamericanos y los adultos de mediana edad y mayores deben intentar consumir menos de 1.500 miligramos de sodio al día».

2010: las Guías Alimentarias para los estadounidenses preconizan: «Reducir la ingesta diaria de sodio a menos de 2.300 mg y reducirla aún más a 1.500 mg en personas de 51 años o más y en personas de cualquier edad que sean afroamericanas o que padezcan hipertensión, diabetes o enfermedad renal crónica».[660]

2015: las Guías Alimentarias para los estadounidenses eliminan la recomendación de restricción severa de sodio —es decir, 1.500 mg de sodio al día—, pero se mantiene la recomendación de que todos los estadounidenses deben limitar su consumo de sodio a menos de 2.300 mg al día.[661]

Cronología de las recomendaciones sobre el consumo de azúcar

1977: primera edición de los Objetivos Dietéticos: **15 por ciento de azúcares añadidos.**[662]

1977: segunda edición de los Objetivos Dietéticos: **10 por ciento de azúcares refinados y añadidos.**[663]

1980: las Guías Alimentarias para los estadounidenses advierten: «Contrariamente a la opinión generalizada, el exceso de azúcar en la dieta no parece causar diabetes». Y «evite el consumo excesivo de azúcar».[664]

1985: las Guías Alimentarias para los estadounidenses repiten: «**Evite el consumo excesivo de azúcar**» y «contrariamente a la creencia popular, el exceso de azúcar en la dieta no causa diabetes».[665]

1990: las Guías Alimentarias para los estadounidenses sugieren: «**Consuma azúcar con moderación**» y «no se ha demostrado que las dietas ricas en azúcar causen diabetes».[666]

1995: las Guías Alimentarias para los estadounidenses aconsejan: «**Elija una dieta moderada en azúcares**». Es como si las guías quisieran que consumiéramos azúcar añadido.[667]

2000: las Guías Alimentarias para los estadounidenses proponen: «**Elija bebidas y alimentos que le permitan moderar el consumo de azúcares**». Es la primera vez que en las Guías Alimentarias ya no afirman que «el azúcar no causa diabetes» o que «no hay pruebas de que el azúcar cause diabetes».[668]

2002: el Instituto de Medicina (IOM): permite que el 25 por ciento del total de calorías provenga de azúcares añadidos.[669]

2005: según las Guías Alimentarias para los estadounidenses, se permiten 267 calorías «discrecionales» —procedentes de azúcares añadidos y/o grasas sólidas—; esto equivaldría a sólo **67 gramos de azúcares añadidos** (267/4 calorías por gramo de azúcar = 67). Sin embargo, establece que se permiten **hasta 72 gramos de azúcares añadidos** «si la grasa se reduce al 22 por ciento de las calorías, se permiten 18 cucharaditas [72 g] de azúcares añadidos».[670]

2010: para las Guías Alimentarias para los estadounidenses, **técnicamente, hasta el 19 por ciento del total de calorías pue-**

de proceder de azúcares añadidos si una persona consume 3.000 calorías al día (las guías no lo especifican, pero si no se ingieren grasas sólidas, se puede consumir hasta el 19 por ciento de las calorías procedentes de azúcares añadidos).[671]

2015: en las Guías Alimentarias para los estadounidenses finalmente se recomienda que los azúcares añadidos no superen el 10 por ciento del total de calorías.[672]

Apéndice 2

Medicamentos que pueden aumentar la necesidad de sal

La hiponatremia hipovolémica puede estar causada por diuréticos tiazídicos y de asa, inhibidores del cotransportador de sodio glucosa tipo 2 ($SGLT_2$) —como la depagliflozina— utilizados para tratar la diabetes, nefropatías con pérdidas de sal como la acidosis tubular renal, la enfermedad renal poliquística y la uropatía obstructiva, medicamentos como la ciclosporina y el cisplatino,[673] o afecciones como la sepsis.[674] Otros medicamentos que pueden causar hiponatremia son la oxcarbazepina, la trimetoprima, los antipsicóticos, los antidepresivos, los antiinflamatorios no esteroideos (AINE), la ciclofosfamida, la carbamazepina, la vincristina y la vinblastina, el tiotixeno, la tioridazina, otras fenotiazinas, el haloperidol y la amitriptilina, otros antidepresivos tricíclicos, inhibidores de la monoaminooxidasa, bromocriptina, clofibrato, anestesia general, narcóticos, opiáceos, éxtasis, sulfonilureas y amiodarona.[675]

Apéndice 3

Contenido de sal en nuestros alimentos favoritos

Puedes consultar el contenido de sal en la etiqueta de tus alimentos favoritos para hacerte una idea de cuánta sal te apetece, lo cual es una información útil para familiarizarte con tu termostato de sal, pero no cuentes los miligramos al día. Tu cuerpo te indicará la cantidad adecuada que debes consumir. La siguiente lista muestra el contenido en sal de algunos alimentos comunes.

Alimentos	Contenido de sodio
Comidas congeladas	Hasta 1.800 mg por comida
Sopas y verduras enlatadas	Hasta 1.300 mg por ración
Queso *cottage*	Aprox. 1.000 mg por tarrina
Salsa para espaguetis	Hasta 1.000 mg por bote
Sándwiches	Hasta 900 mg por sándwich
Pepinillos	Hasta 785 mg por pepinillo
Sopa instantánea de fideos con carne	757 mg por paquete
Semillas de calabaza tostadas y saladas	Hasta 711 mg por cada 28 g
Perrito caliente	Hasta 700 mg por perrito caliente

... /...

… /…

Jugo de tomate	Hasta 700 mg por cada 227 g
Salsa *teriyaki*	690 mg por cucharada
Queso roquefort	507 mg por cada 28 g
Pretzels	480 mg por cada 28 g
Bagels	Aprox. 460 mg por unidad
Hamburguesa vegetariana	400-500 mg por hamburguesa
Salsa de soja	409 mg por cucharada
Queso americano	400 mg por cada 28 g
Aderezo para ensaladas	Hasta 300 mg por 2 cucharadas
Alcaparras	225 mg por cucharada
Tortilla de 15 cm	Aprox. 200 mg
Cereales	De 180 a 300 mg por ración
Tocino curado	175 mg por loncha
Kétchup	150 mg por cucharada
Espinacas	125 mg por aprox. 30 g
Salsa agridulce	122 mg por cucharada
Remolacha	65 mg por remolacha
Apio	50 mg por tallo grande de apio
Zanahoria	50 mg por zanahoria grande

Fuente: <http://www.health.com/health/gallery/#cottage-cheese-1>; <https://www.healthaliciousness.com/articles/what-foods-high-sodium.php>; <http://www.everydayhealth.com/heart-health-pictures/10-sneaky-sodium-bombs.aspx#02>; <http://www.webmd.com/diet/ss/slideshow-salt-shockers>; y <http://www.foxnews.com/leisure/2013/02/25/8-high-sodium-foods-that-are-ok-to-eat/>.

Agradecimientos

A mi esposa, Megan: siempre has creído en mí y has sido mi mayor apoyo. Estuviste ahí en cada paso del camino y sin ti, este libro no habría sido posible. Te amo con todo mi corazón y estoy muy agradecido de tenerte como mi esposa. A mis maravillosos hijos, AJ y Emma, los dos me traéis tanta alegría. Gracias por animarme de forma incondicional y recordarme que debo apreciar las pequeñas cosas de la vida. Nunca olvidaré vuestras caritas radiantes de orgullo mientras gritabais «¡Felicidades!» por terminar mi «cuaderno de ejercicios». Os quiero muchísimo a ambos.

Mi más profundo agradecimiento y gratitud a todos los que han ayudado a hacer realidad este libro.

A mi agente, Bonnie Solow: tu fe en mí es la razón por la que este libro es posible. No tengo palabras para agradecerte tu experiencia y apoyo.

A Mariska van Aalst, gracias por dar vida a mi investigación. Este libro no sería lo que es sin tu trabajo. A Donna Loffredo, Heather Jackson, Diana Baroni, Rebecca Marsh, Stephanie Davis y todo el equipo de Harmony Books, Crown Publishing Group y Penguin Random House por creer en este proyecto y llevarlo a cabo. No tengo palabras para darles las gracias.

A mi amigo David Harris, muchísimas gracias por tu anécdota personal y por hacerme reír siempre.

A mis colegas José Carlos Souto, Sean Lucan, Dmitri Vasin y

David Unwin. Han contribuido a humanizar mi investigación con anécdotas personales. Gracias.

A mis también colegas, los doctores James O'Keefe y Chip Lavie, quienes me han brindado orientación y apoyo a lo largo de los años, por lo que les estaré eternamente agradecido.

A mi primo y amigo Ryan DiMillo, por liderar el desarrollo web y el marketing digital, y por hacerme reír a lo largo del camino.

A mis padres, gracias por su constante apoyo y por haberme convertido en la persona que soy hoy. Estoy muy agradecido por teneros como padres.

A mi familia y amigos: No habría podido lograr esto sin su inquebrantable amor y apoyo. Muchísimas gracias.

Notas

Introducción. No le temas al salero

1. <https://www.cdc.gov/mmwr/preview/mmwrhtml/mm6425a3.htm>.

1. Pero... ¿la sal no causa hipertensión?

2. Bayer, R., D. M. Johns, S. Galea, «Salt and public health: contested science and the challenge of evidence-based decision making», *Health Aff* (Millwood) 31, 12 (2012), pp. 2738-2746.

3. Overlack, A., *et al.*, «Divergent hemodynamic and hormonal responses to varying salt intake in normotensive subjects», *Hypertension*, 22, 3 (1993), pp. 331-338.

4. Taubes, G., *Good Calories, Bad Calories*, Knopf, Estados Unidos, 2007.

2. Somos de naturaleza salada

5. Denton, D. A., «Evolutionary aspects of the emergence of aldosterone secretion and salt appetite», *Physiol Rev*, 45 (1965), pp. 245-295.

6. <https://www.savethesea.com/projects/interesting-ocean-facts>.

7. <https://web.stanford.edu/group/Urchin/mineral.html>.

8. <http://water.usgs.gov/edu/whyoceansalty.html>.

9. Denton, D. A., M. J. McKinley, R. S. Weisinger, «Hypothalamic integration of body fluid regulation», *Proc Natl Acad Sci USA*, 93, 14 /1996, pp. 7397-7404.

10. Denton, D. A., *op. cit.*

11. Denton, D. A., M. J. McKinley, R. S. Weisinger, *op. cit.*

12. Denton, D. A., *op. cit.*

13. <https://www.independent.co.uk/news/science/did-humans-come-from-the-seas-instead-of-the-trees-muchderided-theory-of-evolution-about-aquatic-apes-is-debated-in-london-8608288.html>; <https://answersingenesis.org/natural-selection/adaptation/did-humans-evolve-from-a-fish-out-of-water/>; <https://evolution.berkeley.edu/what-are-evograms/the-origin-of-tetrapods/>; <https://en.m.wikipedia.org/wiki/Evolution_of_tetrapods>.

14. Denton, D. A., *op. cit.*

15. Ibídem.

16. <https://answersingenesis.org/natural-selection/adaptation/did-humans-evolve-from-a-fish-out-of-water/>; <https://en.m.wikipedia.org/wiki/Evolution_of_tetrapods>; <https://en.wikipedia.org/wiki/Tetrapod>.

17. Denton, D. A., *op. cit.*

18. Ibídem.

19. Ibídem.

20. Denton, D. A., M. J. McKinley, R. S. Weisinger, *op. cit.*

21. <http://www.scientificamerican.com/article/how-can-sea-mammals-drink/>.

22. Luft, F. C., *et al.*, «Plasma and urinary norepinephrine values at extremes of sodium intake in normal man», *Hypertension* 1, 3 (1979), pp. 261-266.

23. Russon, A. E., *et al.*, «Orangutan fish eating, primate aquatic fauna eating, and their implications for the origins of ancestral hominin fish eating», *J Hum Evol*, 77 (2014), pp. 50-63.

24. Denton, D. A., M. J. McKinley, R. S. Weisinger, *op. cit.*

25. Russon, A. E., *et al.*, *op. cit.*

26. Ibídem.

27. Ibídem.

28. Ibídem.

29. Ibídem.

30. Stewart, K. M., «Environmental change and hominin exploitation of C4-based resources in wetland/savanna mosaics», *J Hum Evol*, 77 (2014), pp. 1-16.

31. Brenna, J. T., S. E. Carlson, «Docosahexaenoic acid and human brain development: evidence that a dietary supply is needed for optimal development», *J Hum Evol*, 77 (2014), pp. 99-106.

32. Ibídem.

33. <https://www.ox.ac.uk/news/2014-01-09-ancient-human-ancestor-nutcracker-man-lived-tiger-nuts>.

34. Agbaje, R. B., V. O. Oyetayo, A. O. Ojokoh, «Effect of fermentation methods on the mineral, amino and fatty acids composition of *Cyperus esculentus*», *Afr J Biochem* Res, 9, 7 (2015), pp. 89-94.

35. Payne, C. L., *et al.*, «Are edible insects more or less "healthy" tan commonly consumed meats? A comparison using two nutrient profiling models developed to combat over- and undernutrition», *Eur J Clin Nutr*, 70, 3 (2016), pp. 285-291.

36. Xiao, K., *et al.*, «Effects of dietary sodium on performance, flight and compensation strategies in the cotton bollworm, *Helicoverpa armígera* (Hübner) (Lepidoptera: Noctuidae)», *Front Zool*, 7, 11, (2010), pp. 1-8.

37. Ibídem.

38. Payne, C. L., *et al.*, *op. cit.*

39. Meneely, G. R., H. D. Battarbee, «High sodium-low potassium environment and hypertension», *Am J Cardiol*, 38, 6 (1976), pp. 768-785; Neal, B., «Dietary salt is a public health hazard that requires vigorous attac», *Can J Cardiol*, 30, 5 (2014), pp. 502-506.

40. Eaton, S. B., M. Konner, «Paleolithic nutrition. A consideration of its nature and current implications», *N Engl J* Med, 312, 5 (1985), pp. 283-289.

41. Denton, D., «Can hypertension be prevented?», *J Hum* Hypertens, 11, 9 (1997), pp. 563-569.

42. Gleibermann, L., «Blood pressure and dietary salt in human populations», *Ecol Food* Nutr, 2, 2 (1973), pp. 143-156.

43. O'Keefe, J. H. Jr., L. Cordain, «Cardiovascular disease resulting from a diet and lifestyle at odds with our Paleolithic genome: how to become a 21st-century hunter-gatherer», *Mayo Clin* Proc, 79,1 (2004), pp. 101-108.

44. Denton, D. A., *op. cit.*

45. Denton, D. A., M. J. McKinley, R. S. Weisinger, *op. cit.*

46. Folkow, B., «[Sal y presión arterial - una centenaria manzana de la discordia]», *Lakartidningen*, 100, 40 (2003), pp. 3142-3147. [Artículo en sueco.]

47. Ibídem.

48. Milligan, L. P., B. W. McBride, «Energy costs of ion pumping by animal tissues», *J* Nutr, 115, 10 (1985), pp. 1374-1382.

49. Folkow, B., *op. cit.*

50. Overlack, A., *et al.*, *op. cit.*

51. Ritz, E., «The history of salt—aspects of interest to the nephrologist», *Nephrol Dial Transplant*, 11, 6 (1996), pp. 969-975.

52. Moinier, B. M., T. B. Drüeke, «Aphrodite, sex and salt—from butterfly to man», *Nephrol Dial Transplant*, 23, 7 (2008), pp. 2154-2161.

53. Ibídem.

54. Ibídem.

55. Ibídem.

56. Denton, D. A., M. J. McKinley, R. S. Weisinger, *op. cit.*

57. Ritz, E., *op. cit.*

58. <https://en.wikipedia.org/wiki/Puddling_(behavior)>.

59. Moinier, B. M., T. B. Drüeke, *op. cit.*

60. Ibídem.

61. Wassertheil-Smoller, S., *et al.*, «Effect of antihypertensives on sexual function and quality of life: the TAIM Study», *Ann Intern Med*, 114, 8 (1991), pp. 613-620.

62. Jääskelainen, J., A. Tiitinen, R. Voutilainen, «Sexual function and fertility in adult females and males with congenital adrenal hyperplasia», *Horm Res*, 56, 3-4 (2001), pp. 73-80.

3. La guerra contra la sal y cómo hemos demonizado al cristal blanco equivocado

63. Meneely, G. R., H. D. Battarbee, *op. cit*; Dahl, L. K., «Possible role of salt intake in the development of essential hypertension. 1960», *Int J Epidemiol*, 34, 5 (2005), pp. 967-972; discusión en pp. 972-974 y 975-978.

64. Ha, S. K., «Dietary salt intake and hypertension», *Electrolyte Blood Press*, 12, 1 (2014), pp. 7-18.

65. Kurlansky, M., *Salt: A World History*, Penguin, Estados Unidos, 2003.

66. Ibídem.

67. Ibídem.

68. Ibídem.

69. Mente, A., M. J. O'Donnell, S. Yusuf, «The population risks of dietary salt excess are exaggerated», *Can J Cardiol*, 30, 5 (2014), pp. 507-512.

70. Ritz, E., *op. cit.*

71. Johnson, R. J., *The Fat Switch*, Mercola.com, 2012.

72. Johnson, R. J., *et al.*, «Potential role of sugar (fructose) in the epidemic of hypertension, obesity and the metabolic syndrome, diabetes, kidney disease and cardiovascular disease», *Am J Clin Nutr*, 86, 4 (2007), pp. 899-906.

73. <http://www.heart.org/idc/groups/heartpublic/@@wcm/@@sop/@@smd/documents/downloadable/ucm_462020.pdf>.

74. <https://www.cdc.gov/nchs/products/databriefs/db133.htm>; <https://www.cdc.gov/mmwr/preview/mmwrhtml/su6203a24.htm>.

75. DiNicolantonio, J. J., S. C. Lucan, «The wrong white crystals: not salt but sugar as aetiological in hypertension and cardiometabolic disease», *Open Heart*, 1, 1 (2014), e000167.

76. Kurlansky, M., *op. cit.*

77. Johnson, R. J., *op. cit.*

78. Graudal, N., «Commentary: possible role of salt intake in the development of essential hypertension», *Int J Epidemiol*, 34 (2005), pp. 972-974.

79. Ibídem; <https://books.google.es/books?id=SFUcAQAAMAAJ&dq=ambard+lowenstein+salt+1907&hl=en&sa=X&redir_esc=y#%20v=%20onepage&q=lowenstein&f=false;%20https://books.google.com/books?id%20=pTTQAAAAMAAJ&pg=PA417&lpg=PA417&dq=lowenstein%20+salt+1907&source=bl&ots=6hE8bSq3YD&sig=WIq6enQs0Tn%20JaDi1_ZN72y7N2Ew&hl=en&sa=X&ved=0ahUKEwi2xsTt4arPAh%20XJzIMKHWHOAb0Q6AEIIDAB#v=onepage&q=lowenstein%20%20salt%201907&f=false>.

80. Chapman, C. B., T. B. Gibbons, «The diet and hypertension: a review», *Medicine (Baltimore)*, 29, 1 (1950), pp. 29-69.

81. Ibídem; Pines, K. L., G. A. Perera, «Sodium chloride restriction in hypertensive vascular disease», *Med Clin North Am*, 33, 3 (1949), pp. 713-725.

82. Chasis, H., *et al.*, «Salt and protein restriction: effects on blood pressure and renal hemodynamics in hypertensive patients» *JAMA*, 142, 10 (1950), pp. 711-715.

83. Chapman, C. B., T. B. Gibbons, *op. cit.*

84. Klemmer, P., C. E. Grim, F. C. Luft, «Who and what drove Walter Kempner? The Rice Diet revisited», *Hypertension*, 64, 4 (2014), pp. 684-688.

85. <https://en.wikipedia.org/wiki/Rice_diet>.

86. Kempner, W., «Treatment of hypertensive vascular disease with Rice Diet», *Am J Med*, 4, 4 (1948), pp. 545-577.

87. Klemmer, P., C. E. Grim, F. C. Luft, *op. cit.*

88. Kempner, W., *op. cit.*

89. Ibídem.

90. Batuman, V., 2011 «Salt and hypertension: why is there still a debate?», *Kidney Int Suppl*, 3, 4 (2013), pp. 316-320.

91. Ratliff, N. B., «Of rice, grain, and zeal: lessons from Drs. Kempner and Esselstyn», *Cleve Clin J Med*, 67, 8 (2000), pp. 565-566.

92. <https://news.google.com/newspapers?nid=1955&dat=19971021&id=mEkwAAAAIBAJ&sjid=nKYFAAAAIBAJ&pg=3810,3940249&hl=en>.

93. Kempner, W., *op. cit.*

94. McCallum, L., *et al.*, 2013 «Serum chloride is an independent predictor of mortality in hypertensive patients», *Hypertension*, 62, 5 (2013), pp. 836-843.

95. Kempner, W., *op. cit.*

96. Ibídem.

97. <http://www.turner-white.com/memberfile.php?PubCode=hp_mar07_hypertensive.pdf>.

98. Kempner, W., *op. cit.*

99. Chasis, H., *et al.*, «Salt and protein restriction: effects on blood pressure and renal hemodynamics in hypertensive patients» *JAMA*, 142, 10 (1950), pp. 711-715.

100. «Rice Diet in hypertension», *The Lancet*, 66637, 256 (1950), pp. 529-530.

101. Chasis, H., *et al.*, *op. cit.*; Laragh, J. H., M. S. Pecker, «Dietary sodium and essential hypertension: some myths, hopes, and truths», *Ann Intern Med*, 98, 5-2 (1983), pp. 735-743; Loofbourow, D. G., A. L. Galbraith, R. S. Palmer, «The effect of the rice diet on the level of the blood pressure in

essential hypertension», *N Engl J Med*, 240, 23 (1949), pp. 910-914; Schroeder, H. A., *et al.*, «Low sodium chloride diets in hypertension: effects on blood pressure», *JAMA*, 140, 5 (1949), pp. 458-463; Corcoran, A. C., R. D. Taylor, I. H. Page, «Controlled observations on the effect of low sodium dietotherapy in essential hypertension», *Circulation*, 3, 1 (1951), pp. 1-16.

102. Laragh, J. H., M. S. Pecker, *op. cit.*; Loofbourow, D. G., A. L. Galbraith, R. S. Palmer, «The effect of the rice diet on the level of the blood pressure in essential hypertension», *N Engl J Med*, 240, 23 (1949), pp. 910-914; Schroeder, H. A., *et al.*, *op. cit*; Watkin, D. M., *et al.*, «Effects of diet in essential hypertension. II. Results with unmodified Kempner Rice Diet in 50 hospitalized patients», *Am J Med*, 9, 4 (1950), pp. 441-493; Page, I. H., «Treatment of essential and malignant hypertension», *JAMA*, 147, 1 (1951), pp. 1311-1318.

103. Laragh, J. H., M. S. Pecker, *op. cit.*

104. Ibídem; Reisin, E., *et al.*, «Effect of weight loss without salt restriction on the reduction of blood pressure in overweight hypertensive patients», *N Engl J Med*, 298, 1 (1978), pp. 1-6; Tuck, M. L., *et al.*, «The effect of weight reduction on blood pressure, plasma renin activity, and plasma aldosterone levels in obese patients», *N Engl J Med*, 304, 16 (1981), pp. 930-933.

105. Corcoran, A. C., R. D. Taylor, I. H. Page, *op. cit.*

106. Loofbourow, D. G., A. L. Galbraith, R. S. Palmer, *op. cit.*

107. Tasdemir, V., *et al.*, «Hyponatremia in the outpatient setting: clinical characteristics, risk factors and outcome», *Int Urol Nephrol*, 47, 12 (2015), pp. 1977-1983.

108. Laragh, J. H., M. S. Pecker, *op. cit*; Mac, G. W. Jr., «Risk of uremia due to sodium depletion», *JAMA*, 137, 16 (1948), p. 1377; Soloff, L. A., J. Zatuchni, «Syndrome of salt depletion induced by a regimen of sodium restriction and sodium diuresis», *JAMA*, 139, 17 (1949), pp. 1136-1139; Grollman, A. R., *et al.*, «Sodium restriction in the diet for hypertension», *JAMA*, 129, 8 (1945), pp. 533-537.

109. Schroeder, H. A., *et al.*, *op. cit.*

110. Joe, B., *op. cit.*

111. Dahl, L. K., *op. cit*; discusión en pp. 972-974 y 975-978.

112. Joe, B., *op. cit.*

113. Dahl, L. K., R. A. Love, «Evidence for relationship between sodium (chloride) intake and human essential hypertension», *AMA Arch Intern Med*, 94, 4 (1954), pp. 525-531.

114. Rebello, T., R. E. Hodges, J. L. Smith, «Short-term effects of various sugars on antinatriuresis and blood pressure changes in normotensive young men», *Am J Clin Nutr*, 38, 1 (1983), pp. 84-94.

115. Kearns, C. E., L. A. Schmidt, S. A. Glantz, «Sugar industry and coronary heart disease research: a historical analysis of internal industry documents», *JAMA Intern Med*, 176, 11 (2016), pp. 1680-1685.

116. Dahl, L. K., «Possible role of salt intake in the development of essential hypertension. 1960», *op, cit.*

117. Ibídem.

118. Folkow, B., D. L. Ely, «Dietary sodium effects on cardiovascular and sympathetic neuroeffector functions as studied in various rat models», *J Hypertens*, 5, 4 (1987), pp. 383-395.

119. Grollman, A. R., *et al.*, «Sodium restriction in the diet for hypertension», *JAMA*, 129, 8 (1945), pp. 533–537.

120. Dahl, L. K., 1968 «Salt in processed baby foods», *op. cit*; «Infant mortality in the United States and abroad», *Stat Bull Metropol Life Insur Co*, 48 (1967), pp. 2-6.

121. Dahl, L. K., 1968 «Salt in processed baby foods», *op. cit.*

122. Meneely, G. R., H. D. Battarbee, *op. cit.*

123. <https://thescienceofnutrition.wordpress.com/wp-content/uploads/2014/03/dietary-goals-for-the-united-states.pdf>.

124. <https://www.nytimes.com/1987/09/20/obituaries/george-r-meneely-75-dies-louisiana-medical-professor.html>.

125. Meneely, G. R., H. D. Battarbee, *op. cit.*

126. <http://babel.hathitrust.org/cgi/pt?id=umn.31951d00283417h;view=1up;seq=7>.

127. <https://zerodisease.com/archive/Dietary_Goals_For_The_United_States.pdf>.

128. <http://babel.hathitrust.org/cgi/pt?id=umn.31951d00283417h;view=1up;seq=7>.

129. Meneely, G. R., H. D. Battarbee, *op. cit.*

130. <http://babel.hathitrust.org/cgi/pt?id=umn.31951d00283417h;view=1up;seq=7>.

131. Pearce, E. N., M. Andersson, M. B. Zimmermann, «Global iodine nutrition: where do we stand in 2013?», *Thyroid*, 23, 5 (2013), pp. 523-528.

132. Brown, W. J. Jr., F. K. Brown, I. Krishan, «Exchangeable sodium and blood volume in normotensive and hypertensive humans on high and low sodium intake», *Circulation*, 43, 4 (1971), pp. 508-519.

133. Luft, F. C., *et al.*, *op. cit.*; Grant, H., F. Reischsman, «The effects of the ingestion of large amounts of sodium chloride on the arterial and venous pressures of normal subjects», *Am Heart J*, 32, 6 (1946), pp. 704-712; Kirkendall, A. M., *et al.*, «The effect of dietary sodium chloride on blood pressure, body fluids, electrolytes, renal function, and serum lipids of normotensive man», *J Lab Clin Med*, 87, 3 (1976), pp. 411-434.

134. Guyton, A. C., *et al.*, «Salt balance and long-term blood pressure control», *Annu Rev Med*, 31 (1980), pp. 15-27.

135. Luft, F. C., *et al.*, *op. cit.*

136. DiNicolantonio, J. J., S. C. Lucan, *op. cit.*; Johnson, R. J., *et al.*, «The discovery of hypertension: evolving views on the role of the kidneys, and current hot topics», *Am J Physiol Renal Physiol*, 308, 3 (2015), pp. F167-F178.

137. Meneely, G. R., H. D. Battarbee, *op. cit.*

138. Loofbourow, D. G., A. L. Galbraith, R. S. Palmer, «The effect of the rice diet on the level of the blood pressure in essential hypertension», *N Engl J Med*, 240, 23 (1949), pp. 910-914.

139. Dahl, L. K., «Possible role of salt intake in the development of essential hypertension. 1960», *op. cit.*

140. <https://www.legacy.com/us/obituaries/nytimes/name/john-laragh-obituary?id=32994694>.

141. Laragh, J. H., M. S. Pecker, *op. cit.*

142. MacGregor, G. A., *et al.*, «Double-blind randomised crossover trial of moderate sodium restriction in essential hypertension», *Lancet*, 1, 8268 (1982), pp. 351-355.

143. <https://odphp.health.gov/sites/default/files/2020-01/DietaryGuidelines2010.pdf>.

144. <https://www.actiononsalt.org.uk/about/staff-profiles/>.

145. <https://www.worldactiononsalt.com/about/index.html>.

146. <https://www.actiononsalt.org.uk/news/news/archive/2014/items/world-heart-day.html>.

147. Law, M. R., C. D. Frost, N. J. Wald, «By how much does dietary salt reduction lower blood pressure? III—Analysis of data from trials of salt reduction», *BMJ*, 302, 6780 (1991), pp. 819-824.

148. Graudal, N. A., A. M. Galloe, P. Garred, «Effects of sodium restriction on blood pressure, renin, aldosterone, catecholamines, cholesterols, and triglyceride: a meta-analysis», *JAMA*, 279, 17 (1998), pp. 1383-1391; Midgley, J. P., *et al.*, «Effect of reduced dietary sodium on blood

pressure: a meta-analysis of randomized controlled trials», *JAMA*, 275, 20 (1996), pp. 1590-1597.

149. «The fifth report of the Joint National Committee on Detection, Evaluation, and Treatment of High Blood Pressure (JNC-V)», *Arch Intern Med*, 153, 2 (1993), pp. 154-183.

150. Swales, J., «Population advice on salt restriction: the social issues», *Am J Hypertens*, 13, 1-1 (2000), pp. 2-7.

151. Ibídem.

152. Graudal, N. A., A. M. Galloe, P. Garred, *op. cit*; Midgley, J. P., *et al.*, *op. cit.*; Swales, J. D., «Dietary sodium restriction in hypertension», en J. H. Laragh, B. M. Brenner (eds.), *Hypertension: Pathophysiology, Diagnosis and Management*, Raven Press, Estados Unidos, 1995, pp. 283-298.

153. Cutler, J. A., D. Follmann, S. Allender, «Randomized trial of sodium reduction: an overview», *Am J Clin Nutr*, 65, 2-supl. (1997), pp. 643s-651s.

154. Kumanyika, S. K., *et al.*, «Feasibility and efficacy of sodium reduction in the Trials of Hypertension Prevention, phase I. Trials of Hypertension Prevention Collaborative Research Group», *Hypertension*, 22, 4 (1993), pp. 502-512.

155. Ebrahim, S., G. D. Smith, «Lowering blood pressure: a systematic review of sustained effects of non-pharmacological interventions», *J Public Health Med*, 20, 4 (1998), pp. 441-448.

156. Swales, J. D., «Dietary salt and blood pressure: the role of meta-analyses», *J Hypertens Suppl*, 9, 6 (1991), pp. S42-S46; discusión en pp. S47-S49.

157. Midgley, J. P., *et al.*, *op. cit.*

158. Food and Nutrition Board, *Diet and Health: Implications for Reducing Chronic Disease Risk*, National Academies Press, Estados Unidos, 1989; King, J. C., K. J. Reimers, «Beyond blood pressure: new paradigms in sodium intake reduction and health outcomes», *Adv Nutr*, 5, 5 (2014), pp. 550-552; «Sodium, potassium, body mass, alcohol and blood pressure: the INTERSALT Study. The INTERSALT Co-operative Research Group», *J Hypertens Suppl*, 6, 4 (1988), pp. S584-S586.

159. «Intersalt: an international study of electrolyte excretion and blood pressure. Results for 24 hour urinary sodium and potassium excretion. Intersalt Cooperative Research Group», *BMJ*, 297, 6644 (1988), pp. 319-328.

160. Folkow, B., D. Ely., «Importance of the blood pressure-heart rate relationship», *Blood Press*, 7, 3 (1998), pp. 133-138.

161. Overlack, A., *et al.*, *op. cit.*

162. Freedman, D. A., D. B. Petitti, «Salt and blood pressure. Conventional wisdom reconsidered», *Eval Rev*, 25, 3 (2001), pp. 267-287.

163. Folkow, B., «[Sal y presión arterial - una centenaria manzana de la discordia]», *op. cit.*; Folkow, B., D. Ely., «Importance of the blood pressure-heart rate relationship», *Blood Press*, 7, 3 (1998), pp. 133-138.

164. Food and Nutrition Board, Standing Committee on the Scientific Evaluation of Dietary Reference Intakes, Panel on Dietary Reference Intakes for Electrolytes and Water, *Dietary Reference Intakes for Water, Potassium, Sodium, Chloride, and Sulfate*, Institute of Medicine, Estados Unidos, 2005.

165. Íbidem.

166. Íbidem.

167. <https://www.dietaryguidelines.gov/sites/default/files/2019-05/2005%20DG%20for%20Americans.pdf>.

168. <https://publichealth.jhu.edu/faculty/15/lawrence-j-appel>.

169. <https://nap.nationalacademies.org/read/10925/chapter/1>.

170. <https://www.worldactiononsalt.com/about/members/index.html>.

171. <https://odphp.health.gov/sites/default/files/2020-01/DietaryGuidelines2010.pdf>.

172. <https://www.researchgate.net/publication/274711425_If_You_Must_Have_A_Dietary_Culprit_At_Least_Pick_The_Right_One>.

173. «Dietary fat and its relation to heart attacks and strokes. Report by the Central Committee for Medical and Community Program of the American Heart Association», *JAMA*, 175, 5 (1961), pp. 389-391.

174. <https://garytaubes.com/wp-content/uploads/2011/08/science-political-science-of-salt.pdf>.

175. <https://www.theguardian.com/society/2003/apr/21/usnews.food>.

176. <https://www.thedrum.com/news/2016/07/20/coca-cola-use-olympics-sponsorship-push-non-fizzy-drinks>; <https://fluoridealert.org/news/sugar-industry-has-subverted-public-health-policy-for-decades-study-finds/>.

177. <https://archive.nytimes.com/well.blogs.nytimes.com/2015/08/09/coca-cola-funds-scientists-who-shift-blame-for-obesity-away-from-bad-diets/>; <https://www.naturalnews.com/049027_Coca-Cola_payola_scheme_corporate_propaganda.html>.

178. Lucan, S. C., J. J. DiNicolantonio, «How calorie-focused thinking about obesity and related diseases may mislead and harm public health. An alternative», *Public Health Nutr*, 18, 4 (2015), pp. 571-581.

179. Walker, A. R., «Sucrose, hypertension, and heart disease» *Am J Clin Nutr*, 28, 3 (1975), pp. 195-200.

180. Sievenpiper, J. L., L. Tappy, F. Brouns, «Fructose as a Driver of Diabetes: An Incomplete View of the Evidence», *Mayo Clin Proc*, 90, 7 (julio de 2015), pp. 984-988. [Carta al editor relativa al artículo de DiNicolantonio J. J., O'Keefe J. H., Lucan S. C., «Added Fructose: A Principal Driver of Type 2 Diabetes Mellitus and Its Consequences».]

181. Johnson, R. J., *et al.*, «Potential role of sugar (fructose) in the epidemic of hypertension, obesity and the metabolic syndrome, diabetes, kidney disease, and cardiovascular disease», *op.cit.*; DiNicolantonio, J. J., S. C. Lucan, «The wrong white crystals: not salt but sugar as aetiological in hypertension and cardiometabolic disease», *op. cit.*; DiNicolantonio, J. J., J. H. O'Keefe, S. C. Lucan, «In reply—fructose as a driver of diabetes: an incomplete view of the evidence», *Mayo Clin Proc*, 90, 7 (julio de 2015), pp. 988-990, [Carta al editor en réplica a la carta de Sievenpiper, J. L., L. Tappy, F. Brouns, «Fructose as a Driver of Diabetes: An Incomplete View of the Evidence», *Mayo Clin Proc*, 90, 7 (julio de 2015), pp. 984-988]; DiNicolantonio, J. J., J. H. O'Keefe, S. C. Lucan, «An unsavory truth: sugar, more than salt, predisposes to hypertension and chronic disease», *Am J Cardiol*, 114,7 (2014), pp. 1126-1128; DiNicolantonio, J. J., J. H. O'Keefe, S. C. Lucan, «Added Fructose: A Principal Driver of Type 2 Diabetes Mellitus and Its Consequences», *op. cit.*; Basu, S., *et al.*, «The relationship of sugar to population-level diabetes prevalence: an econometric analysis of repeated cross-sectional data», *PLoS One*, 8, 2 (2013), e57873.

182. <https://zerodisease.com/archive/Dietary_Goals_For_The_United_States.pdf>.

183. <https://thescienceofnutrition.files.wordpress.com/2014/03/dietary-goals-for-the-united-states.pdf>.

184. <https://content.time.com/time/covers/0,16641,19820315,00.html>.

185. <https://content.time.com/time/covers/0,16641,19840326,00.html>.

186. <https://content.time.com/time/covers/0,16641,19610113,00.html>.

187. <https://www.dietaryguidelines.gov/sites/default/files/2019

-05/1980%20DGA.pdf>; <https://www.dietaryguidelines.gov/sites/default/files/2019-05/1985%20Full%20DG%20Report.pdf>; <https://www.dietaryguidelines.gov/sites/default/files/201905/1990%20Dietary%20Guidelines%20for%20Americans.pdf>; <https://www.dietaryguidelines.gov/sites/default/files/201905/1995%20Dietary%20Guidelines%20for%20Americans.pdf>.

188. Rebello, T., R. E. Hodges, J. L. Smith, «Short-term effects of various sugars on antinatriuresis and blood pressure changes in normotensive young men», *Am J Clin Nutr*, 38, 1 (1983), pp. 84-94; Reiser, S., *et al.*, «Serum insulin and glucose in hyperinsulinemic subjects fed three different levels of sucrose», *Am J Clin Nutr*, 34, 11 (1981), pp. 2348-2358; Yudkin, J., «Patterns and trends in carbohydrate consumption and their relation to disease», *Proc Nutr Soc*, 23 (1964), pp. 149-162; Yudkin, J., «Dietary fat and dietary sugar in relation to ischaemic heart-disease and diabetes», *Lancet*, 2, 7349 (1964), pp. 4-5.

189. Reiser, S., *et al.*, «Isocaloric exchange of dietary starch and sucrose in humans. II. Effect on fasting blood insulin, glucose, and glucagón and on insulin and glucose response to a sucrose load», *Am J Clin Nutr*, 32, 11 (1979), pp. 2206-2216.

190. Reiser, S., *et al.*, «Serum insulin and glucose in hyperinsulinemic subjects fed three different levels of sucrose», *op. cit.*

191. DiNicolantonio J. J., J. H. O'Keefe, S. C. Lucan, «Added Fructose: A Principal Driver of Type 2 Diabetes Mellitus and Its Consequences», *op. cit.*

192. Hujoel, P., «Dietary carbohydrates and dental-systemic diseases», *J Dent Res* 88, 6 (2009), pp. 490-502.

193. Bes-Rastrollo, M., *et al.*, «Financial conflicts of interest and reporting bias regarding the association between sugar-sweetened beverages and weight gain: a systematic review of systematic reviews», *PLoS Med*, 10, 12 (2013), e1001578; discusión en e1001578.

194. <https://www.youtube.com/watch?v=eIlaGlBVphI>.

195. Bray, G. A., B. M. Popkin, «Dietary sugar and body weight: have we reached a crisis in the epidemic of obesity and diabetes? Health be damned! Pour on the sugar», *Diabetes Care*, 37, 4 (2014), pp. 950-956.

196. <https://thescienceofnutrition.wordpress.com/wp-content/uploads/2014/03/dietary-goals-for-the-united-states.pdf>.

197. Johnson, R. J., *et al.*, «Potential role of sugar (fructose) in the epidemic of hypertension, obesity and the metabolic syndrome, diabetes,

kidney disease and cardiovascular disease», *Am J Clin Nutr*, 86, 4 (2007), pp. 899-906.

198. Bernstein, A. M., W. C. Willett, «Trends in 24-h urinary sodium excretion in the United States, 1957-2003: a systematic review», *Am J Clin Nutr*, 92, 5 (2010), pp. 1172-1180.

199. DiNicolantonio, J. J., S. C. Lucan, «The wrong white crystals: not salt but sugar as aetiological in hypertension and cardiometabolic disease», *op. cit.*; <https://www.ers.usda.gov/data-products/food-availability-per-capita-data-system>.

200. <https://qmmuseum.army.mil/research/history-heritage/subsistence/The-History-of-Rations.html>.

201. <https://quartermasterfoundation.org/rations/>.

202. Ibídem.

203. <https://en.wikipedia.org/wiki/Refrigeration>.

204. <https://www.cdc.gov/nchs/data/databriefs/db88.pdf>.

205. Antar, M. A., M. A. Ohlson, R. E. Hodges, «Changes in retail market food supplies in the United States in the last seventy years in relation to the incidence of coronary heart disease, with special reference to dietary carbohydrates and essential fatty acids», *Am J Clin Nutr*, 14 (1964), pp. 169-178.

206. <https://www.dietaryguidelines.gov/sites/default/files/2019-05/Scientific-Report-of-the-2015-Dietary-Guidelines-Advisory-Committee.pdf>.

207. <https://www.dietaryguidelines.gov/sites/default/files/2019-05/1980%20DGA.pdf>.

208. Trumbo, P., *et al.*, «Dietary reference intakes for energy, carbohydrate, fiber, fat, fatty acids, cholesterol, protein and amino acids», *J Am Diet Assoc*, 102, 11 (2002), pp. 1621-1630.

209. <https://www.dietaryguidelines.gov/sites/default/files/2019-05/2005%20DG%20for%20Americans.pdf>.

210. <https://www.dietaryguidelines.gov/sites/default/files/2019-05/DietaryGuidelines2010.pdf>.

211. <https://www.dietaryguidelines.gov/sites/default/files/2019-05/Scientific-Report-of-the-2015-Dietary-Guidelines-Advisory-Committee.pdf>.

4. ¿Qué es lo que realmente causa las enfermedades cardiacas?

212. Park, J., C. K. Kwock, «Sodium intake and prevalence of hypertension, coronary heart disease, and stroke in Korean adults», *J Ethn Foods*, 2, 3 (2015), pp. 92-96.

213. <https://www.worldlifeexpectancy.com/cause-of-death/coronary-heart-disease/by-country/>.

214. <https://health.ec.europa.eu/document/download/164bf1f0-97a3-4c10-9a68-9961d291df76_en?filename=salt_report_en.pdf>.

215. <http://www.worldlifeexpectancy.com/cause-of-death/coronary-heart-disease/by-country/)>.

216. <http://ec.europa.eu/health/nutrition_physical_activity/docs/salt_report1_en.pdf>; <http://ec.europa.eu/eurostat/statistics-explained/index.php/Causes_of_death_statistics>; Elliott, P., I. Brown, «Sodium intakes around the world», World Health Organization (OMS), Suiza, 2007, <https://iris.who.int/bitstream/handle/10665/43738/9789241595935_eng.pdf>.

217. <http://ec.europa.eu/health/nutrition_physical_activity/docs/salt_report1_en.pdf>; <http://ec.europa.eu/eurostat/statistics-explained/index.php/Causes_of_death_statistics>; Elliott, P., I. Brown, *op. cit.*

218. <https://en.wikipedia.org/wiki/Kimchi>.

219. Park, J., C. K. Kwock, *op. cit.*

220. Elliott, P., I. Brown, *op. cit.*

221. Timio, M., *et al.*, «Blood pressure trend and cardiovascular events in nuns in a secluded order: a 30-year follow-up study», *Blood Press*, 6, 2, 1997, pp. 81-87.

222. Chappuis, A., *et al.*, «Swiss survey on salt intake: main results», CHUV, Universidad de Lausanne, Suiza, 2011. <https://api.unil.ch/iris/server/api/core/bitstreams/5a1ebdf9-4738-4c06-8292-2290370160d8/content>.

223. Ibídem.

224. <https://en.wikipedia.org/wiki/List_of_countries_by_life_expectancy>.

225. <http://ec.europa.eu/health/nutrition_physical_activity/docs/salt_report1_en.pdf>; <http://ec.europa.eu/eurostat/statistics-explained/index.php/Causes_of_death_statistics>; Elliott, P., I. Brown, *op. cit.*

226. Park, J., C. K. Kwock, *op. cit.*

227. Graudal, N. A., A. M. Galloe, P. Garred, *op. cit.*

228. Ibídem.

229. Kotchen, T. A., *et al.*, «Baroreceptor sensitivity in prehypertensive young adults», *Hypertension*, 13, 6-2 (1989), pp. 878-883; Longworth, D. L., *et al.*, «Divergent blood pressure responses during short-term sodium restriction in hypertension», *Clin Pharmacol Ther*, 27, 4 (1980), pp. 544-546; Weinberger, M. H., *et al.*, 1986 «Definitions and characteristics of sodium sensitivity and blood pressure resistance», *Hypertension*, 8, 6-2 (1986), pp. II127-II134; Egan, B. M., *et al.*, «Neurohumoral and metabolic effects of short-term dietary NaCl restriction in men. Relationship to salt-sensitivity status», *Am J Hypertens*, 4, 5-1 (1991), pp. 416-421.

230. Graudal, N. A., A. M. Galloe, P. Garred, *op. cit.*

231. Sullivan, J. M., *et al.*, «Hemodynamic effects of dietary sodium in man: a preliminary report», *Hypertension*, 2, 4 (1980), pp. 506-514.

232. Heaney, R. P., «Making sense of the science of sodium, *Nutr Today*, 50, 2 (2015), pp. 63-66.

233. Ibídem.

234. Luft, F. C., *et al.*, *op. cit.*

235. McDonough, D. J., C. M. Wilhelmj, «The effect of excess salt intake on human blood pressure», *Am J Dig Dis*, 21, 7 (1954), pp. 180-181; Murray, R. H., *et al.*, «Blood pressure responses to extremes of sodium intake in normal man», *Proc Soc Exp Biol Med*, 159, 3 (1978), pp. 432-436.

236. Murray, R. H., *et al.*, *op. cit.*

237. Luft, F. C., *et al.*, *op. cit.*

238. Kirkendall, A. M., *et al.*, *op. cit.*; Luft, F. C., *et al.*, *op. cit.*

239. Scribner, B. H., «Salt and hypertension», *JAMA*, 250, 3 (1983), pp. 388-389.

240. Egan, B. M., *et al.*, *op. cit.*

241. Longworth, D. L., *et al.*, *op. cit.*

242. Heer, M., *et al.*, «High dietary sodium chloride consumption may not induce body fluid retention in humans», *Am J Physiol Renal Physiol*, 278, 4 (2000), pp. F585-F595.

243. Haddy, F. J., M. B. Pamnani, «The kidney in the pathogenesis of hypertension: the role of sodium», *Am J Kidney Dis*, 5, 4 (1985), pp. A5-A13; Beretta-Piccoli, C., *et al.*, «Body sodium blood volume state in essential hypertension: abnormal relation of exchangeable sodium to age and blood pressure in male patients», *J Cardiovasc Pharmacol*, 6, supl. 1 (1984), pp. S134-S142.

244. Finnerty, F. A., Jr., *et al.*, «Influence of extracellular fluid volumen on response to antihypertensive drugs», *Circ Res* 27, 1 (supl. 1) (1970), pp. 71-82.

245. Luft, F. C., *et al.*, *op. cit.*

246. Kirkendall, A. M., *et al.*, *op. cit.*

247. Freis, E. D., «Salt, volume and the prevention of hypertension», *Circulation*, 53, 4 (1976), pp. 589-595.

248. Heaney, R. P., *op. cit.*

249. Srinivasan, S. R., *et al.*, «Effects of dietary sodium and sucrose on the induction of hypertension in spider monkeys», *Am J Clin Nutr*, 33, 3 (1980), pp. 561-569.

250. Haddy, F. J., M. B. Pamnani, *op. cit.*

251. Overlack, A., *et al.*, *op. cit.*; Folkow, B., D. Ely, «Importance of the blood pressure-heart rate relationship», *Blood Press*, 7, 3 (1998), pp. 133-138.

252. Folkow, B., «[Sal y presión arterial - una centenaria manzana de la discordia]», *op. cit.*; Folkow, B., D. Ely, «Importance of the blood pressure-heart rate relationship», *op. cit.*, pp. 133-138.

253. Omvik, P., P. Lund-Johansen, «Is sodium restriction effective treatment of borderline and mild essential hypertension? A long-term haemodynamic study at rest and during exercise», *J Hypertens*, 4, 5 (1986), pp. 535-541; Omvik, P., P. Lund-Johansen, «Hemodynamic effects at rest and during exercise of long-term sodium restriction in mild essential hypertension», *Acta Med Scand Suppl*, 714 (1986), pp. 71-74.

254. McCarty, M. F., «Marinobufagenin may mediate the impact of salty diets on left ventricular hypertrophy by disrupting the protective function of coronary microvascular endothelium», *Med Hypotheses*, 62, 6 (2004), pp. 993-1002.

255. Íbidem; Fedorova, O. V., *et al.*, «Marinobufagenin, an endogenous alpha-1 sodium pump ligand, in hypertensive Dahl salt-sensitive rats», *Hypertension*, 37, 2-2 (2001), pp. 462-466.

256. Omvik, P., P. Lund-Johansen, «Is sodium restriction effective treatment of borderline and mild essential hypertension? A long-term haemodynamic study at rest and during exercise», *op. cit.*; Omvik, P., P. Lund-Johansen, «Hemodynamic effects at rest and during exercise of long-term sodium restriction in mild essential hypertension», *op. cit.*

257. Bagrov, Y. Y., *et al.*, «Marinobufagenin, an endogenous inhibitor of alpha-1 Na/K-ATPase, is a novel factor in pathogenesis of diabetes me-

llitus», *Dokl Biol Sci*, 404 (2005), pp. 333-337; Bagrov, Y. Y., *et al.*, «Endogenous digitalis-like ligands and Na/K-ATPase inhibition in experimental diabetes mellitus», *Front Biosci*, 10 (2005), pp. 2257-2262.

258. Bagrov, Y. Y., *et al.*, «Endogenous sodium pump inhibitors, diabetes mellitus and preeclampsia», *Pathophysiol*, 14, 3-4 (2007), pp. 147-151.

259. DiNicolantonio, J. J., J. H. O'Keefe, S. C. Lucan, «Added fructose: a principal driver of type 2 diabetes mellitus and its consequences», *op. cit.*

260. Johnson, R. J., *et al.*, «Potential role of sugar (fructose) in the epidemic of hypertension, obesity and the metabolic syndrome, diabetes, kidney disease, and cardiovascular disease», *Am J Clin Nutr*, 86, 4 (2007), pp. 899-906; Bes-Rastrollo, M., *et al.*, «Financial conflicts of interest and reporting bias regarding the association between sugar-sweetened beverages and weight gain: a systematic review of systematic reviews», *PLoS Med*, 10, 12 (2013), e1001578; discusión en e1001578; Nakayama, T., *et al.*, «Dietary fructose causes tubulointerstitial injury in the normal rat kidney», *Am J Physiol Renal Physiol*, 298, 3 (2010), pp. F712-F720; Cirillo, P., *et al.*, «Ketohexokinase-dependent metabolism of fructose induces proinflammatory mediators in proximal tubular cells», *J Am Soc Nephrol*, 20, 3 (2009), pp. 545-553.

261. DiNicolantonio, J. J., J. H. O'Keefe, S. C. Lucan, «Added Fructose: A Principal Driver of Type 2 Diabetes Mellitus and Its Consequences», *op. cit.*; Basu, S., *et al.*, «The relationship of sugar to population-level diabetes prevalence: an econometric analysis of repeated cross-sectional data», *PLoS One*, 8, 2 (2013), e57873; Reiser, S., *et al.*, «Serum insulin and glucose in hyperinsulinemic subjects fed three different levels of sucrose», *op. cit.*

262. Reiser, S., *et al.*, «Serum insulin and glucose in hyperinsulinemic subjects fed three different levels of sucrose», *op. cit.*

263. McCarty, M. F., *op. cit.*

264. Giampietro, O., *et al.*, «Increased urinary excretion of digoxin-like immunoreactive substance by insulin-dependent diabetic patients: a linkage with hypertension?», *Clin Chem*, 34, 12 (1988), pp. 2418-2422. Weidmann, P., B. N. Trost, «Pathogenesis and treatment of hypertension associated with diabetes», *Horm Metab Res Suppl*, 15 (1985), pp. 51-58; Christlieb, A. R., *et al.*, «Is insulin the link between hypertension and obesity?», *Hypertension*, 7, 6-2 (1985), pp. II54-II57.

265. Weidmann, P., B. N. Trost, *op. cit.*; Weidmann, P., C. Beretta-Piccoli, B. N. Trost, «Pressor factors and responsiveness in hyperten-

sion accompanying diabetes mellitus», *Hypertension*, 7, 6-2 (1985), pp. II33-II42; O'Hare, J. A., *et al.*, «Exchangeable sodium and renin in hypertensive diabetic patients with and without Nephropathy», *Hypertension*, 7, 6-2 (1985), pp. II43-II48; Feldt-Rasmussen, B., *et al.*, «Central role for sodium in the pathogenesis of blood pressure changes independent of angiotensin, aldosterone and catecholamines in type 1 (insulin-dependent) diabetes mellitus», *Diabetologia*, 30, 8 (1987), pp. 610-617.

266. Weidmann, P., C. Beretta-Piccoli, B. N. Trost, *op. cit.*; O'Hare, J. A., *et al.*, «Exchangeable sodium and renin in hypertensive diabetic patients with and without Nephropathy», *Hypertension*, 7, 6-2 (1985), pp. II43-II48; Feldt-Rasmussen, B., *et al.*, «Central role for sodium in the pathogenesis of blood pressure changes independent of angiotensin, aldosterone and catecholamines in type 1 (insulin-dependent) diabetes mellitus», *Diabetologia*, 30, 8 (1987), pp. 610-617; DeFronzo, R. A., «The effect of insulin on renal sodium metabolism. A review with clinical implications», *Diabetologia*, 21, 3 (1981), pp. 165-171; Vierhapper, H., «Effect of exogenous insulin on blood pressure regulation in healthy and diabetic subjects», *Hypertension*, 7, 6-2 (1985), pp. II49-II53.

267. DeFronzo, R. A., *op. cit.*; Vierhapper, H., «Effect of exogenous insulin on blood pressure regulation in healthy and diabetic subjects», *Hypertension*, 7, 6-2 (1985), pp. II49-II53.

268. Johansen, K., A. P. Hansen, «High 24-hour level of serum growth hormone in juvenile diabetics», *BMJ*, 2, 5653 (1969), pp. 356-357.

269. Giampietro, O., *et al.*, «Increased urinary excretion of digoxin-like immunoreactive substance by insulin-dependent diabetic patients: a linkage with hypertension?», *Clin Chem*, 34, 12 (1988), pp. 2418-2422; Deray, G., *et al.*, «Evidence of an endogenous digitalis-like factor in the plasma of patients with acromegaly», *N Engl J Med*, 316, 10 (1987), pp. 575-580.

270. Greene, D. A., S. A. Lattimer, A. A. Sima, «Sorbitol, phosphoinositides, and sodium-potassium-ATPase in the pathogenesis of diabetic complications», *N Engl J Med*, 316, 10 (1987), pp. 599-606; Das, P. K., *et al.*, «Diminished ouabain-sensitive, sodium-potassium ATPase activity in sciatic nerves of rats with streptozotocin-induced diabetes», *Exp Neurol*, 53, 1 (1976), pp. 285-288; Pierce, G. N., N. S. Dhalla, «Sarcolemmal Na+-K+-ATPase activity in diabetic rat heart», *Am J Physiol*, 245, 3 (1983), pp. C241-C247; Finotti, P., P. Palatini, «Reduction of erythrocyte (Na+-K+) ATPase activity in type 1 (insulin-dependent) diabetic subjects

and its activation by homologous plasma», *Diabetologia*, 29, 9 (1986), pp. 623-628.

271. Jakobsen, J., G. M. Knudsen, M. Juhler, «Cation permeability of the blood-brain barrier in streptozotocin-diabetic rats», *Diabetologia*, 30, 6 (1987), pp. 409-413; Moore, R. D., *The High Blood Pressure Solution*, Healing Arts Press, Estados Unidos, 1993.

272. Ng, L. L., M. Harker, E. D. Abel, «Leucocyte sodium content and sodium pump activity in overweight and lean hypertensives», *Clin Endocrinol (Oxf)*, 30, 2 (1989), pp. 191-200.

273. Ferrannini, E., *et al.*, «Hypertension: a metabolic disorder?», *Diabetes Metab*, 15, 5-2 (1989), pp. 284-291; Ferrannini, E., *et al.*, «Insulin resistance in essential hypertension», *N Engl J Med*, 317, 6 (1987), pp. 350-357; Reaven, G. M., B. B. Hoffman, «A role for insulin in the aetiology and course of hypertension?», *Lancet*, 2, 8556 (1987), pp. 435-437.

274. Cambien, F., *et al.*, «Body mass, blood pressure, glucose, and lipids. Does plasma insulin explain their relationships?», *Arteriosclerosis*, 7, 2 (1987), pp. 197-202.

275. Christlieb, A. R., *et al.*, «Is insulin the link between hypertension and obesity?», *Hypertension*, 7, 6-2 (1985), pp. II54-II57; Vasdev, S., J. Stuckless, «Role of methylglyoxal in essential hypertension», *Int J Angiol*, 19, 2 (2010), pp. e58-e65.

276. Ferrannini, E., *et al.*, «Insulin resistance in essential hypertension», *op. cit.*

277. Yudkin, J., «Sucrose and cardiovascular disease», *Proc Nutr Soc*, 31, 3 (1972), pp. 331-337; Macdonald, I., «Effects of dietary carbohydrate on lipid metabolism in primates», *Proc Nutr Soc*, 30, 3 (1971), pp. 277-282.

278. Feldman, R. D., A. G. Logan, N. D. Schmidt, «Dietary salt restriction increases vascular insulin resistance», *Clin Pharmacol Ther*, 60, 4 (1996), pp. 444-451; Feldman, R. D., N. D. Schmidt, «Moderate dietary salt restriction increases vascular and systemic insulin resistance», *Am J Hypertens*, 12, 6 (1999), pp. 643-647.

279. Yudkin, J., V. V. Kakkar, S. Szanto, «Sugar intake, serum insulin and platelet adhesiveness in men with and without peripheral vascular disease», *Postgrad Med J*, 45, 527 (1969), pp. 608-611.

280. Pazarloglou, M., *et al.*, «Evaluation of insulin resistance and sodium sensitivity in normotensive offspring of hypertensive individuals», *Am J Kidney Dis*, 49, 4 (2007), pp. 540-546.

281. Ibídem.

282. Falkner, B., *et al.*, «Insulin resistance and blood pressure in Young black men», *Hypertension*, 16, 6 (1990), pp. 706-711.

283. Pazarloglou, M., *et al.*, *op. cit.*

284. Reaven, G. M., H. Lithell, L. Landsberg, «Hypertension and associated metabolic abnormalities—the role of insulin resistance and the sympathoadrenal system», *N Engl J Med*, 334, 6 (1996), pp. 374-381; Scaglione, R., *et al.*, «Central obesity and hypertension: pathophysiologic role of renal haemodynamics and function», *Int J Obes Relat Metab Disord*, 19, 6 (1995), pp. 403-409.

285. Sharma, A. M., *et al.*, «Salt sensitivity in young normotensive subjects is associated with a hyperinsulinemic response to oral glucose», *J Hypertens*, 9, 4 (1991), pp. 329-335; Zavaroni, I., *et al.*, «Association between salt sensitivity and insulin concentrations in patients with hypertension», *Am J Hypertens*, 8, 8 (1995), pp. 855-858; Fuenmayor, N., E. Moreira, L. X. Cubeddu, «Salt sensitivity is associated with insulin resistance in essential hypertension», *Am J* Hypertens, 11, 4-1 (1998), pp. 397-402; Bigazzi, R., *et al.*, «Clustering of cardiovascular risk factors in salt-sensitive patients with essential hypertension: role of insulin», *Am J Hypertens*, 9, 1 (1996), pp. 24-32.

286. Hoffmann, I. S., A. B. Alfieri, L. X. Cubeddu, «Effects of lifestyle changes and metformin on salt sensitivity and nitric oxide metabolism in obese salt-sensitive Hispanics», *J Hum Hypertens*, 21, 7 (2007), pp. 571-578.

287. Rocchini, A. P., *et al.*, «The effect of weight loss on the sensitivity of blood pressure to sodium in obese adolescents», *N Engl J Med*, 321 (1989), pp. 580-585.

288. Muntzel, M. S., I. Hamidou, S. Barrett, «Metformin attenuates salt-induced hypertension in spontaneously hypertensive rats», *Hypertension*, 33, 5 (1999), pp. 1135-1140.

289. Muntzel, M. S., B. Nyeduala, S. Barrett, «High dietary salt enhances acute depressor responses to metformin», *Am J Hypertens*, 12, 12 (1-2) (1999), pp. 1256-1259.

290. Tuck, M. L., *et al.*, «The effect of weight reduction on blood pressure, plasma renin activity, and plasma aldosterone levels in obese patients», *N Engl J Med*, 304, 16 (1981), pp. 930-933.

291. Whitworth, J. A., *et al.*, «Mechanisms of cortisol-induced hypertension in humans», *Steroids*, 60, 1 (1995), pp. 76-80.

292. Bruckdorfer, K. R., *et al.*, «Diurnal changes in the concentrations

of plasma lipids, sugars, insulin and corticosterone in rats fed diets containing various carbohydrates», *Horm Metab Res*, 6, 2 (1974), pp. 99-106; Cawley, N. X., «Sugar making sugar: gluconeogenesis triggered by fructose via a hypothalamic-adrenal-corticosterone circuit», *Endocrinology*, 153, 8 (2012), pp. 3561-3563; Kovacevic, S., *et al.* «Dietary fructose-related adiposity and glucocorticoid receptor function in visceral adipose tissue of female rats», *Eur J Nutr*, 53, 6 (2014), pp. 1409-1420; Bursac, B. N., *et al.*, «Fructose consumption enhances glucocorticoid action in rat visceral adipose tissue», *J Nutr Biochem*, 24, 6 (2013), pp. 1166-1172; London, E., T. W. Castonguay, «High fructose diets increase 11beta-hydroxysteroid dehydrogenase type 1 in liver and visceral adipose in rats within 24-h exposure», *Obesity (Silver Spring)*, 19, 5 (2011), pp. 925-932.

293. Bruckdorfer, K. R., *et al.*, «Diurnal changes in the concentrations of plasma lipids, sugars, insulin and corticosterone in rats fed diets containing various carbohydrates», *Horm Metab Res*, 6, 2 (1974), pp. 99-106.

294. Perera, G. A., «The adrenal cortex and hypertension», *Bull N Y Acad Med*, 26, 2 (1950), pp. 75-92; Perera, G. A., D. W. Blood, «The relationship of sodium chloride to hypertension», *J Clin Invest*, 26, 6 (1947), pp. 1109-1118.

295. Cawley, N. X., «Sugar making sugar: gluconeogenesis triggered by fructose via a hypothalamic-adrenal-corticosterone circuit», *Endocrinology*, 153, 8 (2012), pp. 3561-3563.

296. Lanaspa, M. A., *et al.*, «Endogenous fructose production and fructokinase activation mediate renal injury in diabetic nephropathy», *J Am Soc Nephrol*, 25, 11 (2014), pp. 2526-2538; Tang, W. H., K. A. Martin, J. Hwa, «Aldose reductase, oxidative stress, and diabetic mellitus», *Front Pharmacol*, 3 (2012), p. 87.

297. Perera, G. A., D. W. Blood, «The relationship of sodium chloride to hypertension», *J Clin Invest*, 26, 6 (1947), pp. 1109-1118.

298. Denton, D., *The Hunger for Salt: An Anthropological, Physiological and Medical Analysis*, Springer-Verlag, Estados Unidos, 1982.

299. McCarty, M. F., J. J. DiNicolantonio, «Are organically grown foods safer and more healthful than conventionally grown foods?», *Br J Nutr*, 112, 10 (2014), pp. 1589-1591.

300. Yamagishi, K., *et al.*, «Dietary intake of saturated fatty acids and mortality from cardiovascular disease in Japanese: the Japan Collaborative Cohort Study for Evaluation of Cancer Risk (JACC) Study», *Am J Clin Nutr*, 92, 4 (2010), pp. 759-765.

301. Sasaki, N., «High blood pressure and the salt intake of the Japanese», *Jpn Heart J*, 3 (1962), pp. 313-324.

302. Timio, M., *et al.*, «Blood pressure trend and cardiovascular events in nuns in a secluded order: a 30-year follow-up study», *Blood Press*, 6, 2, 1997, pp. 81-87.

303. Heaney, R. P., *op. cit*; Hollenberg, N. K., *et al.*, «Aging, acculturation, salt intake, and hypertension in the Kuna of Panama», *Hypertension*, 29, 1-2 (1997), pp. 171-176.

304. Rouse, I. L., B. K. Armstrong, L. J. Beilin, «The relationship of blood pressure to diet and lifestyle in two religious populations», *op. cit.*, pp. 65-71.

305. Gleibermann, L., *op. cit.*

306. Ibídem.

307. Ibídem.

308. Ibídem; <http://goafrica.about.com/od/Best-Time-to-Visit-Africa/a/Rainy-Seasons-And-Dry-Seasons-In-Africa.htm>.

309. Gleibermann, L., *op. cit.*

310. Kawasaki, T., *et al.*, «Investigation of high salt intake in a Nepalese population with low blood pressure», *J Hum Hypertens*, 7, 2 (1993), pp. 131-140.

311. Gleibermann, L., *op. cit.*

312. Ibídem.

313. Sasaki, N., «High blood pressure and the salt intake of the Japanese», *Jpn Heart J*, 3 (1962), pp. 313-324.

314. Gleibermann, L., *op. cit.*

315. Ibídem.

316. Swales, J. D., «Dietary salt and hypertension», *Lancet*, 1, 8179 (1980), pp. 1177-1179; Henry, J. P., J. C. Cassel, «Psychosocial factors in essential hypertension. Recent epidemiologic and animal experimental evidence», *Am J Epidemiol*, 90, 3 (1969), pp. 171-200.

317. Sasaki, N., «High blood pressure and the salt intake of the Japanese», *Jpn Heart J*, 3 (1962), pp. 313-324.

318. Iimura, O., *et al.*, «Studies on the hypotensive effect of high potassium intake in patients with essential hypertension», *Clin Sci (Lond)*, 61, supl. 7 (1981), pp. 77s-80s.

319. Rouse, I. L., B. K. Armstrong, L. J. Beilin, «The relationship of blood pressure to diet and lifestyle in two religious populations», *op. cit.*, pp. 65-71.

320. Moore, R. D., *The High Blood Pressure Solution*, Healing Arts Press, Estados Unidos, 1993.

321. DiNicolantonio, J. J., S. C. Lucan, J. H. O'Keefe, «The evidence for saturated fat and for sugar related to coronary heart disease», *Prog Cardiovasc Dis*, 58, 5 (2016), pp. 464-472.

322. <https://nap.nationalacademies.org/read/18311/chapter/1>.

323. Heaney, R. P., *op. cit.*

324. Catanozi, S., *et al.*, «Dietary sodium chloride restriction enhances aortic wall lipid storage and raises plasma lipid concentration in LDL receptor knockout mice», *J Lipid Res*, 44, 4 (2003), pp. 727-732; Ivanovski, O., *et al.*, «Dietary salt restriction accelerates atherosclerosis in apolipoprotein E-deficient mice», *Atherosclerosis*, 180, 2 (2005), pp. 271-276.

325. Nakandakare, E. R., *et al.*, «Dietary salt restriction increases plasma lipoprotein and inflammatory marker concentrations in hypertensive patients», *Atherosclerosis*, 200, 2 (2008), pp. 410-416.

326. Dzau, V. J., «Mechanism of the interaction of hypertension and hypercholesterolemia in atherogenesis: the effects of antihypertensive agents», *Am Heart J*, 116, 6-2 (1988), pp. 1725-1728; Leren, T. P., «Doxazosin increases low density lipoprotein receptor activity», *Acta Pharmacol Toxicol (Copenh)*, 56, 3 (1985), pp. 269-272.

327. Masugi, F., *et al.*, «Changes in plasma lipids and uric acid with sodium loading and sodium depletion in patients with essential hypertension», *J Hum Hypertens*, 1, 4 (1988), pp. 293-298.

328. Harsha, D. W., *et al.*, «Effect of dietary sodium intake on blood lipids: results from the DASH-sodium trial», *Hypertension*, 43, 2 (2004), pp. 393-398.

329. Krikken, J. A., *et al.*, «Short term dietary sodium restriction decreases HDL cholesterol, apolipoprotein A-I and high molecular weight adiponectin in healthy young men: relationships with renal hemodynamics and RAAS activation», *Nutr Metab Cardiovasc Dis*, 22, 1 (2012), pp. 35-41.

330. Graudal, N. A., T. Hubeck-Graudal, G. Jurgens, *op. cit.*

331. Weder, A. B., B. M. Egan, «Potential deleterious impact of dietary salt restriction on cardiovascular risk factors», *Klin Wochenschr*, 69, supl. 25 (1991), pp. 45-50.

332. Rillaerts, E., *et al.*, «Blood viscosity in human obesity: relation to glucose tolerance and insulin status», *Int J Obes*, 13, 6 (1989), pp. 739-745.

333. Overlack, A., *et al.*, *op. cit.*; Dimsdale, J. E., *et al.*, «Prediction of salt sensitivity», *Am J Hypertens*, 3, 6-1 (1990), pp. 429-435.

334. Graudal, N. A., T. Hubeck-Graudal, G. Jurgens, *op. cit.*

335. Weder, A. B., B. M. Egan, *op. cit.*

336. Ibídem.

337. Alderman, M. H., *et al.*, «Low urinary sodium is associated with greater risk of myocardial infarction among treated hypertensive men», *Hypertension*, 25, 6 (1995), pp. 1144-1152.

338. Stolarz-Skrzypek, K., *et al.*, «Fatal and nonfatal outcomes, incidence of hypertension, and blood pressure changes in relation to urinary sodium excretion», *JAMA*, 305, 17 (2011), pp. 1777-1785.

339. O'Donnell, M., *et al.*, «Urinary sodium and potassium excretion, mortality, and cardiovascular events», *N Engl J Med*, 371, 7 (2014), pp. 612-623.

340. Graudal, N., *et al.*, «Compared with usual sodium intake, lowand excessive-sodium diets are associated with increased mortality: a meta-analysis», *Am J Hypertens*, 27, 9 (2014), pp. 1129-1137.

5. Estamos hambrientos por dentro

341. <https://www.cdc.gov/nchs/data/hestat/obesity_adult_09_10/obesity_adult_09_10.pdf>.

342. Lucan, S. C., J. J. DiNicolantonio, «How calorie-focused thinking about obesity and related diseases may mislead and harm public health. An alternative», *Public Health Nutr*, 18, 4 (2015), pp. 571-581; Bray, G. A., S. J. Nielsen, B. M. Popkin, «Consumption of high-fructose corn syrup in beverages may play a role in the epidemic of obesity», *Am J Clin Nutr*, 79, 4 (2004), pp. 537-543; DiNicolantonio, J. J., «The cardiometabolic consequences of replacing saturated fats with carbohydrates or Ω-6 polyunsaturated fats: Do the dietary guidelines have it wrong?», *Open Heart*, 1, 1 (2014), e000032.

343. Taubes, G., *op. cit.*; Prada, P. O., *et al.*, «Low salt intake modulates insulin signalling, JNK activity and IRS-1 ser307 phosphorylation in rat tissues», *J Endocrinol*, 185, 3 (2005), pp. 429-437; Garg, R., *et al.*, «Low-salt diet increases insulin resistance in healthy subjects», *Metabolism*, 60, 7 (2011), pp. 965-968.

344. Weidemann, B. J., *et al.*, «Dietary sodium suppresses digestive efficiency via the renin-angiotensin system», *Sci Rep*, 5 (2015), 11123.

345. Taubes, G., *op. cit.*

346. Gupta, N., K. K. Jani, N. Gupta, «Hypertension: salt restriction, sodium homeostasis, and other ions», *Indian J Med Sci*, 65, 3 (2011), pp. 121-132.

347. Taubes, G., *op. cit.*

348. Lustig, Robert H., «Hypothalamic obesity after craniopharyngioma: mechanisms, diagnosis, and treatment», *Front Endocrinol (Lausanne)*, 2 (2011), 60.

349. Taubes, G., *op. cit.*

350. Prada, P. O., *et al.*, «Low salt intake modulates insulin signalling, JNK activity and IRS-1 ser307 phosphorylation in rat tissues», *op. cit.*; Leandro, S. M., *et al.*, «Low birth weight in response to salt restriction during pregnancy is not due to alterations in uterine-placental blood flow or the placental and peripheral renin-angiotensin system», *Physiol Behav*, 95, 1-2 (2008), pp. 145-151; Lopes, K. L., *et al.*, «Perinatal salt restriction: a new pathway to programming adiposity indices in adult female Wistar rats», *Life Sci*, 82, 13-14 (2008), pp. 728-732; Vidonho, A. F. Jr., *et al.*, «Perinatal salt restriction: a new pathway to programming insulin resistance and dyslipidaemia in adult Wistar rats», *Pediatr Res*, 56, 6 (2004), pp. 842-848.

351. Wilcox, G., «Insulin and insulin resistance», *Clin Biochem Rev*, 26, 2 (2005), pp. 19-39; <http://www.news-medical.net/health/Insulin-Resistance-Diagnosis.aspx>; Wu, T., *et al.*, «Associations of serum C-reactive protein with fasting insulin, glucose, and glycosylated haemoglobin: The Third National Health and Nutrition Examination Survey, 1988-1994», *Am J Epidemiol*, 155, 1 (2002), pp. 65-71; Palaniappan, L. P., M. R, Carnethon, S. P. Fortmann, «Heterogeneity in the relationship between ethnicity, BMI, and fasting insulin», *Diabetes Care*, 25, 8 (2002), pp. 1351-1357; Lindeberg, S., *et al.*, «Low serum insulin in traditional Pacific Islanders—the Kitava Study», *Metabolism*, 48, 10 (1999), pp. 1216-1219; Lindgärde, F., *et al.*, «Traditional versus agricultural lifestyle among Shuar women of the Ecuadorian Amazon: effects on leptin levels», *Metabolism*, 53, 10 (2004), pp. 1355-1358.

352. Patel, S. M., *et al.*, «Dietary sodium reduction does not affect circulating glucose concentrations in fasting children or adults: findings from a systematic review and meta-analysis», *J Nutr*, 145, 3 (2015), pp. 505-513.

353. Egan, B. M., K. Stepniakowski, P. Nazzaro, «Insulin levels are

similar in obese salt-sensitive and salt-resistant hypertensive subjects», *Hypertension*, 23, 1 supl. (1994), pp. I1-I7; Egan, B. M., K. Stepniakowski, «Effects of enalapril on the hyperinsulinemic response to severe salt restriction in obese young men with mild systemic hypertension», *Am J Cardiol*, 72, 1 (1993), pp. 53-57; Egan, B. M., K. Stepniakowski, «Adverse effects of short-term, very-low-salt diets in subjects with risk-factor clustering», *Am J Clin Nutr*, 65, supl. 2 (1997), pp. 671s-677s.

354. Iwaoka, T., *et al.*, «The effect of low and high NaCl diets on oral glucose tolerance», *Klin Wochenschr*, 66, 16 (1988), pp. 724-728.

355. Egan, B. M., K. T. Stepniakowski, T. L. Goodfriend, «Renin and aldosterone are higher and the hyperinsulinemic effect of salt restriction greater in subjects with risk-factor clustering», *Am J Hypertens*, 7, 10-1 (1994), pp. 886-893.

356. Egan, B. M., K. Stepniakowski, «Adverse effects of short-term, very-low-salt diets in subjects with risk-factor clustering», *op. cit.*

357. Ibídem.

358. Egan, B. M., D. T. Lackland, «Biochemical and metabolic effects of very-low-salt diets», *Am J Med Sci*, 320, 4 (2000), pp. 233-239.

359. Ruppert, M., *et al.*, «Short-term dietary sodium restriction increases serum lipids and insulin in salt-sensitive and salt-resistant normotensive adults», *Klin Wochenschr*, 69, supl. 25 (1991), pp. 51-57.

360. Patel, S. M., *et al.*, «Dietary sodium reduction does not affect circulating glucose concentrations in fasting children or adults: findings from a systematic review and meta-analysis», *J Nutr*, 145, 3 (2015), pp. 505-513; Egan, B. M., K. Stepniakowski, P. Nazzaro, *op. cit.*; Egan, B. M., K. Stepniakowski, «Effects of enalapril on the hyperinsulinemic response to severe salt restriction in obese young men with mild systemic hypertension», *Am J Cardiol*, 72, 1 (1993), pp. 53-57.

361. Egan, B. M., *et al.*, *op. cit.*

362. Prada, P., *et al.*, «High- or low-salt diet from weaning to adulthood: effect on insulin sensitivity in Wistar rats», *Hypertension*, 35, 1- 2 (2000), pp. 424-429.

363. Okamoto, M. M., *et al.*, «Changes in dietary sodium consumption modulate GLUT4 gene expression and early steps of insulin signaling», *Am J Physiol Regul Integr Comp Physiol*, 286, 4 (2004), pp. R779-R785.

364. Iwaoka, T., *et al.*, «The effect of low and high NaCl diets on oral glucose tolerance», *Klin Wochenschr*, 66, 16 (1988), pp. 724-728; Ruppert,

M., *et al.*, «Short-term dietary sodium restriction increases serum lipids and insulin in salt-sensitive and salt-resistant normotensive adults», *Klin Wochenschr*, 69, supl. 25 (1991), pp. 51-57; Prada, P., *et al.*, «High- or low-salt diet from weaning to adulthood: effect on insulin sensitivity in Wistar rats», *op. cit.*

365. Prada, P., *et al.*, «High- or low-salt diet from weaning to adulthood: effect on insulin sensitivity in Wistar rats», *op. cit.*

366. Xavier, A. R., *et al.*, «Dietary sodium restriction exacerbates age-related changes in rat adipose tissue and liver lipogenesis», *Metabolism*, 52, 8 (2003), pp. 1072-1077.

367. Ames, R. P., «The effect of sodium supplementation on glucose tolerance and insulin concentrations in patients with hypertension and diabetes mellitus», *Am. J. Hypertens.*, 14, 7-1 (2001), pp. 653-659.

368. McCarty, M. F., «Elevated sympathetic activity may promote insulin resistance syndrome by activating alpha-1 adrenergic receptors on adipocytes», *Med. Hypotheses*, 62, 5 (2004), pp. 830-838.

369. Ibídem; Pollare, T., H. Lithell, C. Berne, «A comparison of the effects of hydrochlorothiazide and captopril on glucose and lipid metabolism in patients with hypertension», *N Engl J Med*, 321, 13 (1989), pp. 868-873.

370. DiNicolantonio, J. J., J. H. O'Keefe, S. C. Lucan, «Added fructose: a principal driver of type 2 diabetes mellitus and its consequences», *op. cit.*

371. Lustig, R. H., «Fructose: metabolic, hedonic, and societal parallels with ethanol», *J Am Diet Assoc*, 110, 9 (2010), pp. 1307-1321.

372. Bursac, B. N., *et al.*, «High-fructose diet leads to visceral adiposity and hypothalamic leptin resistance in male rats—do glucocorticoids play a role?», *J Nutr Biochem*, 25, 4 (2014), pp. 446-455.

373. Lim, J. S., *et al.*, «The role of fructose in the pathogenesis of NAFLD and the metabolic syndrome», *Nat Rev Gastroenterol Hepatol*, 7, 5 (2010), pp. 251-264; Abdelmalek, M. F., *et al.*, «Higher dietary fructose is associated with impaired hepatic adenosine triphosphate homeostasis in obese individuals with type 2 diabetes», *Hepatology*, 56, 3 (2012), pp. 952-960.

374. Palmer, B. F., D. J. Clegg, «Electrolyte and acid-base disturbances in patients with diabetes mellitus», *N Engl J Med*, 373, 6 (2015), pp. 548-559.

6. Rehabilitación cristalina: aprovechar los antojos de sal para superar la adicción al azúcar

375. <https://books.google.es/books?id=WuMRAAAAYAAJ&pg=&redir_esc=y>.

376. <https://books.google.es/books?id=NIdYAAAAMAAJ&pg=&redir_esc=y>.

377. Dorhout Mees, E. J., T. Thien, «Beyond science: the salt debate», *Neth J Med*, 66, 10 (2008), pp. 404-407.

378. Meneely, G. R., H. D. Battarbee, *op. cit.*

379. Ibídem.

380. Ghooi, R. B., V. V. Valanju, M. G. Rajarshi, «Salt restriction in hypertension», *Med Hypotheses*, 41, 2 (1993), pp. 137-140.

381. Denton, D., *The Hunger for Salt: An Anthropological, Physiological and Medical Analysis*, Springer-Verlag, Estados Unidos, 1982; Ghooi, R. B., V. V. Valanju, M. G. Rajarshi, «Salt restriction in hypertension», *op. cit.*, pp. 137-140.

382. Folkow, B., «[Salt and blood pressure—centenarian bone of contention]», *op. cit.*; Wald, N., M. Leshem, «Salt conditions a flavor preference or aversion after exercise depending on NaCl dose and sweat loss», *Appetite*, 40, 3 (2003), pp. 277-284; Leshem, M., A. Abutbul, R. E. Eilon, «Exercise increases the preference for salt in humans», *Appetite*, 32, 2 (1999), pp. 251-260; Leshem, M., J. Rudoy, «Hemodialysis increases the preference for salt in soup», *Physiol Behav*, 61, 1 (1997), pp. 65-69.

383. DiNicolantonio, J. J., S. C. Lucan, «The wrong white crystals: not salt but sugar as aetiological in hypertension and cardiometabolic disease», *Open Heart*, 1, 1 (2014), e000167.

384. Folkow, B., «[Salt and blood pressure—centenarian bone of contention]», *op. cit.*

385. Titze, J., *et al.*, «Balancing wobbles in the body sodium», *Nephrol Dial Transplant*, 31, 7 (2016), pp. 1078-1081.

386. Dahl, L. K., «Possible role of salt intake in the development of essential hypertension», *op. cit.*

387. Wassertheil-Smoller, S., *et al.*, «The Trial of Antihypertensive Interventions and Management (TAIM) Study. Final results with regard to blood pressure, cardiovascular risk, and quality of life», *Am J Hypertens*, 5, 1 (1992), pp. 37-44.

388. Heaney, R. P., *op. cit.*

389. Clark, J. J., I. L. Bernstein, «A role for D2 but not D1 dopamine receptors in the cross-sensitization between amphetamine and salt appetite», *Pharmacol Biochem Behav*, 83, 2 (2006), pp. 277-284; Robinson, T. E., K. C. Berridge, «The neural basis of drug craving: an incentive-sensitization theory of addiction», *Brain Res Rev*, 18, 3 (1993), pp. 247-291; McCutcheon, B., C. Levy, «Relationship between NaCl rewarded bar-pressing and duration of sodium deficiency», *Physiol Behav*, 8, 4 (1972), pp. 761-763.

390. Sakai, R. R., *et al.*, «Salt appetite is enhanced by one prior episode of sodium depletion in the rat», *Behav Neurosci*, 101, 5 (1987), pp. 724-731.

391. Denton, D. A., M. J. McKinley, R. S. Weisinger, *op. cit*; Liedtke, W. B., *et al.*, «Relation of addiction genes to hypothalamic gene changes subserving genesis and gratification of a classic instinct, sodium appetite», *Proc Natl Acad Sci USA*, 108, 30 (2011), pp. 12509-12514.

392. Robinson, T. E., K. C. Berridge, «The neural basis of drug craving: an incentive-sensitization theory of addiction», *Brain Res Rev*, 18, 3 (1993), pp. 247-291.

393. Clark, J. J., I. L. Bernstein, «A role for D2 but not D1 dopamine receptors in the cross-sensitization between amphetamine and salt appetite», *Pharmacol Biochem Behav*, 83, 2 (2006), pp. 277-284; Roitman, M. F., *et al.*, «Induction of a salt appetite alters dendritic morphology in nucleus accumbens and sensitizes rats to amphetamine», *J Neurosci*, 22, 11 (2002), Rc225; Robinson, T. E., B. Kolb, «Persistent structural modifications in nucleus accumbens and prefrontal cortex neurons produced by previous experience with amphetamine», *J Neurosci*, 17, 21 (1997), pp. 8491-8497.

394. Clark, J. J., I. L. Bernstein, «Reciprocal cross-sensitization between amphetamine and salt appetite», *Pharmacol Biochem Behav*, 78, 4 (2004), pp. 691-698; Vanderschuren, L. J., *et al.*, «Dopaminergic mechanisms mediating the long-term expression of locomotor sensitization following pre-exposure to morphine or amphetamine», *Psychopharmacology (Berl)*, 143, 3 (1999), pp. 244-253.

395. Vanderschuren, L. J., *et al.*, *op. cit.*

396. Cocores, J. A., M. S. Gold, «The Salted Food Addiction Hypothesis may explain overeating and the obesity epidemic», *Med Hypotheses*, 73, 6 (2009), pp. 892-899.

397. Heaney, R. P., *op. cit*; Wald, N., M. Leshem, «Salt conditions a

flavor preference or aversion after exercise depending on NaCl dose and sweat loss», *Appetite*, 40, 3 (2003), pp. 277-284.

398. Heaney, R. P., *op. cit.*

399. <https://nida.nih.gov/research-topics/trends-statistics/overdose-death-rates>.

400. Fessler, D. M., «An evolutionary explanation of the plasticity of salt preferences: prophylaxis against sudden dehydration», *Med Hypotheses*, 61, 3 (2003), pp. 412-415.

401. Ibídem.

402. Shirazki, A., *et al.*, «Lowest neonatal serum sodium predicts sodium intake in low birth weight children», *Am J Physiol Regul Integr Comp Physiol*, 292, 4 (2007), pp. R1683-R1689.

403. Leshem, M., «Low dietary sodium is anxiogenic in rats», *Physiol Behav*, 103, 5 (2011), pp. 453-458.

404. <http://www.medicalnewstoday.com/releases/141778.php>.

405. Pines, K. L., G. A. Perera, «Sodium chloride restriction in hypertensive vascular disease», *Med Clin North Am*, 33, 3 (1949), pp. 713-725.

406. Tryon, M. S., *et al.*, «Excessive sugar consumption may be a difficult habit to break: a view from the brain and body», *J Clin Endocrinol Metab*, 100, 6 (2015), pp. 2239-2247; Tryon, M. S., *et al.*, «Chronic stress exposure may affect the brain's response to high calorie food cues and predispose to obesogenic eating habits», *Physiol Behav*, 120 (2013), pp. 233-242.

407. Yudkin, J., *Pure, White and Deadly: How Sugar is Killing Us and What We Can Do to Stop It*, Penguin Books, Estados Unidos, 2012.

408. DiNicolantonio, J. J., S. C. Lucan, «Sugar season: it's everywhere and addictive», *The New York Times*, 12 de diciembre de 2014.

409. Ibídem.

410. Newhauser, R., «John Gower's sweet tooth», *Rev Engl Stud*, 64, 267 (2013), pp. 752-769.

411. DiNicolantonio, J. J., J. H. O'Keefe, S. C. Lucan, S. C., «Added fructose: a principal driver of type 2 diabetes mellitus and its consequences», *op. cit.*

412. Ahmed, S. H., K. Guillem, Y. Vandaele, «Sugar addiction: pushing the drug-sugar analogy to the limit», *Curr Opin Clin Nutr Metab Care*, 16, 4 (2013), pp. 434-439.

413. DiNicolantonio, J. J., S. C. Lucan, «Sugar season: it's everywhere and addictive», *The New York Times*, 12 de diciembre de 2014.

414. Avena, N. M., P. Rada, B. G. Hoebel, «Evidence for sugar addic-

tion: behavioral and neurochemical effects of intermittent, excessive sugar intake», *Neurosci Biobehav Rev*, 32, 1 (2008), pp. 20-39; Colantuoni, C., *et al.*, «Evidence that intermittent, excessive sugar intake causes endogenous opioid dependence», *Obes Res*, 10, 6 (2002), pp. 478-488; Colantuoni, C., *et al.*, «Excessive sugar intake alters binding to dopamine and mu-opioid receptors in the brain», *Neuroreport*, 12, 16 (2001), pp. 3549-3552; Unterwald, E. M., J. Fillmore, M. J. Kreek, «Chronic repeated cocaine administration increases dopamine D1 receptor-mediated signal transduction», *Eur J Pharmacol*, 318, 1 (1996), pp. 31-35; Vanderschuren, L. J., K. W. Kalivas, «Alterations in dopaminergic and glutamatergic transmission in the induction and expression of behavioral sensitization: a critical review of preclinical studies», *Psychopharmacology (Berl)*, 151, 2-3 (2000), pp. 99-120.

415. Bray, G. A., S. J. Nielsen, B. M. Popkin, «Consumption of high-fructose corn syrup in beverages may play a role in the epidemic of obesity», *Am J Clin Nutr*, 79, 4 (2004), pp. 537-543; Bursac, B. N., *et al.*, «High-fructose diet leads to visceral adiposity and hypothalamic leptin resistance in male rats—do glucocorticoids play a role?», *J Nutr Biochem*, 25, 4 (2014), pp. 446-455; Shapiro, A., *et al.*, «Fructose-induced leptin resistance exacerbates weight gain in response to subsequent high-fat feeding», *Am J Physiol Regul Integr Comp Physiol*, 295, 5 (2008), R1370-R1375; Shapiro, A., *et al.*, «Prevention and reversal of diet-induced leptin resistance with a sugar-free diet despite high fat content», *Br J Nutr*, 106, 3 (2011), pp. 390-397.

416. Taubes, G., *op. cit.*

417. DiNicolantonio, J. J., S. C. Lucan, «Sugar season: it's everywhere and addictive», *The New York Times*, 12 de diciembre de 2014.

7. ¿Cuánta sal necesitas realmente?

418. Simpson, F. O., «The control of body sodium in relation to hypertension: exploring the Strauss concept», *J Cardiovasc Pharmacol*, 16, supl. 7 (1990), pp. S27-S30.

419. Hollenberg, N. K., «Set point for sodium homeostasis: surfeit, deficit, and their implications», *Kidney Int*, 17, 4 (1980), pp. 423-429.

420. Andrukhova, O., *et al.*, «FGF23 regulates renal sodium handling and blood pressure», *EMBO Mol Med*, 6, 6 (2014), pp. 744-759.

421. Hollenberg, N. K., «Set point for sodium homeostasis: surfeit, deficit, and their implications», *Kidney Int*, 17, 4 (1980), pp. 423-429.

422. Ibídem.

423. Strauss, M. B., *et al.*, «Surfeit and deficit of sodium: a kinetic concept of sodium excretion», *AMA Arch Intern Med*, 102, 4 (1958), pp. 527-536.

424. <https://en.wikipedia.org/wiki/Intravascular_volume_status>.

425. Peters, J. P., «Sodium, water and edema», *J Mt Sinai Hosp N Y*, 17, 3 (1959), pp. 159-175.

426. Gupta, N., K. K. Jani, N. Gupta, «Hypertension: salt restriction, sodium homeostasis, and other ions», *Indian J Med Sci*, 65, 3 (2011), pp. 121-132.

427. Elkinton, J. R., T. S. Danowski, A. W. Winkler., «Hemodynamic changes in salt depletion and in dehydration», *J Clin Invest*, 25, 1 (1946), pp. 120-129.

428. Ibídem.

429. Gankam-Kengne, F., *et al.*, «Mild hyponatremia is associated with an increased risk of death in an ambulatory setting», *Kidney Int*, 83, 4 (2013), pp. 700-706.

430. AlZahrani, A., R. Sinnert, J. Gernsheimer, «Acute kidney injury, sodium disorders, and hypercalcemia in the aging kidney: diagnostic and therapeutic management strategies in emergency Medicine», *Clin Geriatr Med*, 29, 1 (2013), pp. 275–319.

431. Kovesdy, C. P., *et al.*, «Hyponatremia, hypernatremia, and mortality in patients with chronic kidney disease with and without congestive heart failure», *Circulation*, 125, 5 (2012), pp. 677-684; Delin, K., *et al.*, «Factors regulating sodium balance in proctocolectomized patients with various ileal resections», *Scand J Gastroenterol*, 19, 2 (1984), pp. 145-149.

432. Passare, G., *et al.*, «Sodium and potassium disturbances in the elderly: prevalence and association with drug use», *Clin Drug Investig*, 24, 9 (2004), pp. 535-544.

433. Kovesdy, C. P., *et al.*, «Hyponatremia, hypernatremia, and mortality in patients with chronic kidney disease with and without congestive heart failure», *op. cit.*

434. Wannamethee, S. G., *et al.*, «Mild hyponatremia, hipernatremia and incident cardiovascular disease and mortality in older men: a population-based cohort study», *Nutr Metab Cardiovasc Dis*, 26 1 (2016), pp. 12-19.

435. AlZahrani, A., R. Sinnert, J. Gernsheimer, *op. cit.*

436. Kovesdy, C. P., «Significance of hypo- and hypernatremia in chronic kidney disease», *Nephrol Dial Transplant*, 27, 3 (2012), pp. 891-898.

437. AlZahrani, A., R. Sinnert, J. Gernsheimer, *op. cit.*

438. Bautista, A. A., J. E. Duya, M. A. Sandoval, «Salt-losing nephropathy in hypothyroidism», *BMJ Case Rep*, 2014, bcr2014203895.

439. Schoenfeld, P., «Safety of MiraLAX/Gatorade bowel preparation has not been established in appropriately designed studies», *Clin Gastroenterol Hepatol*, 11, 5 (2013), p. 582.

440. Cohen, L. B., *et al.*, «Current issues in optimal bowel preparation: excerpts from a roundtable discussion among colon-cleansing experts», *Gastroenterol Hepatol (N Y)*, 5, 11 supl. 19 (2009), pp. 3-11.

441. Wolfe, M. M., D. R. Lichtenstein, G. Singh, «Gastrointestinal toxicity of nonsteroidal antiinflammatory drugs», *N Engl J Med*, 340, 24 (1999), pp. 1888-1899.

442. Sharp, R. L., «Role of sodium in fluid homeostasis with exercise», *J Am Coll Nutr*, 25, 3 supl. (2006), pp. 231s-239s.

443. Ghooi, R. B., V. V. Valanju, M. G. Rajarshi, «Salt restriction in hypertension», *Med Hypotheses*, 41, 2 (1993), pp. 137-140.

444. Mao, I. F., M. L. Chen, Y. C. Ko, «Electrolyte loss in sweat and iodine deficiency in a hot environment», *Arch Environ Health*, 56, 3 (2001), pp. 271-277.

445. Ghooi, R. B., V. V. Valanju, M. G. Rajarshi, «Salt restriction in hypertension», *op. cit.*, pp. 137-140; Mao, I. F., M. L. Chen, Y. C. Ko, «Electrolyte loss in sweat and iodine deficiency in a hot environment», *op. cit.*, pp. 271-277.

446. Mao, I. F., M. L. Chen, Y. C. Ko, «Electrolyte loss in sweat and iodine deficiency in a hot environment», *op. cit.*, pp. 271-277.

447. Blank, M. C., *et al.*, «Total body Na(+)-depletion without hyponatraemia can trigger overtraining-like symptoms with sleeping disorders and increasing blood pressure: explorative case and literatura study», *Med Hypotheses*, 79, 6 (2012), pp. 799-804.

448. Noakes, T., «Hyponatremia in distance runners: fluid and sodium balance during exercise», *Curr Sports Med Rep*, 1, 4 (2002), pp. 197-207.

449. Mao, I. F., M. L. Chen, Y. C. Ko, «Electrolyte loss in sweat and iodine deficiency in a hot environment», *Arch Environ Health*, 56, 3 (2001), pp. 271-277.

450. Blank, M. C., *et al.*, *op. cit.*

451. Ibídem; Shirreffs, S. M., *et al.*, «Post-exercise rehydration in man: effects of volume consumed and drink sodium content», *Med Sci Sports Exerc*, 28, 10 (1996), pp. 1260-1271.

452. Sharp, R. L., «Role of sodium in fluid homeostasis with exercise», *J Am Coll Nutr*, 25, 3 supl. (2006), pp. 231s-239s.

453. Blank, M. C., *et al.*, *op. cit.*

454. Sharp, R. L., «Role of sodium in fluid homeostasis with exercise», *op. cit.*, pp. 231s-239s.

455. Sanders, B., T. D. Noakes, S. C. Dennis, «Sodium replacement and fluid shifts during prolonged exercise in humans», *Eur J Appl Physiol*, 84, 5 (2001), pp. 419-425.

456. Sharp, R. L., «Role of sodium in fluid homeostasis with exercise», *J Am Coll Nutr*, 25, 3 supl. (2006), pp. 231s-239s.

457. Sutters, M., R. Duncan, W. S. Peart, «Effect of dietary salt restriction on renal sensitivity to vasopressin in man», *Clin Sci (Lond)*, 89, 1 (1995), pp. 37-43.

458. Moinier, B. M., T. B. Drueke, «Aphrodite, sex and salt—from butterfly to man», *Nephrol Dial Transplant*, 23, 7 (2008), pp. 2154-2161.

459. Wassertheil-Smoller, S., *et al.*, «Effect of antihypertensives on sexual function and quality of life: the TAIM Study», *Ann Intern Med*, 114, 8 (1991), pp. 613-620.

460. Jaaskelainen, J., A. Tiitinen, R. Voutilainen, «Sexual function and fertility in adult females and males with congenital adrenal hyperplasia» *Horm Res*, 56, 3-4 (2001), pp. 73-80.

461. Osteria, T. S., «Maternal nutrition, infant health, and subsequent fertility», *Philipp J Nutr*, 35, 3 (1982), pp. 106-111.

462. Leandro, S. M., *et al.*, «Low birth weight in response to salt restriction during pregnancy is not due to alterations in uterine-placental blood flow or the placental and peripheral renin-angiotensin system», *Physiol Behav*, 95, 1-2 (2008), pp. 145-151; Lopes, K. L., *et al.*, «Perinatal salt restriction: a new pathway to programming adiposity indices in adult female Wistar rats», *Life Sci*, 82, 13-14 (2008), pp. 728-732; Vidonho, A. F. Jr., *et al.*, «Perinatal salt restriction: a new pathway to programming insulin resistance and dyslipidemia in adult Wistar rats», *Pediatr Res*, 56, 6 (2004), pp. 842-848.

463. Battista, M. C., *et al.*, «Intrauterine growth restriction in rats is

associated with hypertension and renal dysfunction in adulthood», *Am J Physiol Endocrinol Metab*, 283, 1 (2002), pp. E124-E131.

464. <https://www.who.int/publications/i/item/9789241504836>.

465. Zimmermann, M. B., «The effects of iodine deficiency in pregnancy and infancy», *Paediatr Perinat Epidemiol*, 26, supl. 1 (2012), pp. 108-117.

466. <https://iris.who.int/items/b0b754ba-37b7-48f5-9f36-8041afbbaa49>.

467. Campbell, N. R., *et al.*, «Need for coordinated programs to improve global health by optimizing salt and iodine intake», *Rev Panam Salud Publica* 32, 4 (2012), pp. 281-286.

468. Zimmermann, M. B., «Are weaning infants at risk of iodine deficiency even in countries with established iodized salt programs?», *Nestle Nutr Inst Workshop Ser*, 70 (2012), pp. 137-146.

469. Jaiswal, N., *et al.*, «High prevalence of maternal hypothyroidism despite adequate iodine status in Indian pregnant women in the first trimester», *Thyroid*, 24, 9 (2014), pp. 1419-1429.

470. Pearce, E. N., M. Andersson, M. B. Zimmermann, «Global iodine nutrition: where do we stand in 2013?», *Thyroid*, 23, 5 (2013), pp. 523-528; Zimmermann, M. B., «Iodine deficiency and excess in children: worldwide status in 2013», *Endocr Pract*, 19, 5 (2013), pp. 839-846.

471. <https://www.thyroid.org/recommended-multivitaminmineral-supplements/>.

472. Robinson, M., «Salt in pregnancy», *Lancet*, 1, 7013 (1958), pp. 178-181.

473. Ibídem.

474. Ibídem.

475. Ibídem.

476. Duley, L., D. Henderson-Smart, «Reduced salt intake compared to normal dietary salt, or high intake, in pregnancy», *Cochrane Database Syst Rev*, 2, 1999 (2000), Cd001687.

477. Farese, S., *et al.*, «Blood pressure reduction in pregnancy by sodium chloride», *Nephrol Dial Transplant*, 21, 7 (2006), pp. 1984-1987.

478. Gennari-Moser, C., *et al.*, «Normotensive blood pressure in pregnancy: the role of salt and aldosterone» *Hypertension*, 63, 2 (2014), pp. 362-368.

479. Scholten, R. R., *et al.*, «Low plasma volume in normotensive for-

merly preeclamptic women predisposes to hypertension», *Hypertension*, 66, 5 (2015), pp. 1066-1072.

480. Farese, S., *et al.*, «Blood pressure reduction in pregnancy by sodium chloride», *Nephrol Dial Transplant*, 21, 7 (2006), pp. 1984-1987; Silver, H. M., M. Seebeck, R. Carlson, «Comparison of total blood volume in normal, preeclamptic, and nonproteinuric gestational hypertensive pregnancy by simultaneous measurement of red blood cell and plasma volumes», *Am J Obstet Gynecol*, 79, 1 (1998), pp. 87-93.

481. Wassertheil-Smoller, S., *et al.*, «Effect of antihypertensives on sexual function and quality of life: the TAIM Study», *Ann Intern Med*, 114, 8 (1991), pp. 613-620.

482. Wassertheil-Smoller, S., *et al.*, «The Trial of Antihypertensive Interventions and Management (TAIM) Study. Final results with regard to blood pressure, cardiovascular risk, and quality of life», *Am J Hypertens*, 5, 1 (1992), pp. 37-44.

483. Ghooi, R. B., V. V. Valanju, M. G. Rajarshi, «Salt restriction in hypertension», *Med Hypotheses*, 41, 2 (1993), pp. 137-140.

484. Wassertheil-Smoller, S., *et al.*, «Effect of antihypertensives on sexual function and quality of life: the TAIM Study», *op. cit.*

485. Graham, K. F., «Dietary salt restriction and chronic fatigue syndrome: a hypothesis», *Med Hypotheses*, 77, 3 (2011), pp. 462-463; Bou-Holaigah, I., *et al.*, «The relationship between neurally mediated hypotension and the chronic fatigue syndrome», *JAMA*, 274, 12 (1995), pp. 961-967.

486. Feldman, R. D., A. G. Logan, N. D. Schmidt, «Dietary salt restriction increases vascular insulin resistance», *Clin Pharmacol Ther*, 60, 4 (1996), pp. 444-451; Feldman, R. D., N. D. Schmidt, «Moderate dietary salt restriction increases vascular and systemic insulin resistance», *Am J Hypertens*, 12, 6 (1999), pp. 643-647.

487. Hollingsworth, K. G., *et al.*, «Impaired cardiovascular response to standing in chronic fatigue syndrome», *Eur J Clin Invest*, 40, 7 (2010), pp. 608-615; Kaiserova, M., *et al.*, «Orthostatic hypotension is associated with decreased cerebrospinal fluid levels of chromogranin A in early stage of Parkinson disease», *Clin Auton Res*, 25, 5 (2015), pp. 339-342.

488. Liamis, G., E. Liberopoulos, F. Barkas, M. Elisaf, «Diabetes mellitus and electrolyte disorders», *World J Clin Cases*, 2, 10 (2014), pp. 488–496.

489. Palmer, B. F., D. J. Clegg, «Electrolyte and acid-base disturban-

ces in patients with diabetes mellitus», *N Engl J Med*, 373, 6 (2015), pp. 548-559; Peters, J. P., «Sodium, water and edema», *J Mt Sinai Hosp N Y*, 17, 3 (1959), pp. 159-17; Liamis, G., E. Liberopoulos, F. Barkas, M. Elisaf, *op. cit.*

490. Ames, R. P., «The effect of sodium supplementation on glucose tolerance and insulin concentrations in patients with hypertension and diabetes mellitus», *Am J Hypertens*, 14, 7-1 (2001), pp. 653-659.

491. Menke, A., *et al.*, «Prevalence of and trends in diabetes among adults in the United States, 1988-2012», *JAMA*, 314, 10 (2015), pp. 1021-1029.

492. Johnson, R. J., *The Fat Switch*, Mercola.com, 2012.

493. DiNicolantonio, J. J., S. C. Lucan, «Is fructose malabsorption a cause of irritable bowel syndrome?», *Med Hypotheses*, 85, 3 (2015), pp. 295-297.

494. Santelmann, H., J. M. Howard, «Yeast metabolic products, yeast antigens and yeasts as possible triggers for irritable bowel syndrome», *Eur J Gastroenterol Hepatol*, 17, 1 (2005), pp. 21-26; Buu, L. M., Y. C. Chen, «Impact of glucose levels on expression of hypha-associated secreted aspartyl proteinases in *Candida albicans*», *J Biomed Sci*, 21, 1 (2014), pp. 21-22; Vargas, S. L., *et al.*, «Modulating effect of dietary carbohydrate supplementation on *Candida albicans* colonization and invasion in a neutropenic mouse model», *Infect Immun*, 61, 2 (1993), pp. 619-626.

495. Nakayama, T., *et al.*, «Dietary fructose causes tubulointerstitial injury in the normal rat kidney», *Am J Physiol Renal Physiol*, 298, 3 (2010), pp. F712-F720.

496. Lanaspa, M. A., *et al.*, «Endogenous fructose production and fructokinase activation mediate renal injury in diabetic nephropathy», *J Am Soc Nephrol*, 25, 11 (2014), pp. 2526-2538.

497. Takeda, R., *et al.*, [Hyporeninemic hypoaldosteronism associated with diabetes mellitus], *Nihon Rinsho*, 4, 9 (1982), pp. 2048-2053. [Artículo en japonés.]

498. McFarlane, S. I., J. R. Sowers, «Cardiovascular endocrinology 1: aldosterone function in diabetes mellitus: effects on cardiovascular and renal disease», *J Clin Endocrinol Metab*, 88, 2 (2003), pp. 516–523; Sowers, J. R., M. Epstein, «Diabetes mellitus and associated hypertension, vascular disease, and nephropathy. An update», *Hypertension*, 26, 6-1 (1995), pp. 869–879.

499. Sharma, N., *et al.*, «High-sugar diets increase cardiac dysfunc-

tion and mortality in hypertension compared to low-carbohydrate or high-starch diets», *J Hypertens*, 26, 7 (2008), pp. 1402–1410.

500. Lim, J. S., *et al.*, «The role of fructose in the pathogenesis of NAFLD and the metabolic syndrome», *Nat Rev Gastroenterol Hepatol*, 7, 5 (2010), pp. 251-264.

501. Liamis, G., E. Liberopoulos, F. Barkas, M. Elisaf, *op. cit.*

502. Ibídem.

503. Hillier, T. A., R. D. Abbott, E. J. Barrett, «Hyponatremia: evaluating the correction factor for hyperglycemia», *Am J Med*, 106, 4 (1999), pp. 399-403.

504. Wannamethee, S. G., *et al.*, «Mild hyponatremia, hipernatremia and incident cardiovascular disease and mortality in older men: a population-based cohort study», *Nutr Metab Cardiovasc Dis*, 26 1 (2016), pp. 12-19.

505. Liamis, G., E. Liberopoulos, F. Barkas, M. Elisaf, *op. cit.*

506. AlZahrani, A., R. Sinnert, J. Gernsheimer, *op. cit.*

507. Liamis, G., E. Liberopoulos, F. Barkas, M. Elisaf, *op. cit.*

508. AlZahrani, A., R. Sinnert, J. Gernsheimer, «Acute kidney injury, sodium disorders, and hypercalcemia in the aging kidney: diagnostic and therapeutic management strategies in emergency Medicine», *Clin Geriatr Med*, 29, 1 (2013), pp. 275-319.

509. Luft, F. C., «Clinical salt déficits», *Pflugers Arch*, 467, 3 (2015), pp. 559-563.

510. Bueter, M., *et al.* «Sodium and water handling after gastric bypass surgery in a rat model», *Surg Obes Relat Dis*, 7, 1 (2011), pp. 68-73.

511. Bautista, A. A., J. E. Duya, M. A. Sandoval, «Salt-losing nephropathy in hypothyroidism», *BMJ Case Rep*, 2014, bcr2014203895.; Vojdani, A., *et al.*, «Immunological cross reactivity between *Candida albicans* and human tissue», *J Clin Lab Immunol*, 48, 1 (1996), pp. 1-15; Santelmann, H., «[A new syndrome?]», *Tidsskr Nor Laegeforen*, 127, 4 (2007), 461. [Artículo en noruego.]

512. Bishop, R. F., G. L. Barnes, «Depression of lactase activity in the small intestine of infant rabbits by *Candida albicans*», *J Med Microbiol*, 7, 2 (1974), pp. 259–263.

513. Santelmann, H., «[A new syndrome?]», *op. cit.*

514. Ibídem; Nieuwenhuizen, W. F., *et al.*, «Is *Candida albicans* a trigger in the onset of coeliac disease?», *Lancet*, 361, 9375 (2003), pp. 2152-2154.

515. Agarwal, M., *et al.*, «Hyponatremic-hypertensive syndrome with

renal ischemia: an underrecognized disorder», *Hypertension*, 33, 4 (1999), pp. 1020-1024.

516. AlZahrani, A., R. Sinnert, J. Gernsheimer, «Acute kidney injury, sodium disorders, and hypercalcemia in the aging kidney: diagnostic and therapeutic management strategies in emergency Medicine», *Clin Geriatr Med*, 29, 1 (2013), pp. 275-319.

517. Walker, W. G., *et al.*, «Metabolic observations on salt wasting in a patient with renal disease», *Am J Med*, 39 (1965), pp. 505-519.

518. Faull, C. M., C. Holmes, P. H. Baylis, «Water balance in elderly people: is there a deficiency of vasopressin?», *Age Ageing*, 22, 2 (1993), pp. 114-120.

519. Ibídem.

520. Scialla, J. J., C. A. Anderson, «Dietary acid load: a novel nutritional target in chronic kidney disease?», *Adv Chronic Kidney Dis*, 20, 2 (2013), pp. 141-149.

521. Faull, C. M., C. Holmes, P. H. Baylis, *op. cit*; Al-Awqati, Q., «Basic research: Salt wasting in distal renal tubular acidosis—new look, old problem», *Nat Rev Nephrol*, 9, 12 (2013), pp. 712-713.

522. Pines, K. L., G. A. Perera, «Sodium chloride restriction in hypertensive vascular disease», *Med Clin North Am*, 33, 3 (1949), pp. 713-725; Peters, J. P., *et al.*, «Total acid-base equilibrium of plasma in health and disease: X. The acidosis of nephritis», *J Clin Invest*, 6, 4 (1929), pp. 517-549.

523. Pines, K. L., G. A. Perera, *op. cit.*; Mac, G. W., Jr., «Risk of uremia due to sodium depletion», *JAMA*, 137, 16 (1948), p. 1377; Grollman, A. R., *et al.*, «Sodium restriction in the diet for hypertension», *JAMA*, 129, 8 (1945), pp. 533-537.

524. Schroeder, H. A., *et al.*, «Low sodium chloride diets in hypertension: effects on blood pressure», *JAMA*, 140, 5 (1949), pp. 458-463.

525. Grollman, A. R., *et al.*, «Sodium restriction in the diet for hypertension», *op. cit.*, pp. 533-537.

526. Pines, K. L., G. A. Perera, «Sodium chloride restriction in hypertensive vascular disease», *Med Clin North Am*, 33, 3 (1949), pp. 713-725; Grollman, A. R., *et al.*, «Sodium restriction in the diet for hypertension», *op. cit.*, pp. 533-537.

527. Pines, K. L., G. A. Perera, *op. cit.*

528. Ibídem.

529. Kovesdy, C. P., *op. cit.*

530. Morita, H., *et al.*, «Role of hepatic receptors in controlling body fluid homeostasis», *Jpn J Physiol*, 45, 3 (1995), pp. 355-368; Morita, H., *et al.*, «Hepatorenal reflex plays an important role in natriuresis after high-NaCl food intake in conscious dogs», *Circ Res*, 72, 3 (1993), pp. 552-559; Morita, H., *et al.*, «Effects of portal infusion of hypertonic solution on jejunal electrolyte transport in anesthetized dogs», *Am J Physiol*, 259, 6-2 (1990), pp. R1289-R1294; Thomas, L., R. Kumar, «Control of renal solute excretion by enteric signals and mediators», *J Am Soc Nephrol*, 19, 2 (2008), pp. 207-212.

531. Hofmeister, L. H., S. Perisic, J. Titze, «Tissue sodium storage: evidence for kidney-like extrarenal countercurrent systems?», *Pflugers Arch*, 467, 3 (2015), pp. 551-558; Maril, N., *et al.*, «Sodium MRI of the human kidney at 3 Tesla», *Magn Reson Med*, 56, 6 (2006), pp. 1229-1234; Haneder, S., *et al.*, «Quantitative and qualitative (23)Na MR imaging of the human kidneys at 3 T: before and after a water load», *Radiology*, 260, 3 (2011), pp. 857-865.

532. Kovesdy, C. P., «Significance of hypo- and hypernatremia in chronic kidney disease», *op. cit.*

533. Ibídem.

534. Ibídem.

535. Wannamethee, S. G., *et al.*, «Mild hyponatremia, hipernatremia and incident cardiovascular disease and mortality in older men: a population-based cohort study», *Nutr Metab Cardiovasc Dis*, 26 1 (2016), pp. 12-19.

536. Kovesdy, C. P., *et al.*, «Hyponatremia, hypernatremia, and mortality in patients with chronic kidney disease with and without congestive heart failure», *op. cit.*; Waikar, S. S., G. C. Curhan, S. M. Brunelli, «Mortality associated with low serum sodium concentration in maintenance Hemodialysis», *Am J Med*, 124, 1 (2011), pp. 77-84.

537. Dong, J., *et al.*, «Low dietary sodium intake increases the death risk in peritoneal dialysis», *Clin J Am Soc Nephrol*, 5, 2 (2010), pp. 240-247.

538. Zevallos, G., D. G. Oreopoulos, M. L. Halperin, «Hyponatremia in patients undergoing CAPD: role of water gain and/or malnutrition», *Perit Dial Int*, 21, 1 (2001), pp. 72-76.

539. Johnson, R. J., *et al.*, «Hyperosmolarity drives hypertension and CKD—water and salt revisited», *Nat Rev Nephrol*, 10, 7 (2014), pp. 415-420.

540. Nakayama, T., *et al.*, «Dietary fructose causes tubulointerstitial

injury in the normal rat kidney», *Am J Physiol Renal Physiol*, 298, 3 (2010), pp. F712-F720.

541. Johnson, R. J., *et al.*, «Hyperosmolarity drives hypertension and CKD—water and salt revisited», *op. cit.*, pp. 415-420.

542. Mulcahy, A., V. Forbes, «Intestinal failure and short bowel syndrome», *Medicine*, 43, 4 (2015), pp. 239-243.

543. Barkas, F., *et al.*, «Electrolyte and acid-base disorders in inflammatory bowel disease», *Ann Gastroenterol*, 26, 1 (2013), pp. 23-28; Schilli, R., *et al.*, «Comparison of the composition of faecal fluid in Crohn's disease and ulcerative colitis», *Gut*, 23, 4 (1982), pp. 326-332; Vernia, P., *et al.*, «Organic anions and the diarrhea of inflammatory bowel disease», *Dig Dis Sci*, 33, 11 (1988), pp. 1353-1358; Beeken, W. L., «Remediable defects in Crohn disease: a prospective study of 63 patients», *Arch Intern Med*, 135, 5 (1975), pp. 686-690; Allan, R., *et al.*, «Changes in the bidirectional sodium flux across the intestinal mucosa in Crohn's disease», *Gut*, 16, 3 (1975), pp. 201-204.

544. Delin, K., *et al.*, «Factors regulating sodium balance in proctocolectomized patients with various ileal resections», *Scand J Gastroenterol*, 19, 2 (1984), pp. 145-149.

545. Davidson, M. B., A. I. Erlbaum, «Role of ketogenesis in urinary sodium excretion: elucidation by nicotinic acid administration during fasting», *J Clin Endocrinol Metab*, 49, 6 (1979), pp. 818-823.

546. Boulter, P. R., R. S. Hoffman, R. A. Arky, «Pattern of sodium excretion accompanying starvation», *Metabolism*, 22, 5 (1973), pp. 675-683.

547. Bloom, W. L., G. J. Azar, «Similarities of carbohydrate deficiency and fasting. I. Weight loss, electrolyte excretion, and fatigue», *Arch Intern Med*, 112 (1963), pp. 333-337.

548. Rabast, U., K. H. Vornberger, M. Ehl, «Loss of weight, sodium and water in obese persons consuming a high- or low-carbohydrate diet», *Ann Nutr Metab*, 25, 6 (1981), pp. 341-349.

549. Krzywicki, H. J., *et al.*, «Metabolic aspects of acute starvation», *Am J Clin Nutr*, 21, 1 (1968), pp. 87-97.

550. Runcie, J., «Urinary sodium and potassium excretion in fasting obese subjects», *BMJ*, 2, 5752 (1971), pp. 22-25.

551. Runcie, J., T. E. Wheldon, «Cyclic renal sodium excretion in women: evidence for a further control system mediating renal sodium loss [proceedings]», *J Physiol*, 260, 2 (1976), 59p.

552. Garnett, E. S., *et al.*, «The mobilization of osmotically inactive sodium during total starvation in man», *Clin Sci*, 35, 1 (1968), pp. 93-103.

553. Ibídem.

554. Simpson, F. O., *et al.*, «Iodide excretion in a salt-restriction trial», *N Z Med J*, 97, 770 (1984), pp. 890-893.

555. Ibídem.

556. Jantsch, J., *et al.*, «Cutaneous Na+ storage strengthens the antimicrobial barrier function of the skin and boosts macrophage-driven host defense», *Cell Metab*, 21, 3 (2015), pp. 493-501.

557. Kaufman, A. M., G. Hellman, R. G. Abramson, «Renal salt wasting and metabolic acidosis with trimethoprim-sulfamethoxazole therapy», *Mt Sinai J Med*, 50, 3 (1983), pp. 238-239.

558. Jantsch, J., *et al.*, «Cutaneous Na+ storage strengthens the antimicrobial barrier function of the skin and boosts macrophage-driven host defense», *Cell Metab*, 21, 3 (2015), pp. 493-501; Wiig, H., *et al.*, «Immune cells control skin lymphatic electrolyte homeostasis and blood pressure», *J Clin Invest*, 123, 7 (2013), pp. 2803-2815.

559. Woehrle, T., *et al.*, «Hypertonic stress regulates T cell function via pannexin-1 hemichannels and P2X receptors», *J Leukoc Biol*, 88, 6 (2010), pp. 1181-1189.

560. <https://www.ncbi.nlm.nih.gov/books/NBK50952/>.

561. <https://www.foodstandards.gov.au/sites/default/files/2023-11/Uncooked%20RTE%20dried%20meat%20and%20Listeria.pdf>.

562. Ibidem.

563. McCarty, M. F., J. J. DiNicolantonio, «Bioavailable dietaryphosphate, a mediator of cardiovascular disease, may be decreased with plant-based diets, phosphate binders, niacin, and avoidance of phosphate additives», *Nutrition*, 30, 7-8 (2014), pp. 739-747.

564. Good, P., «Do salt cravings in children with autistic disorders reveal low blood sodium depleting brain taurine and glutamine?», *Med Hypotheses*, 77, 6 (2011), pp. 1015-1021.

565. Ibídem; <http://rehydrate.org/resources/jianas.htm>.

566. AlZahrani, A., R. Sinnert, J. Gernsheimer, «Acute kidney injury, sodium disorders, and hypercalcemia in the aging kidney: diagnostic and therapeutic management strategies in emergency Medicine», *Clin Geriatr Med*, 29, 1 (2013), pp. 275-319.

567. Ibídem; Luft, F. C., *op. cit.*

568. Urso, C., G. Caimi, «[Hyponatremic syndrome]», *Clin* Ter, 163, 1 (2012), pp. e29-e39. [Artículo en italiano.]

569. Agarwal, M., *et al.*, «Hyponatremic-hypertensive syndrome with

renal ischemia: an underrecognized disorder», *Hypertension*, 33, 4 (1999), pp. 1020-1024; Husain, M. K., *et al.*, «Nicotine-stimulated release of neurophysin and vasopressin in humans», *J Clin Endocrinol Metab*, 41, 06 (1975), pp. 1113-1117.

8. La solución está en la sal: dale a tu cuerpo lo que realmente necesita

570. Wu, T., *et al.*, «Associations of serum C-reactive protein with fasting insulin, glucose, and glycosylated hemoglobin: the Third National Health and Nutrition Examination Survey, 1988-1994», *Am J Epidemiol*, 155, 1 (2002), pp. 65-71; Palaniappan, L. P., M. R. Carnethon, S. P. Fortmann, «Heterogeneity in the relationship between ethnicity, BMI, and fasting insulin», *Diabetes Care*, 25, 8 (2002), pp. 1351-1357; Lindeberg, S., *et al.*, «Low serum insulin in traditional Pacific Islanders—the Kitava Study», *Metabolism* 48, 10 (1999), pp. 1216-1219; Lindgarde, F., *et al.*, «Traditional versus agricultural lifestyle among Shuar women of the Ecuadorian Amazon: effects on leptin levels», *Metabolism*, 53, 10 (2004), pp. 1355-1358.

571. Reiser, S., *et al.*, «Serum insulin and glucose in hyperinsulinemic subjects fed three different levels of sucrose», *op. cit.*; Reiser, S., *et al.*, «Isocaloric exchange of dietary starch and sucrose in humans. II. Effect on fasting blood insulin, glucose, and glucagon and on insulin and glucose response to a sucrose load», *op. cit.*; Madero, M., *et al.*, «The effect of two energy-restricted diets, a low-fructose diet versus a moderate natural fructose diet, on weight loss and metabolic syndrome parameters: a randomized controlled trial», *Metabolism*, 60, 11 (2011), pp. 1551-1559.

572. DiNicolantonio J. J., J. H. O'Keefe, S. C. Lucan, «Added Fructose: A Principal Driver of Type 2 Diabetes Mellitus and Its Consequences», *op. cit.*

573. Malaguarnera, M., *et al.*, «L-carnitine supplementation to diet: a new tool in treatment of nonalcoholic steatohepatitis—a randomized and controlled clinical trial», *Am J Gastroenterol*, 105, 6 (2010), pp. 1338-1345; Zhang, J. J., *et al.*, «L-carnitine ameliorated fasting-induced fatigue, hunger, and metabolic abnormalities in patients with metabolic syndrome: a randomized controlled study», *Nutr J*, 13 (2014), p. 110.

574. McCarty, M. F., J. J. DiNicolantonio, «The cardiometabolic be-

nefits of glycine: is glycine an "antidote" to dietary fructose?», *Open Heart*, 1, 1 (2014), e000103.

575. <https://www.pureencapsulations.com/>.

576. Lucan, S. C., J. J. DiNicolantonio, «How calorie-focused thinking about obesity and related diseases may mislead and harm public health. An alternative», *Public Health Nutr*, 18, 4 (2015), pp. 571-581.

577. Buu, L. M., Y. C. Chen, «Impact of glucose levels on expression of hypha-associated secreted aspartyl proteinases in *Candida albicans*», *J Biomed Sci*, 21, 1 (2014), p. 22; Vargas, S. L., *et al.*, «Modulating effect of dietary carbohydrate supplementation on *Candida albicans* colonization and invasion in a neutropenic mouse model», *Infect Immun*, 61, 2 (1993), pp. 619-626; Vidotto, V., *et al.*, «Influence of fructose on *Candida albicans* germ tube production», *Mycopathologia*, 135, 2 (1996), pp. 85-88; Brown, V., J. A. Sexton, M. Johnston, «A glucose sensor in *Candida albicans*», *Eukaryot Cell*, 5, 10 (2006), pp. 1726-1737; Rodaki, A., *et al.*, «Glucose promotes stress resistance in the fungal pathogen *Candida albicans*», *Mol Biol Cell*, 20, 22 (2009), pp. 4845-4855.

578. <https://en.wikipedia.org/wiki/RealSalt>; <https://redmond.life/pages/real-salt>.

579. <http://www.realsalt.com/sea-salt/know-your-salts/>.

580. <https://www.celticseasalt.com/about-us>.

581. <https://www.celticseasalt.com/makai-pure-sea-salt>.

582. <https://healthfree.com/files/Celtic-Sea-Salt-analysis.pdf>.

583. <https://themeadow.com/pages/minerals-in-himalayan-pink-salt?_pos=4&_sid=73e22cf04&_ss=r>.

584. Ibídem.

585. <http://www.realsalt.com/sea-salt/know-your-salts/>.

586. <https://en.wikipedia.org/wiki/Kala_namak>.

587. <http://seasonalitybylogovida.blogspot.com/2011/06/shock-value-hawaiian-black-lava-sea.html>.

588. <http://www.sfsalt.com/black-hawaiian-sea-salt>.

589. <https://www.thespicehouse.com/products/hawaiian-black-sea-salt>; <https://www.thespicehouse.com/products/hawaiian-red-alaea-sea-salt>.

590. <http://www.hawaiikaico.com/bulk.php>.

591. <http://themeadow.com/pages/about-hawaiian-sea-salt>.

592. <https://hawaiikaico.com/>.

593. <http://themeadow.com/pages/about-hawaiian-sea-salt>.

594. <http://k.b5z.net/i/u/2182313/f/Tech_Data_Sheet_-gourmet_salt_-black_hawaiian_lava_sea_salt-2.pdf>; <http://k.b5z.net/i/u/2182313/f/Tech_Data_Sheet_-gourmet_salt_-alaea_hawaiian_sea_salt-2.pdf>.

595. <http://www.realsalt.com/sea-salt/know-your-salts/>.

596. <http://articles.mercola.com/sites/articles/archive/2010/08/25/why-has-this-lifesustaining-essential-nutrient-been-vilified-by-doctors.aspx>; <http://articles.mercola.com/sites/articles/archive/2011/09/20/salt-myth.aspx>.

597. <https://www.smh.com.au/national/sushi-linked-to-thyroid-illness-20110730-1i5ul.html>.

598. Payne, C. L., *et al.*, «Are edible insects more or less "healthy" tan commonly consumed meats? A comparison using two nutrient profiling models developed to combat over- and undernutrition», *Eur J Clin Nutr*, 70, 3 (2016), pp. 285-291.

599. Bacchi, E., *et al.*, «Metabolic effects of aerobic training and resistance training in type 2 diabetic subjects: a randomized controlled trial (the RAED2 study)», *Diabetes Care*, 35, 4 (2012), pp. 676-682.

600. Hansen, E., *et al.*, «Insulin sensitivity after maximal and endurance resistance training», *J Strength Cond Res*, 26, 2 (2012), pp. 327-334.

Apéndice 1

601. Graudal, N., *op. cit.*

602. Ibídem.

603. Ibídem.

604. Chapman, C. B., T. B. Gibbons, *op. cit.*

605. Ibídem.

606. Ibídem.

607. Ibídem.

608. Ibídem.

609. Grollman, A. R., *et al.*, «Sodium restriction in the diet for hypertension», *JAMA*, 129, 8 (1945), pp. 533-537.

610. Dahl, L. K., R. A. Love, «Evidence for relationship between sodium (chloride) intake and human essential hypertension», *op. cit.*; Meneely, G. R., R. G. Tucker, W. J. Darby, 1952 «Chronic sodium chloride toxicity in the albino rat. I. Growth on a purified diet containing various levels of sodium chloride», *J Nutr*, 48, 4 (1952), pp. 489-498.

611. <http://www.forbes.com/sites/realspin/2015/04/09/if-you-must-have-a-dietary-culprit-at-least-pick-the-right-one/>.

612. Dahl, L. K., «Possible role of salt intake in the development of essential hypertension. 1960», *op. cit.*

613. Keys, A., «Atherosclerosis: a problem in newer public health», *J Mt Sinai Hosp N Y*, 20, 2 (1953), pp. 118-139.

614. Central Committee for Medical and Community Program of the American Heart Association (report), «Dietary fat and its relation to heart attacks and strokes», *JAMA*, 175(5), pp. 389-391.

615. Hall, C. E., O. Hall, «Salt hypertension induced by drinking saline and the effect of different concentrations of sucrose and maltose upon its development», *Tex Rep Biol Med*, 24, 3 (1966), pp. 445-456; Hall, C. E., O. Hall, «Comparative effectiveness of glucose and sucrose in enhancement of hypersalimentation and salt hypertension», *Proc Soc Exp Biol Med* 123, 2 (1966), pp. 370-374.

616. Brunner, H. R., *et al.*, «Essential hypertension: renin and aldosterone, heart attack and stroke», *N Engl J Med*, 286, 9 (1972), pp. 441-449.

617. Ahrens, R. A., «Sucrose, hypertension, and heart disease: an historical perspective», *Am J Clin Nutr*, 27, 4 (1974), pp. 403-422.

618. Harper, A. E., «Dietary goals—a skeptical view», *Am J Clin Nutr*, 31, 2 (1978), pp. 310-321.

619. Walker, A. R., «Sucrose, hypertension, and heart disease», *Am J Clin Nutr*, 28, 3 (1975), pp. 195-200.

620. Meneely, G. R., H. D. Battarbee, *op. cit*; Freis, E. D., «Salt, volume and the prevention of hypertension», *Circulation*, 53, 4 (1976), pp. 589-595.

621. <http://zerodisease.com/archive/Dietary_Goals_For_The_United_States.pdf>.

622. Harper, A. E., *op. cit.*

623. Simpson, F. O., «Salt and hypertension: a sceptical review of the evidence», *Clin Sci (Lond)*, 57, supl. 5 (1979), pp. 463s-480s.

624. Swales, J. D., «Dietary salt and hypcrtcnsion», *Lancct*, 1, 8179 (1980), pp. 1177-1179.

625. Preuss, M. B., H. G. Preuss, «The effects of sucrose and sodium on blood pressures in various substrains of Wistar rats», *Lab Invest*, 43, 2 (1980), pp. 101-107.

626. Yamori, Y., *et al.*, «Hypertension and diet: multiple regression analysis in a Japanese farming community», *Lancet*, 1, 8231 (1981), pp. 1204-1205.

627. <http://content.time.com/time/covers/0,16641,19820315,00.html>.

628. Rebello, T., R. E. Hodges, J. L. Smith, «Short-term effects of various sugars on antinatriuresis and blood pressure changes in normotensive young men», *Am J Clin Nutr*, 38, 1 (1983), pp. 84-94.

629. Hodges, R. E., T. Rebello, «Carbohydrates and blood pressure», *Ann Intern Med*, 98, 5-2 (1983), pp. 838-841.

630. Boon, N. A., J. K. Aronson, «Dietary salt and hypertension: treatment and prevention», *BMJ (Clin Res Ed)*, 290, 6473 (1985), pp. 949-950.

631. Intersalt Cooperative Research Group, «Intersalt: an international study of electrolyte excretion and blood pressure. Results for 24 hour urinary sodium and potassium excretion», *BMJ*, 297, 6644 (1988), pp. 319-328.

632. Dustan, H. P., K. A. Kirk, «Corcoran lecture: the case for or against salt in hypertension. Arthur Curtis Corcoran, MD (1909-1965). Tribute and prelude to Corcoran Lecture of 1988», *Hypertension*, 13, 6-2 (1989), pp. 696-705.

633. Law, M. R., C. D. Frost, N. J. Wald, «By how much does dietary salt reduction lower blood pressure? III—Analysis of data from trials of salt reduction», *BMJ*, 302, 6780 (1991), pp. 819-824.

634. Joint National Committee on Detection, Evaluation, and Treatment of High Blood Pressure, «The fifth report of the Joint National Committee on Detection, Evaluation, and Treatment of High Blood Pressure (JNC V)», *Arch Intern Med*, 153, 2 (1993), pp. 154-183.

635. Alderman, M. H., *et al.*, «Low urinary sodium is associated with greater risk of myocardial infarction among treated hypertensive men», *Hypertension*, 25, 6 (1995), pp. 1144-1152.

636. Graudal, N. A., A. M. Galloe, P. Garred, *op. cit.*

637. Sacks, F. M., *et al.*, «Effects on blood pressure of reduced dietary sodium and the Dietary Approaches to Stop Hypertension (DASH) diet. DASH-Sodium Collaborative Research Group», *N Engl J Med*, 344, 1 (2001), pp. 3-10.

638. Vollmer, W. M., *et al.*, «Effects of diet and sodium intake on blood pressure: subgroup analysis of the DASH-sodium trial», *Ann Intern Med*, 135, 12 (2001), pp. 1019-1028.

639. Harsha, D. W., *et al.*, «Effect of dietary sodium intake on blood lipids: results from the DASH-sodium trial», *Hypertension*, 43, 2 (2004), pp. 393-398.

640. Raben, A., *et al.*, «Sucrose compared with artificial sweeteners: different effects on ad libitum food intake and body weight after 10 wk of supplementation in overweight subjects», *Am J Clin Nutr*, 76, 4 (2002), pp. 721-729.

641. Brown, C. M., *et al*, «Fructose ingestion acutely elevates blood pressure in healthy young humans», *Am J Physiol Regul Integr Comp Physiol*, 294, 3 (2008), pp. R730-R737.

642. Pérez-Pozo, S. E., *et al.*, «Excessive fructose intake induces the features of metabolic syndrome in healthy adult men: role of uric acid in the hypertensive response», *Int J Obes (Lond)*, 34, 3 (2010), pp. 454-461.

643. Stolarz-Skrzypek, K., *et al.*, «Fatal and nonfatal outcomes, incidence of hypertension, and blood pressure changes in relation to urinary sodium excretion», *JAMA*, 305, 17 (2011), pp. 1777-1785.

644. Malik, A. H., *et al.*, «Impact of sugar-sweetened beverages on blood pressure», *Am J Cardiol*, 113, 9 (2014), pp. 1574-1580.

645. Te Morenga, L. A., *et al.*, «Dietary sugars and cardiometabolic risk: systematic review and meta-analyses of randomized controlled trials of the effects on blood pressure and lipids», *Am J Clin Nutr*, 100, 1 (2014), pp. 65-79.

646. Adler, A. J., *et al.*, «Reduced dietary salt for the prevention of cardiovascular disease», *Cochrane Database Syst Rev*, 12 (2014), Cd009217.

647. Graudal, N., *et al.*, *op. cit.*

648. <http://health.gov/dietaryguidelines/2015-scientific-report/pdfs/scientific-report-of-the-2015-dietary-guidelines-advisory-committee.pdf>.

649. Mente, A., *et al.*, «Associations of urinary sodium excretion with cardiovascular events in individuals with and without hypertension: a pooled analysis of data from four studies», *Lancet*, 388, 10043 (2016), pp. 465-475.

650. Kelly, J., *et al.*, «The effect of dietary sodium modification on blood pressure in adults with systolic blood pressure less than 140 mmHg: a systematic review», *JBI Database System Rev Implement Rep*, 14, 6 (2016), pp. 196-237.

651. <http://zerodisease.com/archive/Dietary_Goals_For_The_United_States.pdf>.

652. <https://thescienceofnutrition.files.wordpress.com/2014/03/dietary-goals-for-the-united-states.pdf>.

653. <https://www.dietaryguidelines.gov/sites/default/files/2019-05/1980%20DGA.pdf>.

654. <https://www.dietaryguidelines.gov/sites/default/files/2019-05/1985%20Full%20DG%20Report.pdf>.

655. <https://www.dietaryguidelines.gov/sites/default/files/2019-05/1990%20Dietary%20Guidelines%20for%20Americans.pdf>.

656. <https://www.dietaryguidelines.gov/sites/default/files/2019-05/1995%20Dietary%20Guidelines%20for%20Americans.pdf>.

657. <http://www.health.gov/dietaryguidelines/dga2000/dietgd.pdf>.

658. <http://www.nal.usda.gov/fnic/DRI/DRI_Energy/energy_full_report.pdf>.

659. <https://www.dietaryguidelines.gov/sites/default/files/2019-05/2005%20DG%20for%20Americans.pdf>.

660. <http://www.health.gov/dietaryguidelines/dga2010/dietary-guidelines2010.pdf>.

661. <https://www.dietaryguidelines.gov/sites/default/files/2019-05/Scientific-Report-of-the-2015-Dietary-Guidelines-Advisory-Committee.pdf>.

662. <https://zerodisease.com/archive/Dietary_Goals_For_The_United_States.pdf>.

663. <https://thescienceofnutrition.wordpress.com/wp-content/uploads/2014/03/dietary-goals-for-the-united-states.pdf>.

664. <http://www.health.gov/dietaryguidelines/1980thin.pdf>.

665. <https://www.dietaryguidelines.gov/sites/default/files/2019-05/1985%20Full%20DG%20Report.pdf>.

666. <https://www.dietaryguidelines.gov/sites/default/files/2019-05/1990%20Dietary%20Guidelines%20for%20Americans.pdf>.

667. <https://www.dietaryguidelines.gov/sites/default/files/2019-05/1995%20Dietary%20Guidelines%20for%20Americans.pdf>.

668. <http://www.health.gov/dietaryguidelines/dga2000/dietgd.pdf>.

669. Trumbo, P., *et al.*, «Dietary reference intakes for energy, carbohydrate, fiber, fat, fatty acids, cholesterol, protein and amino acids», *J Am Diet Assoc*, 102, 11 (2002), pp. 1621-1630.

670. <https://www.dietaryguidelines.gov/sites/default/files/2019-05/2005%20DG%20for%20Americans.pdf>.

671. <http://www.health.gov/dietaryguidelines/dga2010/dietaryguidelines2010.pdf>.

672. <https://www.dietaryguidelines.gov/sites/default/files/2019-05/Scientific-Report-of-the-2015-Dietary-Guidelines-Advisory-Committee.pdf>.

Apéndice 2

673. Luft, F. C., *op. cit.*; Shihab, F. S., *et al.*, «Sodium depletion enhances fibrosis and the expression of TGF-beta1 and matrix proteins in experimental chronic cyclosporine nephropathy», *Am J Kidney Dis*, 30, 1 (1997), pp. 71-81.

674. Saleh, M., «Sepsis-associated renal salt wasting: how much is too much?», *BMJ Case Rep*, 9 de enero (2014), bcr2013201838.

675. AlZahrani, A., R. Sinnert, J. Gernsheimer, *op. cit.*; Vroman, R., «Electrolyte imbalances. Part 1: Sodium balance disorders», *EMS World*, 40, 2 (2011), pp. 37-38, 40-43; Khow, K. S., T. Y. Yong, «Hyponatraemia associated with trimethoprim use», *Curr Drug Saf*, 9, 1 (2014), pp.79-82.